follow Bali

김낙현
지음

2024-2025
NEW EDITION

팔로우 발리

1

여행 준비의 모든 것을 한 권에! 최강의 플랜북

Travelike

팔로우! 출국 전 파이널 체크 리스트 35

여행을 떠나기 전 잊지 말고 꼭 확인해야 하는 필수 사항부터 경비를 줄이는 꿀팁, 소소한 궁금증 해결까지 꼼꼼하게 짚어주는 파이널 체크 리스트를 스마트폰에 담아보세요. 최종 점검 한 번으로 여행 준비가 완벽해집니다.

➔ 스마트폰으로 QR코드를 스캔하면 '트래블라이크' 계정의 포스트로 연결됩니다.
네이버 포스트 http://post.naver.com/travelike1

2024–2025
NEW EDITION

팔로우 발리

팔로우 발리

1판 1쇄 인쇄 2024년 7월 11일
1판 1쇄 발행 2024년 7월 23일

지은이 | 김낙현
발행인 | 홍영태
발행처 | 트래블라이크
등 록 | 제2020-000176호(2020년 6월 24일)
주 소 | 03991 서울시 마포구 월드컵북로6길 3 이노베이스빌딩 7층
전 화 | (02)338-9449
팩 스 | (02)338-6543
대표메일 | bb@businessbooks.co.kr
홈페이지 | http://www.businessbooks.co.kr
블로그 | http://blog.naver.com/travelike1
ISBN 979-11-987272-3-7 14980
       979-11-982694-0-9 14980(세트)

비즈니스북스는 독자 여러분의 소중한 아이디어와 원고 투고를 기다리고 있습니다.
원고가 있으신 분은 ms3@businessbooks.co.kr로 간단한 개요와 취지, 연락처 등을 보내 주세요.

팔로우
발리

김낙현 지음

Travelike

글·사진

김낙현 Kim Nakhyun

여행 작가. 서핑 잡지에서 발리의 파도를 보고 매료되어 발리를 찾았고, 오랜 시간 발리에 머물며 파도를 타고 발리를 여행했다. 그것이 인연이 되어 여행 작가의 길로 들어서게 됐다. 발리가 좋아 인도네시아어를 배웠고, 발리가 좋아 일 년에 한 달은 반드시 발리에서 파도를 타며 지낸다. 가장 좋아하는 서핑 스폿은 드림랜드다. 서핑 후 BGS 꾸따에서 커피를 마시거나 사람들과 수다를 떨거나 풀 사이드 선베드에서 빈탕 맥주를 마시며 선셋을 감상하는 것을 좋아한다. 저서로 《저스트고 베트남》, 《저스트고 말레이시아》, 《저스트고 라오스》 등이 있으며 네이버 여행 카페 '발리네시아' 운영진으로도 활동하고 있다.

홈페이지 www.saltytrip.com **발리네시아** cafe.naver.com/mybalinesia

여행 작가의 길로 들어서게 된 나에게 소중한 계기가 되었던 발리. 초보 여행 작가에서 어느덧 몇 권의 가이드북을 낸 전업 여행 작가가 되어 다시금 발리 가이드북을 쓰게 되었다. 예전과 달리 더욱 스마트해진 여행 환경과 제한된 페이지 안에 발리를 담아야 한다는 점을 고려하여 발리를 처음 방문하는 여행자에게 발리의 핵심 정보를 최대한 담백하게 소개하는 가이드북을 떠올렸다. 무엇보다 낯선 발리 여행이 고생이 아닌 즐거움과 행복한 기억으로 남을 수 있도록 고민했다. 인도네시아의 수많은 섬 중 하나인 발리가 이토록 특별한 이유는 오랜 시간 간직해온 발리만의 독특한 문화와 발리니스들의 행복 바이러스 덕분이다. 발리라는 매력 넘치는 여행지를 지면을 통해 소개할 수 있도록 도와주신 손모아 편집장과 정경미 대리를 비롯한 출판사 관계자분들에게 진심으로 감사드린다.

누구나 자신만의 로망, 버킷 리스트가 있고 그런 꿈을 이루게 해주는
나라가 존재하겠죠. 저에겐 발리가 그런 드림랜드랍니다.
책의 시작인 프롤로그는 보통 책 작업 가장 마지막, 번아웃이 될
무렵에 쓰곤 하는데, 운 좋게도 이번《팔로우 발리》의 프롤로그는

저의 드림랜드인 발리에서 작성하게 되었습니다. 그것도 초록의
논길을 걷다 잠시 들른 허름한 카페나 아름다운 인도양의 에메랄드빛 바다에서 하얗게 부서지는
파도를 타는 서퍼들을 구경할 수 있는 해변을 오가며 말이죠.

요즘 발리는 저만의 드림랜드가 아닌 전 세계 여행자들의 드림랜드로 변해가는 중이랍니다.
유명 인플루언서와 셀럽의 방문이 끊이지 않고, 발리와 관련된 방대한 여행 콘텐츠가 매일매일
쏟아져 나오고 있습니다. 워낙에 빠르게 트렌드가 변하고 힙한 공간이 생겨나고 사라지기를
반복하는 발리. 그렇기에 다른 여행지와 달리 현지 취재 기간도 길고 여행자를 위한 알짜 정보를
추리는 데 많은 시간이 필요했습니다. 책 출간이 코앞에 다가온 순간까지도 발리 현지 취재를
해야 할 만큼 수정에 수정을 거듭하며 신뢰할 수 있는 정보를 담기 위해 노력했습니다.
덕분에 제가 항상 꿈꿔왔던 상황과 환경에서 책을 마무리할 수 있게 되었답니다.

발리는 눈이 부시도록 파란 하늘과 무성한 야자수와 이국적인 열대식물,
그리고 섬의 감성을 고스란히 간직하고 있는 곳입니다. 365일 끊이지 않고
몰려오는 파도와 요즘 더욱 주목받고 있는 명상, 요가를 통한 마음 챙기기,
여기에 호기심을 자극하는 발리만의 유니크한 종교와 문화, 사랑스러운
발리 사람들까지. 한번 빠지면 결코 헤어 나올 수 없는 마성의 매력을 뽐내는
발리에서 여러분이 꿈꾸는 로망을 이루고 버킷 리스트를 완성해보는 것은 어떨까요?
《팔로우 발리》를 통해 '신들의 섬 발리'가 여러분의 드림랜드가 되었으면 하는 바람을 담아봅니다.

Selamat datang di Bali! 발리에 오신 걸 환영합니다!

저자 드림

1권 최강의 플랜북

2권으로 분권한 목차를 모두 정리했습니다. 찾고 싶은 여행지와 정보를 권별로 간편하게 찾아보세요.

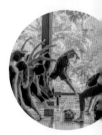

PLANNING 3

떠나기 전에 반드시 준비해야 할 것

FAQ

알아두면 쓸모 있는 발리 여행 팁

2권 발리 실전 가이드북

《팔로우 발리》사용법
HOW TO FOLLOW BALI

01 일러두기

- 이 책에 실린 정보는 2024년 6월까지 수집한 자료를 바탕으로 하며 이후 변동될 가능성이 있습니다. 현지 교통편과 관광 명소, 상업 시설의 운영 시간과 비용 등은 현지 사정에 따라 수시로 바뀔 수 있으니 여행을 떠나기 전 다시 한번 확인하기 바랍니다.
- 인도네시아 발리의 화폐 단위는 루피아(rupiah, 기호 Rp)입니다. 인도네시아 지폐는 총 7종류이며 동전은 거의 사용하지 않습니다. 2017년에 발행한 신권과 그 이전의 구권이 함께 통용되고 있어 지폐 사용 시 헷갈리지 않도록 잘 구분해야 합니다.
- 이 책의 지명과 관광 명소, 음식명 등은 통상적으로 사용하는 명칭으로 표기함으로써 독자의 이해와 인터넷 검색이 편리하도록 도왔습니다.
- 추천 일정의 차량 및 도보 이동 시간, 예상 경비는 현지 사정과 개인의 여행 스타일에 따라 크게 달라질 수 있다는 점을 고려하여 일정을 계획하기 바랍니다.
- 관광 명소의 요금은 대개 일반 성인 요금을 기준으로 했으며, 숙소는 성수기의 일반 룸 요금을 기준으로 했습니다. 특히 숙소는 여행 시즌에 따라 변동 폭이 큽니다.
- 맛집, 나이트라이프, 스파 등 상업 시설의 예산은 봉사료와 세금이 별도인 경우, 요금에 포함된 경우를 구분해 표기했으니 예산을 계획할 때 감안하기 바랍니다.
- 그랩이나 고젝, 전세 차량 등의 교통 요금은 대략적인 요금을 기준으로 제시했습니다. 현지 상황과 차이가 나는 경우가 많다는 것을 염두에 두고 대략적인 선으로 참고하기 바랍니다.

02 책의 구성

- **이 책은 크게 두 파트로 나누어 분권했습니다.**

  1권 발리 여행을 준비하는 데 필요한 기본 정보와 알아두면 좋은 팁 정보를 세세하게 살피고, 꼭 경험해 봐야 할 테마 여행법을 제안합니다.

  2권 발리를 대표하는 여행지를 우붓, 스미냑 & 짱구, 꾸따 & 레기안, 울루와뚜 & 짐바란 등 4개 지역으로 나누고, 각 지역을 알차게 즐길 수 있도록 관광, 맛집, 쇼핑, 나이트라이프 등 최신 정보를 소개했습니다.

⑬ 본문 보는 법

• **관광 명소의 효율적인 동선**
핵심 관광 명소와 연계한 주변 명소를 여행자의 동선에 가까운
순서대로 안내했습니다. 핵심 볼거리는 '매력적인 테마 여행법'으로
세분화하고 풍부한 읽을 거리, 사진, 지도 등과 함께 소개해 알찬
여행이 가능하도록 했습니다.

• **일자별 · 테마별로 완벽한 추천 코스**
추천 코스는 지역 특성에 맞게 일자별, 테마별로 다양하게
안내합니다. 평균 소요 시간은 물론, 아침부터 저녁까지의 동선과
추천 식당 및 카페, 예상 경비, 꼭 기억해야 할 여행 팁을 꼼꼼하게
기록했습니다. 어떻게 여행해야 할지 고민하는 초보 여행자를 위한
맞춤 일정으로 참고하기 좋으며 효율적인 여행이 가능하도록
도와줍니다.

• **실패 없는 현지 맛집 · 카페 정보**
현지인의 단골 맛집부터 한국인의 입맛에 맞춘 대표 맛집, 인기
카페 정보와 이용법, 대표 메뉴, 장단점 등을 한눈에 알아보기
쉽게 정리했습니다. 발리의 식문화를 다채롭게 파악할 수 있는
특색 요리와 미식 정보도 실어 보는 재미가 있습니다.

위치 해당 장소와 가까운 명소 또는 랜드마크
유형 유명 맛집, 로컬 맛집, 신규 맛집 등으로 분류
주메뉴 대표 메뉴나 인기 메뉴
☺ 😖 좋은 점과 아쉬운 점에 대한 견해

• **한눈에 파악하는 상세 지도**
관광 명소와 맛집, 상점, 쇼핑 정보의 위치를 한눈에 파악할 수
있는 지역별 지도를 제공합니다. 작은 골목에 옹기종기 모여 있는
스폿까지도 놓치지 않도록 확대한 지도에 표기했습니다.
지도 P.019는 해당 장소 확인이 가능한 지도 페이지입니다.

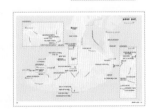

지도에 사용한 기호					
★ 관광 명소	Ⓑ 비치 클럽	Ⓡ 맛집	Ⓒ 카페	Ⓢ 쇼핑	Ⓝ 나이트라이프
Ⓜ 마사지	Ⓨ 요가	Ⓗ 숙소	✈ 공항	✚ 병원	

Bali Preview
발리 여행 미리 보기

● 멘장안섬

우붓, 꾸따 & 레기안, 스미냑 & 짱구, 울루와뚜 & 짐바란 등 서부 해안
지역은 발리를 대표하는 여행지로 각기 다른 매력을 품고 있어 테마 여행이
가능하다. 발리섬에서 1시간 정도 떨어진 누사페니다는 아일랜드 호핑으로
1일 투어를 즐기기 좋은 여행지다. 각 지역별 특징과 매력을 살펴보고
나만의 휴양지를 골라 여행을 떠나보자.

♀ 우붓 Ubud

우붓은 발리섬의 내륙 지역으로 요가의 메카이자 슬
로 라이프를 만끽할 수 있는 곳이다. 응우라라이 국
제공항에서 차로 60분 정도 떨어져 있는 기안야르
지방에 속해 있다. 열대우림 분위기의 리조트와 요
가 센터, 비건 카페, 레스토랑이 많고 시내 중심가에
는 우붓 왕궁을 비롯해 전통 시장, 몽키 포레스트 사
원 등 볼거리가 다양하다.

MUST DO 정글 스윙, 스파, 요가
MUST SEE 우붓 왕궁, 우붓 아트 마켓, 뜨갈랄랑, 몽키
포레스트 사원

♀ 꾸따 & 레기안 Kuta & Legian

꾸따와 레기안 지역은 발리의 인기 여행지로 오랫
동안 사랑받고 있다. 발리 여행의 관문인 응우라라
이 국제공항에서 약 4km 거리라 접근성이 좋다. 특
히 서퍼들의 천국이라 불리는 꾸따와 레기안의 해변
은 양질의 파도가 끊임없이 들어와 파도를 타러 오
는 서퍼들과 여행자들로 붐빈다. 꾸따와 레기안 지
역의 해변을 따라 고급 리조트와 카페, 레스토랑, 스
파, 쇼핑몰 등이 이어져 있다.

MUST DO 서핑, 워터봄 발리, 선셋
MUST SEE 꾸따 비치, 레기안 거리, 비치워크 쇼핑센터

♀ 스미냑 & 짱구 Seminyak & Canggu

발리 서부 해안가에 위치한 스미냑과 짱구는 요
즘 가장 핫한 여행지다. 꾸따와 레기안 지역보다
더욱 세련되고 스타일리시하며 스미냑과 짱구
해변을 따라 형성된 거리마다 이국적인 레스토
랑과 브런치 카페, 스파, 상점 등이 넘쳐난다. 발
리에 거주하는 외국인이 이 지역에 많은 것도 특
징이며 최근에는 디지털 노매드의 성지로도 유
명해지고 있다. 비치 클럽의 격전지라 불릴 만큼
많은 비치 클럽이 인기를 끌고 있다.

MUST DO 비치 클럽, 브런치 즐기기, 해변 산책
MUST SEE 스미냑 비치, 따나롯 사원

Bali Sea

바투르산
말라스 하룸 발리
베사키 사원
뜨갈랄랑
렘푸양 사원
따나롯 사원
따르따 강가
Ubud
롱키 포레스트 사원
발리 버드 파크
발리 사파리
& 머린 파크
Canggu
짱구 비치
Seminyak
FOLLOW
스미냑 비치
Kuta &
Legian
꾸따 비치
누사렘봉안
응우라라이
국제공항
엔젤스 빌라봉 &
브로큰 비치
Nusa
Penida
짐바란
비치
Jimbaran
GWK 문화 공원
켈링킹 비치
슬루반 비치
Uluwatu
울루와뚜 사원
멜라스티 비치

📍 울루와뚜 & 짐바란 Uluwatu & Jimbaran

울루와뚜와 짐바란은 발리 서남부 지역으로 응우라라이 국제공항과 그리 멀지 않다. 전 세계 최고급 브랜드 리조트와 호텔, 풀 빌라 등이 밀집해 있어 오래전부터 신혼부부들에게 인기가 많은 곳이다. 깎아지른 듯한 절벽 위에 자리한 리조트에서는 인도양의 멋진 전망을 만끽할 수 있다. 크고 작은 비치 클럽이 들어서 있고 해변은 때 묻지 않은 자연환경을 간직하고 있다.

MUST DO 비치 클럽, 짐바란 시푸드, 럭셔리 리조트
MUST SEE 울루와뚜 사원, 멜라스티 비치, 슬루반 비치

📍 누사페니다 Nusa Penida

발리와 이웃하고 있는 3개의 섬 중에서 요즘 가장 인기 있는 누사페니다. 누사렘봉안과 함께 발리에서 1일 투어로 다녀오기 좋은 명소이자 인스타그램 성지로 유명하다. 섬에는 아름다운 물빛과 비경을 자랑하는 해변이 있어 일광욕을 즐기며 해수욕하거나 스노클링을 하며 아일랜드 호핑을 떠날 수도 있다.

MUST DO 스노클링, 다이빙, 비치 피크닉
MUST SEE 켈링킹 비치, 브로큰 비치, 엔젤스 빌라봉

ATTRACTION

EXPERIENCE

EAT & DRINK

SHOPPING

SLEEPING

Bucket List

발리 여행 버킷 리스트

ATTRACTION

☑ BUCKET LIST 01

남국의 정취를 온몸으로!
매력적인
발리 해변

발리에서는 어느 방향으로 가든 푸른
바다와 해변을 마주하게 된다. 발리의
해변은 서로 비슷해 보이지만 저마다
생김새는 물론 이름도, 바다색도, 파도
크기도, 매력도 조금씩 다 다르다. 해변
분위기와 풍경 그리고 편의 시설까지
고려해 발리의 베스트 해변 다섯 곳을
골랐다. 나에게 어울리는 해변, 나만의
해변을 찾아 더욱 즐거운 비치 라이프를
만끽해보자.

꾸따 비치
Kuta Beach ▶ 2권 P.109

모두를 위한 만인의 해변

발리를 찾는 서퍼들과 여행자들의 허브이자 발리
여행의 출발점으로, 젊음과 열정이 넘치는 발리 대
표 해변이다. 해변 도로Pantai Kuta를 따라 이어지는
해변을 '꾸따 비치'라 부른다. 전체적으로 수심이
낮고 파도가 세지 않아 서핑을 배우거나 해변에서
시간을 보내기에 그만이다. 서핑 메카로 유명한 만
큼 크고 작은 서핑 스쿨과 서프 숍, 여행자 숙소, 레
스토랑이 즐비하고 해변에는 상인과 비치보이, 서
퍼, 그리고 선베드나 사롱을 깔고 뜨거운 태양 아래
서 태닝하는 여행자로 넘쳐난다. 최근 산책로를 정
비해 멋진 일몰을 감상하며 산책을 즐기기에도 제
격이다.

Enjoy the Beach

거친 파도를 타며 서핑 도전

꾸따 비치에서 서핑은 선택이 아닌 필수. 서핑을 배
우기에 좋은 파도를 1년 내내 만날 수 있다. 전문 강
사가 체계적으로 알려주는 서핑 스쿨이 많고 요금
이 저렴한 곳도 있다. ▶ 서핑 정보 2권 P.110

선베드에 누워 느긋하게 태닝하기

편안하게 누워 책을 읽거나 태닝을 즐기며 시간을
보내기 좋은 선베드(1일 대여 10만~15만 루피아)
와 파라솔 시설이 있다. 곳곳에 자리한 공용 샤워실
과 화장실 사용은 무료다.

매일 로맨틱한 선셋 감상하기

꾸따 비치는 발리 서부 해안에 위치해 매일 선셋을
감상할 수 있다. 해 질 무렵에 가볍게 산책하거나
비치 바에서 칵테일, 맥주 등을 마시며 황홀한 분위
기를 즐겨보자.

스미냑 비치
Seminyak Beach

➡ 2권 P.072

비치프런트 레스토랑과 바의 격전지

푸른 바다를 마주하고 조용하게 시간을 보내기 좋은 해변이다. 파도는 꾸따 비치에 비해 높지 않지만 모래사장이 단단해서 산책이나 조깅을 하기 좋다. 말을 타고 해변을 달리는 해변 승마도 가능하다. 해변을 마주하고 있는 근사한 리조트를 중심으로 비치프런트 레스토랑과 카페, 바가 즐비하다. 선셋 시간에는 이곳의 시그너처라 할 수 있는 컬러풀한 빈백이 해변에 깔리기 시작한다. 흥겨운 음악을 배경으로 칵테일을 마시며 아름다운 일몰을 감상할 수 있다. 인파가 모이기 전에 미리 자리를 잡는 게 좋다.

 Enjoy the Beach

빈백 바에서 릴랙스 타임

모래사장에 자리한 비치 바들이 알록달록한 빈백과 발리풍 파라솔, 테이블을 펼쳐놓고 본격적인 선셋 타임을 준비한다. 라 플란차 발리La Plancha Bali, 타리스 발리Taris Bali의 인기가 독보적이다.

➡ 인기 빈백 바 정보 2권 P.073, 088

근사한 레스토랑에서 식사

빈백 바 외에 바다와 해변을 바라보며 로맨틱한 시간을 보낼 수 있는 비치프런트 레스토랑도 즐비하다. 커플끼리 또는 친구나 가족과 함께 낭만적인 분위기의 비치프런트 레스토랑에서 맛있는 다이닝을 즐겨보자.

멜라스티 비치
Melasti Beach

➡ 2권 P.144

크리스털처럼 빛나는 물빛으로 새롭게 뜨는 해변

멜라스티 비치는 발리 남부 해안에 위치한 소박한 규모의 해변으로 맑고 푸른 물빛이 매력적인 곳이다. 꾸따 비치나 스미냑 비치보다 훨씬 아름다운 바다 색을 자랑하며 해변은 부드러운 모래로 이루어져 있다. 석회암 절벽 아래 숨겨진 보석처럼, 발리의 여느 해변과는 다른 독특한 분위기를 풍긴다. 특히 일몰이 무척 매혹적인 곳으로 유명하다. 바다는 수심이 낮아 아이를 동반한 가족여행자들이 편안하게 물놀이하며 시간을 보내기 좋다. 해변가에는 요즘 뜨는 비치 클럽이 3~4곳 자리하고 있어 더욱 주목받고 있다.

Enjoy the Beach

트렌디한 비치 클럽 즐기기

해변을 따라 자리한 비치 클럽이 여럿 있다. 풀 사이드 주변에 자리를 잡고 식사를 하거나 신나는 음악을 들으며 수영을 하고 시원한 음료도 즐기자. 비치 클럽마다 분위기가 달라 마음에 드는 곳을 고르는 재미도 있다. ➡ 비치 클럽 정보 2권 P.145

아름다운 해변에서 물놀이

물이 들어오고 나가는 시기에 따라 조금씩 다르지만 대체로 바다가 투명하고 수심이 낮아 안전하게 물놀이를 하기 좋다. 선베드에 자리를 잡고 고운 모래사장에서 모래 놀이를 하거나 수영 등을 즐기기에도 그만이다.

드림랜드 비치
Dreamland Beach

➡ 2권 P.140

에메랄드빛 바다와 새하얀 백사장이 매력인 해변

발리 남부에서 바다 색이 아름다운 해변으로 유명하다. 에메랄드빛 바다와 새하얀 백사장으로 이루어진 드림랜드 비치는 발리 최고의 서핑 포인트 중한 곳으로 꼽히며 발리에서 가장 멋진 오션 뷰를 자랑하는 해변이기도 하다. 정부의 개발 사업으로 예전의 아름다움은 많이 잃었지만 여전히 최고의 해변으로 손색이 없다. 일반 여행자보다는 서퍼들이 많이 찾는 곳으로 양질의 파도가 끊임없이 들어온다. 서핑을 하지 않더라도 한적하게 바다를 감상할 수 있는 작은 비치 카페와 선베드가 마련되어 있다.

Enjoy the Beach

선베드에서 태닝 삼매경

드림랜드 비치는 파도가 크고 이안류가 강해 초보 서퍼에게는 난도가 높은 편이다. 해변에서 시간 보내기나 서핑 구경이 목적이라면 선베드에 누워 느긋하게 태닝을 즐기면 된다.

안락한 비치 카페에서 먹고 마시고!

해변을 마주하고 있는 비치 카페에서 간단한 식사나 음료를 즐기며 서퍼들의 멋진 서핑 장면을 구경하는 것도 좋다. 해변 위에 깔 사롱이나 타월을 준비해 가면 선베드를 빌리지 않아도 된다.

켈링킹 비치
Kelingking Beach

인스타그램 명소로 유명한 해변

인도양을 마주하고 있는 매혹적인 해변으로 발리에서 스피드보트로 한 시간가량 떨어진 섬, 누사페니다 서쪽에 있다. 접근성이 좋지 않지만, 석회암 절벽을 따라 형성된 해안의 색다른 비경은 한 번쯤 경험해볼 만하다. 누사페니다의 유명 관광 명소를 둘러보는 투어나 투명한 바닷속 세상을 구경하는 스노클링 투어에 참여해도 좋다. 투어에 참여하지 않고 개인적으로 둘러본다면 수영복과 사롱, 타월 등 물놀이에 필요한 물품을 챙겨 가자. 포토존에서의 인스타그래머블한 사진 촬영은 선택이 아닌 필수다.

Enjoy the Beach

절벽 아래 해변으로 떠나는 하이킹

절벽 아래로 내려가서 보는 풍경도 아름답다. 해변까지는 좁은 계단을 따라 로프를 잡고 내려가야 해 체력적으로 자신 있다면 도전해본다. 나만의 피크닉 장소로 안성맞춤이다.

인스타그램 명소 찾아가기

켈링킹 비치 외에도 누사페니다 서부에는 인스타그램 명소로 유명한 해변이 많다. 엔젤스 빌라봉 Angel's Billabong, 브로큰 비치Broken Beach 등을 찾아가 다양한 포즈로 멋진 인생 사진을 남겨보자.

ATTRACTION

☑ BUCKET LIST **02**

지금 발리는 이곳이 대세

놓치면 안 될 비치 클럽 6

발리는 비치 클럽들의 격전지라 할
정도로 비치프런트를 따라 힙한 비치
클럽이 수없이 늘어서 있다. 멋진
오션 뷰를 즐길 수 있는 인피니티 풀은
기본이고 신나는 디제잉 음악과 이국적
분위기, 로맨틱한 선셋을 감상하며
시원한 맥주와 칵테일까지, 한자리에서
모든 것을 해결할 수 있다. 하루쯤은
요즘 뜨고 있는 발리의 비치 클럽에서
먹고 마시며 자유를 만끽해보자.

01
• ULUWATU •

오션 뷰가 독보적인 뉴 비치 클럽

화이트 록 비치 클럽
White Rock Beach Club
➡ 2권 P.145

발리 최남단, 깎아지른 듯한 절벽 아래 위치한 비치
클럽으로 최근에 문을 열었다. 럭셔리한 분위기에
인피니티 풀과 프라이빗한 공간이 매력적이며 주변
비치 클럽 중 가장 인기 있다. 풀 사이드 주변의 데
이베드는 기본요금이 있지만 레스토랑이나 바 주변
에 자리를 잡고 무료로 이용해도 된다. 해변과 마주
하고 있어 언제든 바다에 드나들 수 있다.

02 ·ULUWATU·
자유분방한 보헤미안 스타일
팔밀라 발리 비치 클럽
Palmilla Bali Beach Club
➡ 2권 P.146

멜라스티 비치 앞에 위치한 비치 클럽으로 인스타
그램 명소다. 석회암 절벽을 배경으로 청록색 바다
와 하얀 모래사장이 이국적이면서 따뜻한 풍경을
이룬다. 보헤미안풍의 자유분방한 분위기로 꾸민
비치 클럽에서 아름다운 일몰을 감상하며 칵테일
을 마셔보자. 자리에 따라 기본요금이 다르며 2층
에는 무료 좌석이 있다.

03 ·SEMINYAK·
발리의 이국적인 감성 충전
마리 비치 클럽
Mari Beach Club
➡ 2권 P.074

발리 감성이 물씬 풍기는 스미냑의 새로
운 비치 클럽으로 대나무를 이용해 발리
전통 건축양식으로 지었다. 바투 벨리그
Batu Belig 해변을 따라 이어지는 부드러
운 곡선 형태의 인피니티 풀은 낭만적인
시간을 보내기 좋다. 다른 비치 클럽에
비해 조용하고 편안한 분위기이며 자리
에 따라 기본요금이 다르다.

비치 클럽은 카메라,
셀카봉 등을 가지고
입장할 수 없어요.

04
SEMINYAK

명불허전! 여전히 핫한 비치 클럽
포테이토 헤드 비치 클럽
Potato Head Beach Club
▶ 2권 P.075

지금의 발리 비치 클럽의 붐을 일으킨 주인공이다. 최근 더욱 거대한 규모로 업그레이드했다. 입장료는 없지만 메인 풀을 기준으로 풀 사이드와 가든, 그 외의 좌석까지 자리에 따라 달리 책정된 요금을 내야 한다. 평일과 주말, 오전과 오후, 비수기와 성수기에 따라서도 요금이 달라지므로 방문 전 홈페이지에서 확인 후 예약할 것을 추천한다.

05
CANGGU

짱구 최고의 선셋 포인트
라 브리사 발리
La Brisa Bali ▶ 2권 P.077

자연 친화적 분위기의 비치 클럽으로 가든과 펍, 야외 풀이 있다. 입장 시 구역 및 자리에 대한 안내를 해주며 일부 바 자리는 기본요금이 없어 가볍게 음료나 칵테일을 즐기기 좋다. 전체적으로 가성비가 좋으며, 아름다운 선셋을 감상할 수 있는 곳으로도 유명하다. 매주 일요일에는 비치 클럽에서 작은 마켓도 열린다.

06
CANGGU

시끌벅적한 파티 분위기
핀스 비치 클럽
Finns Beach Club ▶ 2권 P.076

짱구에 있는 인기 비치 클럽으로 입장료가 없다는 것이 큰 매력이다. 3시 전에 입장하면 50% 할인해주며 VIP 존은 성인만 입장이 가능하다. 인기 있는 풀 사이드 자리는 사전 예약하거나 현장에서 안내를 받아야 이용할 수 있다. 선셋 타임에 기본요금이 없는 구역에서 해피 아워를 즐길 수도 있다.

키워드로 알아보는 비치 클럽 이용법

보안 검사 Security Check

발리의 모든 비치 클럽은 입장 시 반입 금지 물품을 확인하기 위한 보안 검사가 필수다. 스마트폰을 제외한 카메라, 셀카봉, 우산, 음식, 술, 생수 등은 반입할 수 없다. 보관함에 맡겨두었다가 돌아갈 때 찾아간다.

입장료 Entry Fee

비치 클럽에 따라 입장료가 있는 곳도 있고, 비치 클럽 내에서 일정 금액 이상을 사용하는 것으로 입장료를 대체하기도 한다. 비치 클럽마다 각각 룰이 다르므로 방문하려는 비치 클럽의 기본요금을 방문 전에 체크해보는 것이 좋다. 입장료에 음료나 타월 대여 등이 포함된 경우도 있다.

기본요금 Minimum Charge

입장료 외에 비치 클럽에서 사용해야 하는 최소 비용을 의미하며 필수인 곳도 있고 아닌 곳도 있다. 한마디로 자릿세와 같은 개념으로 이해하면 된다. 지불한 금액만큼 음식이나 음료를 주문할 수 있으며 자리나 구역마다 기본요금에 차이가 있다. 야외 풀과 해변, 뷰가 좋은 자리일수록 기본요금이 높아진다. 카바나와 선베드 같은 자리는 여럿이서 이용할 수 있어 1/N로 나누어 내면 그리 부담되는 정도는 아니다.

무료 자리 Free Seat

비치 클럽마다 주류를 주문할 수 있는 바 구역 또는 식사가 가능한 레스토랑의 일부 자리는 기본요금이 없다. 가볍게 맥주나 칵테일을 마시며 시간을 보낼 거라면 입장 시 무료 자리가 있는지 문의한다.

예약 Booking / Reservation

방문하려는 비치 클럽에 원하는 자리가 있다면 홈페이지를 통해 사전 예약은 물론 결제까지 마치는 것이 좋다. 예약 없이 당일 방문하면 원하는 자리가 이미 차 있는 경우가 많다. 단, 사전 결제하는 경우 개인 사정이나 비가 오는 날씨라도 취소가 어렵다.

워크인 Walk-In

사전 예약을 하지 않고 당일 방문하는 것으로 예약이 필요한 자리는 앉을 수 없고 정해진 구역이나 남은 자리에 앉는다. 그날그날 날씨나 상황에 따라 자리를 정할 수 있다는 게 장점이다.

Best View Restaurant

분위기, 맛, 전망 모두 합격! 발리의 뷰 맛집

발리에는 정말 다채로운 레스토랑과 카페가 있다. 거기다 자고 나면 새로운 곳이 생겨나기도 한다.
이러한 치열함 속에서도 전망 하나로 인기몰이를 하고 있는 뷰 맛집이 있다. 발리를 방문한다면
한 번쯤 멋진 뷰를 자랑하는 레스토랑이나 카페에서 식사를 즐겨보자.

• SPOT •
01

오션 뷰

싱글 핀 발리
Single Fin Bali

▶ 2권 P.148

울루와뚜 절벽 위에 자리한 레스
토랑으로 인도양의 드넓은 푸른
바다와 멋진 서퍼들의 퍼포먼스
를 구경하며 식사를 하고 음료도
마실 수 있다. 야외 수영장에서
더위를 식히며 시간을 보내기도
좋은 곳이다.

오션 뷰

• SPOT •
02

아줄 비치 클럽 발리
Azul Beach Club Bali

▶ 2권 P.117

발리 만디라 비치 리조트 & 스파 내
에 있지만 투숙객은 물론 외부인에
게도 인기가 높아 사전 예약이 필요
하다. 해질 무렵 밤부(대나무)로 지
은 공간에서 칵테일을 마시며 바라
보는 일몰이 무척 아름답다.

논 뷰

• SPOT •
03

누크 Nook

➡ 2권 P.078

파노라마처럼 펼쳐진 논을 감상하며 수준 높은 요리를 즐길 수 있는 스미냑의 레스토랑이다. 나무와 소품을 이용해 자연 친화적으로 꾸민 실내는 편안한 분위기가 물씬 풍긴다. 현지인은 물론 여행자들에게도 인기가 많다.

• SPOT •
04

디 투카드 커피 클럽 발리
D Tukad Coffee Club Bali

➡ 2권 P.027

논 뷰

뜨갈랄랑 트레킹을 할 수 있는 메인 지역에 위치하며, 선베드와 빈백을 갖춘 인피니티 풀도 있다. 인근 풀클럽 중에서 가격이 저렴한 편으로, 간단한 식사 메뉴와 음료를 주문할 수 있다. 인피니티 풀에서는 뜨갈랄랑의 계단식 논을 바로 앞에서 볼 수 있다.

논 뷰

• SPOT •
05

베벡 테피 사와 우붓
Bebek Tepi Sawah Ubud

➡ 2권 P.034

목가적인 풍경에 발리를 상징하는 펜조르penjor(대나무 깃발)와 파융payung(전통 우산)을 이용해 멋지게 꾸민 중앙 정원을 바라보며 즐기는 식사는 우붓 본점만의 매력이다. 우붓을 대표하는 요리 중 하나인 크리스피 덕(오리 요리)을 맛볼 수 있는데 현지인들에게 인기가 많다.

ATTRACTION

☑ BUCKET LIST **03**

신성한 휴식처
발리의 아름다운 사원

발리에는 집집마다 있는 힌두교식 가족 사원sanggah부터 마을을
대표하는 마을 사원, 지역의 정체성을 나타내는 지역 사원까지 여전히
힌두교 사원이 많이 남아 있다. 사원은 현지 주민들에게 큰 의미가 있는
존재이며 종교적 의례와 행사가 열리는 중요한 공간이다.

바다 위에 떠 있는 사원
따나롯 사원
Pura Tanah Lot

➤ 2권 P.068

발리 서부에 있는 해상 사원으로 독특한 풍경으로 발리의 트레이드마크가 된 관광 명소다. 바다의 신 바루나Baruna를 모시는 사원으로 검은 바위 위에 지었다. 물이 빠지는 시간에는 바닷길이 열려 해상 사원까지 걸어서 갈 수 있고, 사원의 수호신 바다뱀도 볼 수 있다. 바닷길이 열리는 때는 보통 이른 아침과 늦은 오후이니 가능하면 오후에 방문해 멋진 노을도 감상해보자.

인도양을 품은 힌두교 사원
울루와뚜 사원
Pura Luhur Uluwatu

➤ 2권 P.138

발리 남부에 있는 사원으로 발리의 9개 방향을 가리키는 사원 중 하나다. 바다 위 70m 높이의 깎아지는 절벽 위에 자리해 있으며 이곳에서는 인도양의 푸른 바다가 한눈에 펼쳐진다. 주변에 원숭이들이 살고 야외 공연장에서는 매일 발리 전통 춤을 공연한다.

성스러운 샘이 솟아오르는
띠르따 엠풀 사원
Pura Tirta Empul

➤ 2권 P.024

'성스러운 물'이라는 뜻을 지닌 우붓 인근에 있는 사원으로, 성수가 흐르는 목욕 장소에서는 성스러운 의식을 치르고 기도를 드린다. 이곳의 물은 신성하고 치유력이 있다고 알려져 있으며 실제 물이 솟아오르는 연못을 볼 수 있다.

천국으로 향하는 문

렘푸양 사원
Pura Penataran Agung Lempuyang

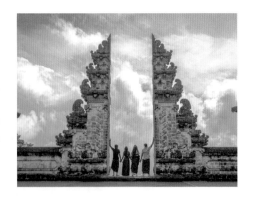

발리 동부 해발 1175m에 자리한 사원으로 '천국의 문'이라는 별칭이 생길 정도로 여행자들에게 인기 있는 곳이다. 여기서 발리에서 가장 높고 웅장한 아궁산이 바라다보이며 인스타그램 명소로도 잘 알려져 있다.

아궁산 기슭의 신성한 사원

울룬 다누 브라탄 사원
Pura Ulun Danu Beratan

브두굴 마을의 브라탄 호수 위에 지은 사원이다. 사원 주변에서 뱃놀이를 할 수 있으며, 넓은 공원에는 멋진 조형물이 있어 사진을 찍기 좋다. 물의 여신 데위 다누Dewi Danu를 모시며 각종 제례 의식이 열리는 수상 사원으로 인도네시아 화폐에도 등장한다.

'어머니 사원'으로 불리는

베사키 사원
Pura Agung Besakih

발리 동부 아궁산 950m 중턱에 위치하며, 23개의 힌두교 사원으로 이루어진 거대한 사원 단지다. 발리에서 가장 오래되고 큰 사원이며 브라마, 비슈누, 시바 신을 모시는 3개의 사원을 중심으로 1~11개의 층으로 형성된 조형물 메루를 만나볼 수 있다.

알아두면 쓸모 있는 사원 관련 용어

❶ 짠디 벤타르 Candi Bentar

일반적으로 사원 외부에 있는 2개의 바깥문으로, 데칼코마니처럼 똑같은 첨탑이 대칭을 이루고 있는 모습을 하고 있다. 전통적으로 돌로 만든 석문 형태이며, 발리인들은 이 석문을 통해 '신의 세계'로 들어간다고 믿는다. 인간 세상과 신 세상의 경계인 셈이다.

❷ 코리 아궁 Kori Agung

사원 안에 있는 문으로 짠디 벤타르를 하나로 합친 모습과 유사하다. 보통 벽돌로 만들고 중앙에는 나무로 된 전통 문Kori Kuwadi을 단다. 또 문 위에는 사원의 수호신 보마Boma를 장식한다. 자바와 발리의 사원에서 자주 볼 수 있는 힌두교와 불교 건축물이다.

❸ 뿌라 Pura

사원을 의미하는 뿌라는 신과 인간이 만나는 곳이자 다양한 종교 의식을 행하는 곳이다. 보통 산, 바다, 마을, 호수 등에 지으며 모시는 신과 목적, 용도에 따라 가족 사원, 마을 공동체 사원과 베사키 사원, 울루와뚜 사원 같은 공공 사원으로 구분된다.

❹ 카인 판장 Kain Panjang

발리 사람들의 전통 복장으로 과거에는 긴 천을 둘러 옷처럼 입었지만 최근에는 남성은 상의에 캄벤kamben이라는 바틱 천으로 만든 사롱sarong을 두르고 여성은 끄바야kebaya라는 긴팔 블라우스 형태의 상의를 입는다.

❺ 메루 Meru

여러 층으로 이루어진 검은 탑 모양의 조형물로 사원 안에 있다. 위로 갈수록 점점 작아지는 지붕 형태는 사원마다 그 숫자가 다른데 최대 11개를 넘을 수 없다. 발리 동부의 베사키 사원에서는 다채로운 메루를 볼 수 있다.

❻ 펜조르 Penjor

긴 대나무를 이용해 만든 행복과 축복을 상징하는 장식으로 갈룽안, 꾸닝안 같은 발리에서 중요한 제례 의식이 있는 날 집과 사원에 세운다. 대나무와 코코넛잎, 쌀, 과일 등을 이용해 집과 마을 단위로 만든다.

TIP! 사원 입장 시 지켜야 할 매너

현지인들이 신성시하는 사원에 들어갈 때는 허리에 두르는 사롱이나 스카프의 일종인 셀렌당selendang을 착용해야 한다. 짧은 하의 차림에 다리가 드러나는 것을 가리는 용도이지만 긴바지를 입었더라도 허리에 둘러야 한다. 보통 사원 입장권에 사롱이나 셀렌당 무료 대여가 포함된다. 사원은 발리의 문화와 종교적 면모를 체험할 수 있는 장소인 만큼 현지의 전통과 예절을 존중하며 둘러본다.

ATTRACTION

환상의 섬으로 초대

발리에서 꼭 해야 할
아일랜드 호핑

발리는 그 자체로 아름다운 섬이지만 주변에 반나절 또는 하루
일정으로 다녀올 만한 다른 섬들도 있다. 발리에서는 이러한 섬을
'누사Nusa'라고 부르기도 한다. 발리에서 멀지 않은 거리에 있는
네 곳의 섬은 자연의 아름다움과 때 묻지 않은 천혜의 환경을
만나볼 수 있는 또 다른 천국이다.

멘장안섬

길리섬

길리아이르

길리메노

길리트라왕안

누사렘봉안

누사페니다

TIP!

섬 여행에서 가장 중요한 요소는 이동 차량과 섬을 오가는 스피드보트 티켓을 예약하는 것이다. 개별적으로 다녀오기보다는 교통편이 포함된 섬 투어를 진행하는 여행 플랫폼 클룩을 이용하면 편리하다. 길리섬에 갈 때는 발리에서 출발하는 스피드보트를 타면 시간을 절약할 수 있다.

멘장안섬 *Menjangan Island*

발리 북서쪽에 자리한 작은 섬으로 태초의 아름다움과 유리처럼 투명한 바다를 간직하고 있다. 다이빙과 스노 클링을 즐기기에 이상적인 명소로 유명하다. 주변에는 산호초를 비롯해 만타 레이 같은 다양한 해양 생물을 관찰할 수 있는 다이빙 포인트도 있다. 자연보호 구역으로 지정되어 있어 희귀한 동물도 만나볼 수 있으며 몇 몇 리조트에서 프라이빗한 시간을 보낼 수 있다.

추천 일정	최소 1박 2일
가는 방법	차량 + 스피드보트
추천 테마	휴양, 스노클링, 다이빙, 자연

누사페니다 *Nusa Penida*

발리 남쪽의 작은 섬으로 파란 바다와 아름다운 해변, 절벽과 암초, 환상적인 해안 경관을 자랑한다. 섬 동부와 서부, 남부에 각각 다이아몬드 비치, 켈링킹 비치, 엔젤스 빌라봉, 브로큰 비치 등 유명한 해변이 자리하고 있다. 그중 마음에 드는 해변에서 피크닉을 즐기고 다이빙과 스노클링도 체험해본다. 발리에서 스피드보트로 약 1시간 거리다.

추천 일정	최소 하루
가는 방법	차량 + 스피드보트
추천 테마	인스타그램 명소, 해변 투어, 비치 피크닉, 스노클링

누사렘봉안 *Nusa Lembongan*

발리 남동쪽에 자리한 고요하고 작은 외딴섬으로 맑고 푸른 바다와 아름다운 해변으로 유명하다. 서핑, 스노클링 등 다양한 수상 스포츠를 즐길 수 있다. 섬 내에는 아름다운 바다를 조망할 수 있는 리조트, 레스토랑, 카페, 비치 클럽이 많아 최소 1박을 하며 느긋하게 휴양하는 것을 추천한다. 일정에 여유가 없다면 반나절 정도 짧게 다녀올 수도 있다.

추천 일정	최소 1박 2일
가는 방법	차량 + 스피드보트
추천 테마	휴양, 비치 피크닉, 스노클링, 다이빙, 해양 스포츠

길리섬 *Gili Islands*

발리와 이웃한 롬복 서북부에 위치한 3개의 섬(길리트라왕안Gili Trawangan, 길리메노Gili Meno, 길리아이르Gili Air)이다. 그중 길리트라왕안은 길리섬 중 가장 큰 섬으로, 화려한 해변과 투명한 바다가 매력적이다. 이곳에서는 자전거나 카약을 타고 섬을 돌아다니며 자연을 탐험하거나 해양 스포츠를 즐기는 것이 인기 있다. 발리에서는 스피드보트를 타고 한번에 이동하거나 국내선 항공편으로 롬복에 도착한 뒤 이곳으로 이동한다.

추천 일정	최소 2박 3일
가는 방법	차량 + 스피드보트
추천 테마	휴양, 섬 투어, 스노클링, 다이빙

ATTRACTION

☑ BUCKET LIST 05

볼수록 귀여워
다양한
동물 체험

발리에는 다양한 동물을 가까이서 볼 수 있는 동물원이 있다. 동물이 주인공인 공연을 관람하거나 코끼리를 타고 강물 건너기, 야행성 동물을 볼 수 있는 나이트 사파리, 지프 사파리 등 체험 프로그램에 참여할 수도 있다. 특별한 추억을 안겨줄 발리의 동물원으로 떠나보자.

다양한 동물 체험
발리 동물원 *Bali Zoo*

사슴, 원숭이, 호랑이, 말레이 곰, 사자, 코끼리 등 다양한 동물을 볼 수 있는 인기 관광 명소다. 먹이 주기, 코끼리 라이딩 같은 동물과 접촉할 수 있는 프로그램도 있으며 사파리 전용 차량과 어린이를 위한 키즈 풀(수영복, 수건 준비 필수)도 운영한다. 우붓 인근에 있어 접근성도 좋다.

가는 방법 우붓 왕궁에서 차량으로 약 35분
주소 Jl. Raya Singapadu, Singapadu, Kec. Sukawati
운영 09:00~17:00
요금 일반 35만 5000루피아, 어린이 25만 2000루피아
홈페이지 www.bali-zoo.com

아시아 최대 사파리

발리 사파리 & 머린 파크
Bali Safari & Marine Park

호랑이, 사자, 표범, 코끼리, 얼룩말, 기린 등 많은 야생동물을 구경할 수 있는 아시아 최대 사파리. 전용 사파리 차량을 타고 동물들을 가까이서 만나볼 수 있다. 다채로운 애니멀 쇼와 공연, 나이트 사파리 프로그램도 운영하며 최근에는 사파리 내 호텔도 오픈했다. 특히 저녁 6시부터 9시까지 진행하는 나이트 사파리에서는 야행성 동물을 가까이서 구경할 수 있다. 이왕이면 나이트 사파리 투어와 저녁 식사, 공연까지 포함된 패키지를 이용하자.

가는 방법 우붓 왕궁에서 차량으로 약 45분
주소 Jl. Prof. Dr. Ida Bagus Mantra No.Km.
19, Serongga
운영 09:00~17:30(나이트 사파리
18:00~21:00)
요금 정글 호퍼(1인) 65만 루피아, 나이트
사파리(1인) 110만 루피아
홈페이지 www.balisafarimarinepark.com

▶ 동물원 이용 팁

- ☑ 입장권과 체험 요금은 별도다.
- ☑ 동물원까지는 개별적으로 이동한다.
- ☑ 티켓 구매 시 체험 활동, 교통편 포함 여부 등을 확인한다.
- ☑ 애니멀 쇼 시간을 확인하고 방문한다.

▶ 동물원 인기 액티비티(유료)

- ☑ **먹이 주기** 전문 사육사들의 도움을 받아 동물별로 먹이 주기 체험을 할 수 있다.
- ☑ **코끼리 라이딩** 전문가와 함께 코끼리를 타고 라이딩을 해보는 체험이다.
- ☑ **오랑우탄과 조식** 동물원 내 숙소에서 제공하는 체험으로 오랑우탄과 조식을 함께 먹는다.
- ☑ **지프 투어** 특수 제작 차량을 타고 동물을 가까이서 볼 수 있다.

TIP! ▶ **동물원 입장권이 포함된 숙소**
동물원에서 운영하는 리조트나 동물원 인근 숙소의 경우 동물원 입장권이 포함된 다양한 서비스를 제공한다.
숙박과 동물 관람을 합리적인 비용으로 해결할 수 있다.

마라 리버 사파리 로지
Mara River Safari Lodge
포함 사항 발리 사파리 입장권
홈페이지 www.marariversafarilodge.com

산크투 스위트 & 빌라
Sanctoo Suites & Villas
포함 사항 발리 동물원 입장권
홈페이지 www.sanctoo.com

ATTRACTION

☑ BUCKET LIST 06

잘란 잘란

두 발로 즐기는 발리

준비물

- ☐ 선크림 ☐ 선글라스 ☐ 모자
- ☐ 운동화 ☐ 가벼운 옷차림 ☐ 생수

인도네시아어로 '걷다'라는 뜻의 잘란jalan. 잘란을 한 번 더 반복하면 '산책'이란 뜻이 된다. 발리 사람들은 산책을 무척 좋아한다. 드넓게 펼쳐진 푸른 바다를 곁에 두고, 노랗게 익어가는 벼를 바라보며 논길을 따라 특별한 목적 없이 두 발로 걸으며 발리의 풍경을 만나보자.

파란 하늘,
푸른 파도가 함께하는
꾸따 산책

꾸따의 매력은 끝이 보이지 않을 정도로 길게 이어진 바다 풍경이라 할 수 있다. 서핑이나 일광욕, 물놀이도 좋지만 두 발로 모래사장을 거닐거나 해변에서 독서를 즐기며 바다를 만끽하는 재미도 빼놓을 수 없다. 이른 오전에는 사람이 적어 한적하게 산책하기에 더욱 좋다. 오후에 해변을 산책할 때는 중간중간 자리한 비치 카페나 바에서 음료를 마시며 충분한 수분 섭취와 휴식을 챙기자.

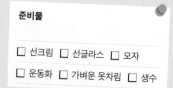 산책 팁

- ☑ 이른 아침과 해가 저무는 무렵이 산책하기 좋다.
- ☑ 맨발로 모래사장이나 해변 전용 산책로를 걷는다.
- ☑ 충분한 수분 섭취와 휴식은 필수다.

Walking ① 해 질 무렵 해변 산책

비치 바에서 쉬어 가요!

🍸 스미냑을 대표하는 인기 비치 바,
라 플란차 발리 ▶ 2권 P.088

🍸 브라운 톤의 파라솔과 빈백이
시그너처, **타리스 발리** ▶ 2권 P.073

투반 지역에서 시작되는 꾸따 비치는 백사장이 그 끝에 닿기 힘들 정도로 길다. 발리에서는 우붓 같은 내륙 지역을 제외하고 대부분이 바닷가를 끼고 있어 이른 아침이나 해 질 무렵에 해변 산책을 즐기기 좋다. 꾸따에서 스미냑으로 이어지는 해안에서 감상하는 선셋은 놓쳐서는 안 될 멋진 경험이다. 맨발로 모래를 밟으며 걷는 것은 또 다른 즐거움을 안겨준다.

Walking ② 뽀삐스 골목길 걸어보기

브런치 카페에서 쉬어 가요!

☕ 올데이 브런치와 맛있는 커피,
잭프루트 브런치 & 커피 ▶ 2권 P.117

꾸따와 스미냑에는 셀 수 없이 많은 골목길이 있으며, 그 길을 따라 또 다른 풍경이 펼쳐진다. 특히 꾸따의 뽀삐스 골목(뽀삐스 라인 1·2)은 오래전부터 서핑 마니아를 위한 크고 작은 서프 숍과 와룽(노점 식당), 브런치 카페, 저렴한 숙소가 즐비해 여행자들의 거리로 유명하다. 골목길을 따라가며 젊은 에너지와 유쾌한 풍경을 만나보자. 하루하루 새로운 가게가 열리고 닫히며 변화해가는 활기찬 발리의 분위기를 느낄 수 있다.

🍴 가성비와 맛까지 좋은 브런치 메뉴,
크럼 & 코스터 ▶ 2권 P.116

> **TIP!**
> 좁은 골목길을 걸을 때는 오토바이가 다닐 수 있으니 주의해야 한다. 꾸따 지역의 경우 오토바이에 서프보드를 싣는 랙이 달려 있어 부딪힐 수 있다. 또 길에서 만나는 개에게 물릴 수 있으니 접근하지 않도록 한다.

초록 풍경 따라
우붓 산책

아름다운 자연과 문화적 매력을 모두 품고 있는 우붓은 발리의 문화예술의 중심지로 인기가 많다. 그뿐 아니라 우붓에는 다양한 트레킹 코스와 산책하기 좋은 곳이 많아 자연경관을 즐기기에도 그만이다. 주변 마을, 논길을 포함해 가볍게 걷기 좋은 코스로 산책을 떠나보자.

산책 팁
☑ 무더운 낮 시간보다는 아침, 오후 시간을 공략한다.
☑ 체력에 자신이 없다면 돌아오는 길은 그랩이나 고젝을 이용한다.
☑ 풀 클럽을 이용하려면 수영복을 준비한다.

☕ 선키스 풀 바
📍 카젱 논길
📍 짬뿌한 릿지 워크
☕ 푸카구 바이 패디필드
JALAN JALAN UBUD
Jl. Raya Ubud
Jl. Dewisita
Jl. Gootama
Jl. Hanoman
☕ 피손
☕ 수카 에스프레소

Walking ① 예술의 정취가 물씬! 우붓 골목 탐방

우붓 거리는 보행로가 잘 갖춰져 있어 걸어 다니며 구경하거나 산책하기 좋다. 라야 우붓 거리에서 하노만 거리, 데위시타 거리, 구타마 거리로 연결되는 길에는 크고 작은 상점과 카페가 다양하게 들어서 있어 구경하는 재미가 있다. 더운 낮 시간을 피해 비교적 서늘한 오전이나 늦은 오후 시간대에 골목을 걸어보자.

브런치 카페에서 쉬어 가요!

☕ 호주식 브런치가 맛있는
우붓 인기 카페, **피손**
▶▶ 2권 P.042

☕ 전문 바리스타가 내려주는
수준 높은 커피, **수카 에스프레소**
▶▶ 2권 P.043

Walking ② 목가적 풍경이 펼쳐지는 논길 걷기

발리의 상징적인 경치 중 하나인 아름다운 논길을 따라 산책하는 것은 해변이나 골목을 걷는 것과는 또 다른 새로운 경험을 선사한다. 복잡한 도로를 벗어나 목가적인 풍경의 논길을 걷다 보면 저절로 몸과 마음이 상쾌해진다. 우붓 지역에서는 짬뿌한 릿지 워크, 카젱 논길 등이 인기 있다. 다만 우기에는 빗물로 길이 미끄러울 수 있으며 수확기에는 계단식 논을 구경하기 어렵다.

뷰 카페에서 쉬어 가요!

☕ 푸카코 바이 패디필드 Pukako by Paddyfield
우붓에서 이른 아침 평화로운 논길을 산책하며 아침 식사를 하기 좋은 논 전망 카페로 커피와 토스트, 샌드위치, 크루아상 등을 판매한다.
가는 방법 뿌리 루키산 뮤지엄에서 도보 10분
주소 Jl. Raya Uma Jl. Subak Sok Wayah, Ubud
운영 07:00~21:00
예산 커피 3만 루피아~, 식사 6만 루피아~

☕ 선키스 풀 바 Sunkissed Pool Bar
짬뿌한 릿지 워크의 종착 지점으로 카스타라 리조트Kastara Resort에서 운영하는 인피니티 풀을 갖추었다. 수준 높은 식사와 음료 메뉴가 준비되어 있으며 수영(유료)도 가능하다.
가는 방법 뿌리 루키산 뮤지엄에서 도보 40분
주소 Jl. Bangkiang Sidem, Kelusa, Kecamatan Ubud
운영 08:00~21:00
예산 롱 블랙 3만 루피아~, 파스타 9만 5000루피아~

> **TIP!**
> 논길을 산책하거나 트레킹을 할 때는 틈틈이 쉬어 갈 수 있는 카페 위치를 미리 확인해둔다. 우붓의 논길에는 가로등이 없어 해가 지면 바로 어두워진다. 가능하면 오전 시간에 산책하기를 추천한다.

ATTRACTION

☑ **BUCKET LIST 07**

잊지 못한 추억을 선사할
포토제닉
원데이 투어

발리 전역에 퍼져 있는 핫 플레이스는
개별적으로 다녀오기가 쉽지 않다.
그래서 등장한 것이 클룩의 인스타그램
명소 투어다. 인기 있는 스폿들을 한번에
둘러볼 수 있고 전세 차량 또는 조인 투어
형태로 교통편까지 제공한다. 마음에 드는
명소를 골라 원데이 투어를 떠나보자.

> **TIP!**
> 가이드 또는 투어 상품에 따라 출발 시간이
> 달라지지만 보통 새벽에 출발한다. 특히 렘푸양
> 사원은 워낙 인파가 몰려 인증샷을 찍으려면
> 대기표를 받고 기다려야 할 정도다. 차량 이동
> 시간이 길고 오전에는 문 여는 곳도 많지 않으니
> 출발 전에 화장실에 다녀오고 간단한 간식이나
> 음료 등을 준비하는 것이 좋다.

One Day Tour ①

Morning
05:00~12:00

아름다운 궁전에서 인생샷!

동부 지역에는 옛 왕족의 휴식처로 이용하던 궁전
과 정원이 남아 있는데 원데이 투어를 이용해 오랜
역사와 전통을 자랑하는 명소들을 한번에 둘러볼
수 있다. 오전에는 따만 우중과 띠르따 강가를 둘
러보고 오후에 렘푸양 사원을 구경하는 것이 일반
적이다.

① 따만 우중 Taman Ujung
네덜란드 식민지 시절에 지은 궁전으로 유럽 분위
기가 풍긴다. 3개의 수영장과 본관 건물Gili Bale, 다
리, 산책로 등으로 이루어져 있다. 주변에는 높다란
야자수와 열대 식물이 아름답게 조성되어 있다. 중
앙에 자리한 계단 위에는 기둥만 남은 옛 건물 터가
남아 있다.

② 띠르따 강가 Tirta Gangga
물의 궁전이라 불리며 1948년 카랑가셈의 마지막
왕족이 휴식과 수영을 즐기기 위한 용도로 지었다.
현재는 목욕장과 연못, 빌라, 레스토랑 등이 자리하
고 있다. 현지인들은 여전히 이곳에서 목욕을 한다.

Afternoon
13:00~17:00

**투어의 하이라이트,
천국의 문**

오후에는 렘푸양 사원을 방문한다. 날씨가 좋은 날은 이곳에서 아궁산도 보이지만 이 지역은 날씨 변화가 심한 편이라 행운이 따라줘야 볼 수 있다. 사원 내 멋진 사진을 남길 수 있는 포토존에서 사진을 찍거나 식사를 하면서 시간을 보낸다.

③ 렘푸양 사원 Lempuyang Temple

발리에서 가장 유명한 관광 명소이자 현지인들이 신성시하는 주요 사원 중 하나다. 인스타그램 명소로 알려져 이곳을 찾는 여행자들로 늘 인산인해를 이룬다. 날씨가 맑은 날에는 계단 위에 올라서면 동부의 아궁산이 보인다. 이 일대의 기후가 워낙 변화무쌍해 아궁산은 보지 못할 수도 있으며 사진을 찍으려면 대기해야 한다.

④ 뜨갈랄랑 계단식 논 Tegallalang Rice Terrace

계단식 논으로 유명한 우붓의 대표적인 관광 명소인 뜨갈랄랑에서 계단식 논을 감상하고 정글 스윙을 타면서 인증샷도 찍는다. 우붓에서 출발하는 동부 투어의 경우에는 렘푸양 사원을 방문하고 마지막 코스로 뜨갈랄랑을 방문하지만 꾸따나 스미냑에서 출발하는 경우라면, 뜨갈랄랑이 아닌 동부 해안이나 폭포 등을 방문하며 일정을 마무리하기도 한다.

> **TIP!**
> 동부 투어는 시간이 오래 걸리기 때문에 보통 유명 관광 명소 세 곳을 필수 코스로 정하고 나머지 한 곳은 상황에 따라 결정한다. 투어 상품에 따라 방문 순서와 장소가 달라질 수 있지만 렘푸양 사원은 반드시 방문한다. 렘푸양 사원은 인기가 많아 사진을 찍으려면 대기는 필수. 최근에는 대기 시간을 줄이기 위해 오픈 시간에 맞춰 가장 먼저 방문하기도 한다.

Morning
06:30~12:00

꿈의 섬 누사페니다로!

발리에서 멀지 않은 남동부에 자리한 누사페니다는 요즘 발리 여행자들이 가장 즐겨 찾는 원데이 투어 명소다. 이른 아침 스피드보트를 타고 누사페니다로 이동해 천혜의 자연환경을 간직한 아름다운 명소들을 둘러보고 돌아온다. 일정이 쉽지는 않지만 개별적으로 이동하기 어려운 섬 지역을 효율적으로 다닐 수 있는 방법이다.

① 스노클링 Snorkelling

누사페니다에서는 스노클링 체험을 놓치지 말자. 이 지역에는 열대어, 산호초 등으로 풍요로운 바닷속 풍경을 볼 수 있는 포인트가 있으며 바닷물이 깨끗하고 파도가 세지 않아 스노클링을 즐기기 좋다. 스노클링 전문 투어가 아니라서 어느 정도 경험이 있는 경우 추천한다. 개인 장비를 챙겨 가도 된다.

② 켈링킹 비치 Kelingking Beach

티라노사우루스를 닮은 절벽으로 유명해진 곳으로 파노라마처럼 펼쳐진 푸른 하늘과 바다가 절경을 이룬다. 섬을 배경으로 사진을 찍거나 산책로를 따라 해변까지 트레킹을 즐긴다. 인기 명소인 만큼 많은 여행자가 몰려 사진을 찍느라 붐비니 안전사고에 유의한다.

> **TIP!**
> 누사페니다의 유명 해변들은 동부와 서부로 나뉘어 있다. 하루에 두 지역 모두 둘러보기는 어려우니 한 지역을 선택하는 것이 좋다. 여러 곳을 다니며 관광하기보다는 한곳에 머물며 스노클링을 체험하기를 추천한다.

Afternoon
13:00~17:00

**이색 풍경의
포토존에서 찰칵!**

오후에는 크리스털 베이 인근의 엔젤스 빌라봉과 브로큰 비치를 찾아간다. 두 비치가 서로 이웃해 있어 차례로 둘러보면 된다. 보통 가이드와 함께 이동하며 사진을 찍거나 바다를 구경한다.

③ 엔젤스 빌라봉 Angel's Billabong

해안 절벽 사이에 자연이 만든 해수 풀은 수영을 즐기는 것은 물론 포토존 역할도 한다. 주변 바위에서 풍경을 담거나 푸른 바다와 엔젤스 빌라봉을 배경으로 인생샷을 남겨보자. 다만 물이 들어오는 만조 시간과 파도가 큰 날은 수영을 피하고 안전한 장소에서 경치를 감상한다.

④ 브로큰 비치 Broken Beach

오랜 시간 자연 침식으로 독특하고 신비로운 형태의 아치형 다리가 자연스레 생겨났다. 이런 풍경 사이로 펼쳐진 맑고 투명한 에메랄드빛 바다를 마주할 수 있다. 상공에서 바라보면 원형에 가까운 형태를 띠고 있으며, 산책로를 따라 걷다 보면 한 바퀴를 돌게 된다.

TIP!

1박 이상 체류할 것이 아니라면 지역 내 왕복 교통편과 스피드보트 이용권까지 포함된 여행 플랫폼 클룩의 투어 상품을 이용하는 것이 편리하다. 사용 언어, 방문 지역, 인원, 액티비티 체험 등 옵션 선택의 폭이 넓고 숙소까지 왕복 픽업도 포함되어 있다.

EXPERIENCE

☑ BUCKET LIST 08

하늘을 나는 듯한 짜릿한 경험

우붓 정글 스윙

요즘 발리, 특히 우붓에서 가장 핫한 액티비티를 하나 꼽으라면 단연 하늘을 나는 정글 그네 '스윙'이 아닐까. 높은 인기만큼 스윙을 운영하는 유명한 업체가 많다. 규모, 전망, 가격, 옵션 등이 서로 조금씩 다르니 각자 취향에 맞는 스윙업체를 골라 즐겨보자.

> 여행 플랫폼 클룩에서 예약하세요.
> 왕복 교통편이 포함된 패키지를 선택하거나,
> 가이드 전세 차량 등을 이용하는 경우에는
> 스윙 이용권만 예약해도 돼요.

	알라스 하룸 발리 스윙	알로하 우붓 스윙	리얼 발리 스윙	피치븐 발리 스윙
전망	계단식 논	계단식 논	정글	정글
사진 촬영비	20만 루피아~	20만 루피아~	20만 루피아~	개인 스마트폰 촬영
드레스 대여비	20만 루피아~	25만 루피아~	25만 루피아~	15만 루피아~
교통	불포함	패키지의 경우 포함	패키지의 경우 포함	불포함
공통 사항	음식과 음료 반입 금지, 주의 사항 공지, 안전 확인서 작성			
위치	우붓 외곽 (뜨갈랄랑)	우붓 외곽 (뜨갈랄랑)	우붓 근교 (데위사라스와티)	우붓 근교 (데위사라스와티)

SPOT 01
거대한 복합형 체험 시설
알라스 하룸 발리 스윙 *Alas Harum Bali Swing*

단순히 스윙만 타는 곳이 아닌 대규모 테마파크 같은 우붓의 대표 관광 명소다. 여러 가지 스윙 패키지가 있어 원하는 대로 골라 탈 수 있다. 버드 네스트, 댄싱 브리지 같은 포토 스폿과 야외 계단식 수영장, 카페, 레스토랑 등 스윙 외에도 즐길 거리가 많다. 사진작가가 상주하고 있어 퀄리티 좋은 사진과 영상을 얻을 수 있다는 것도 장점이다. 스윙 요금은 전 연령(7세 이상 가능) 동일하며 스윙을 타지 않더라도 입장료를 내야 한다.

SPOT 02
계단식 논 전망은 덤
알로하 우붓 스윙 *Aloha Ubud Swing*

뜨갈랄랑의 계단식 논 전망을 만끽하며 스윙을 즐길 수 있는 곳. 단, 사전 예약이 필수로 당일 방문자는 원칙적으로 이용이 불가능하다. 싱글 스윙, 탄뎀 스윙, 리브라 스윙 등 무려 여섯 가지 스윙과 버드 네스트, 치킨 네스트, 빅스톤, 버터플라이 파크 등 아기자기한 포토 스폿이 마련되어 있다. 사진작가가 사진을 찍어주는데 마음에 드는 사진을 구입할 수도 있고, 유료로 롱 드레스와 화관 대여도 가능하다. 스윙에 포커스를 맞춘 곳으로 이용자들의 만족도가 높다. 우붓 내 왕복 교통편이 포함된 패키지가 인기다.

🤙 스윙 체험을 하기 전에 고려할 것

☑ 의학적 질환(고혈압, 간질 등)이 있는 경우나 임산부, 고령자, 유아는 참여 불가
☑ 동영상 라이브, 상업 촬영, 드론 촬영 금지
☑ 직원이 사진을 찍어주는 경우 서비스 팁을 주는 것이 매너
☑ 롱 드레스 안에 속바지 착용 필수

SPOT 03 · 발리 스윙의 원조 격

리얼 발리 스윙 *Real Bali Swing*

푸른 정글의 경치를 감상하면서 짜릿한 액티비티를 즐길 수 있는 곳으로 발리 스윙의 시초다. 스윙 패키지 예약자는 물론 당일 방문객도 이용할 수 있으며, 패키지 상품에 따라 각기 다른 다섯 가지 스윙과 버드 네스트 등의 포토 스폿에서 사진을 찍을 수 있다. 스윙과 함께 아융강 래프팅, 시내 투어를 연결한 프로그램도 운영한다. 뜨갈랄랑 쪽 스윙업체와 비교해 우붓 시내와 가깝다는 것이 장점이다. 단, 주변에 편의 시설이 부족해 점심 식사와 교통편이 포함된 패키지 상품을 이용하는 것이 편리하다.

SPOT 04 · 다양한 포토 스폿에서 인생샷

피치븐 발리 스윙 *Picheaven Bali Swing*

가장 최근에 개장한 스윙업체로 다른 곳에 비해 시설과 환경이 깨끗하고 방문객은 적은 편이라 대기 시간이 짧다. 스윙 종류는 두 가지뿐이지만 절벽 도로, 지프니, 네스트 베드 등 다른 업체와 차별화된 10여 개의 포토 스폿이 있어 다양한 사진을 찍으며 인생샷을 남기고 싶은 이들에게 추천한다. 직원이 열심히 인증샷을 찍어주기 때문에 혼자 가도 사진 찍는 데 어려움이 없고 다른 스윙업체보다 가격도 저렴한 편이다. 단, 주변에 편의 시설이 부족하고 교통편을 제공하지 않아 개별적으로 찾아가야 한다.

♥ 인생샷을 위한 필수 아이템

스윙 체험은 아찔한 높이에서 타는 재미도 있지만 진짜 이유는 멋진 인생샷을 남기기 위해서다. 스윙을 탈 때 가장 중요한 요소는 하늘하늘 휘날리는 드레스다. 가능하면 기다란 롱 드레스와 휴양지에서 어울리는 모자나 화관 등 액세서리를 착용하자. 대부분 스윙업체에서 유료로 대여해준다.

EXPERIENCE

황홀한 발리를 즐기는 방법
베스트 선셋 포인트

발리에서는 해 질 무렵이 되면 자연스럽게 바다로 발길이 향한다.
바다가 없는 우붓에서는 거리 곳곳이 노을 명소가 된다. 하루
종일 바쁜 일상에서도 해가 저무는 시간만큼은 잠시 휴식이다.
아름다운 노을을 감상하며 칵테일을 마시거나 멋진 사진을
찍으면서 여유로운 시간을 즐겨보자. 현지인은 물론 여행자들에게
인기 있는 선셋 포인트를 소개한다.

POINT 01

해변의 빈백에서 즐기는 선셋

탁 트인 해변에서 바라보는 선셋은 일몰을 즐기는 가장 정석적인 방법이다. 최근에는 해변 산책로를 따라 비치 바와 카페가 들어서 칵테일이나 맥주를 마시며 선셋을 감상할 수 있게 되었다. 컬러풀한 빈백에 앉아 아름다운 선셋을 즐겨보자.

POINT 02

신나는 비치 클럽에서 즐기는 선셋

스미냑과 짱구를 잇는 해변에 자리한 비치 클럽에는 대부분 멋진 야외 풀장이 있다. 해가 저무는 시간, 풀 안에서 맛있는 음식, 칵테일 한잔과 함께 즐기는 선셋은 발리에서만 가능한 게 틀림없다.

POINT 03

디스커버리 쇼핑몰에서 맞이하는 선셋

꾸따의 디스커버리 쇼핑몰은 뒤편이 투반 해변과 마주하고 있는 덕분에 멋진 선셋을 감상할 수 있다. 최근에는 야외 농구 코트와 카페 등이 새로 생겨 현지인들이 즐겨 찾는 선셋 포인트로 유명해지고 있다.

POINT 04

야외 풀장에서 바라보는 선셋

발리의 리조트에는 대부분 야외 풀장이 있다. 많은 사람이 이용하는 비치 클럽과 달리 리조트의 야외 풀장은 투숙객만 이용할 수 있어 프라이빗하고 로맨틱한 시간을 선사해준다. 리조트들은 선셋 시간에 맞춰 해피 아워 이벤트를 연다.

POINT 05

짐바란 시푸드와 함께 즐기는 선셋

신선한 랍스터, 킹 프라운, 조개, 생선 등을 맛있는 특제 소스에 구워내는 짐바란 스타일 해산물에 와인이나 맥주를 곁들이고 선셋을 마주해보자. 눈과 입이 호강하는 짐바란에서 낭만적인 풍경이 펼쳐질 것이다.

TIP! 발리에서 선셋 사진 멋있게 찍는 법

☑ 해 질 무렵에 사진을 찍을 때는 역광이므로 피사체의 실루엣을 담아내는 것이 포인트다. 서프보드를 소품으로 이용하거나 헐렁하고 바람에 휘날리는 옷을 입으면 사진이 잘 나온다.

☑ 바닷바람이 세기 때문에 머리 정돈이 안 되어 있으면 사진이 잘 나오지 않는다. 고정 핀이나 머리띠 등으로 머리를 고정하거나 챙 넓은 모자를 쓰고 사진을 찍자.

☑ 매일 바뀌는 일몰 시간을 확인하는 것은 어렵지만 보통 발리의 경우 5시에서 6시 사이다. 사진 찍을 장소에 미리 자리를 잡고 기다리는 것을 추천한다.

EXPERIENCE

초보여도 좋아

발리에 왔다면
Let's 서핑

'서핑 천국'이라고 불릴 만큼 발리에서는 언제든 마음만 먹으면
금세 높은 파도가 넘실거리는 해변에 도달할 수 있다. 서핑
초보자는 물론 프로급 서퍼에게도 적합한 다양한 파도가 있어
누구든 서핑을 즐기기 좋다. 발리의 아름다운 바다와 파도에
몸을 맡긴 채 잊지 못할 특별한 순간을 만끽해보자.

어떻게 선택할까?
정식 서핑 스쿨 VS 비치 서핑 스쿨

발리 해변에는 두 종류의 서핑 스쿨이 존재한다. 정식 업체로 운영하는 곳과 비공식적으로 서핑을 가르치는 곳이다. 서핑을 배우고 즐기는 데에는 차이가 없다.

	정식 서핑 스쿨	비치 서핑 스쿨
장점	• 체계적인 커리큘럼으로 서핑에 입문 가능 • 샤워장, 픽업 & 드롭 서비스 무료 제공 • 래시가드 무료 대여 • 강습받는 사진이나 영상을 촬영해줌 • 한국인이 운영하는 업소는 한국어 소통 가능	• 예약하지 않고 바로 참여 가능 • 서핑 강습료와 대여비 등 흥정 가능 • 강습 후 보드 대여(10만 루피아~)도 가능 • 선베드, 파라솔도 저렴하게 대여 가능 • 주로 1:1 강습으로 진행
단점	• 강습 비용이 상대적으로 비쌈 • 그룹 강습으로 진행	• 샤워는 해변 시설 이용 • 보드 상태가 나쁜 경우도 있음

꾸따 추천 서핑 스쿨

❶ 오디세이 Oddyssey
발리 원조 서핑 스쿨로 전용 사무실과 호텔, 리조트와 연계해 운영한다.
강습 시간 1일 2회(오전, 오후) **강습료** 체험 및 입문 강습(2시간) 40만 5000루피아, 1:1 강습(2시간) 72만 루피아
예약 · 문의(카카오톡 ID) odysseysurfbali **홈페이지** www.odysseysurfschool.com

❷ 바루 서프 Baru Surf
한국인이 운영하는 서핑 스쿨로 오랜 시간 한자리를 지켜오고 있다.
강습 시간 1일 2회(오전, 오후) **강습료** 체험 및 입문 강습(2시간) US$40, 1:1 강습(2시간) US$60
예약 · 문의(카카오톡 ID) barusurfbali **홈페이지** www.barusurf.com

❸ 발루세 서프 Baluse Surf
인도네시아 현지인이 운영하는 서핑 스쿨로 한국인 매니저가 상주하고 있다.
강습 시간 1일 2회(오전, 오후) **강습료** 체험 및 입문 강습(2시간) 4만 5000원, 1:1 강습(2시간) 6만 원
예약 · 문의(카카오톡 ID) 발리발루세서핑스쿨 **홈페이지** www.balusesurf.com

꾸따 비치에서
서핑 배우기

발리의 다양한 해변에서 서핑을 배우거나 즐길 수 있지만 처음 서핑에 도전하는 경우라면 꾸따 비치에서 강습받기를 추천한다. 초보자에게 최적화된 파도와 수많은 서핑 스쿨, 편의 시설까지 완벽하게 갖춰져 있다. 실력을 키운 뒤 스미냑, 짱구, 울루와뚜 등으로 반경을 넓혀가며 즐긴다.

STEP (01) 이론 수업 & 지상 연습

서핑 복장을 하고 정해진 사무실이나 해변에서 간략한 이론 수업을 듣는다. 서프보드의 명칭과 구령, 서핑 시 주의 사항 등을 알려준다. 이론 수업을 바탕으로 바다에 들어가기 전 지상에서 패들링, 푸시 업, 테이크 오프 등 기본 동작을 익히고 숙달되도록 반복 연습을 한다.

↓

STEP (02) 바다 입수 & 수상 강습

이론 수업과 지상 연습이 끝나면 강사의 도움을 받아 바다에 입수하여 지상에서 배운 동작을 실제로 시도해본다. 강사는 강습자의 서프보드를 잡거나 밀어주면서 정확한 타이밍에 파도를 탈 수 있도록 도와준다. 또 라이딩을 위한 중심 이동, 잘못된 자세 등을 바로잡아준다.

↓

STEP (03) 자유 서핑 & 마무리

어느 정도 연습을 마치면 강사의 도움 없이 자유롭게 서핑을 할 수 있다. 파도의 크기와 힘에 따라 방향을 전환하며 라이딩을 즐긴다. 자유 서핑이 끝나면 서핑 스쿨 사무실로 가서 옷을 갈아입거나 휴식을 취한다. 사진이나 영상 촬영을 한 경우는 사진과 영상물을 받아 확인한다.

서프 보드 명칭

① **노즈**Nose 서프보드 가장 위 또는 앞부분

② **데크**Deck 서프보드 윗면으로 가슴과 두 발이 닿는 부분

③ **테일**Tail 서프보드 가장 아래 또는 끝부분으로 리시 코드가 연결된다.

④ **레일**Rail 서프보드 양 옆면으로 두 손이 닿는 부분

⑤ **보텀**Bottom 서프보드 아랫면으로 핀이 장착되는 부분

⑥ **리시 코드**Leash Cord 서프보드와 서퍼를 이어주는 줄로 보통 한쪽 다리에 연결한다.

⑦ **리시 플러그**Leash Plug 서프보드와 리시 코드를 연결하는 부분

⑧ **핀**Fin 서프보드 아랫면에 장착하는 부속품으로 1~4개로 모양이 다양하다.

레벨마다 다르다
최적의 서핑 포인트

초급 서핑 포인트

📍 꾸따 비치, 레기안 비치

📊 수심 : 낮음

⚠️ 조류 : 약

〰️ 파도 : 낮음

초보 서퍼들이 비교적 안심하고 파도를 타기 좋은 해변으로, 꾸따 비치와 레기안 비치 인근에는 많은 서핑 스쿨이 자리해 있다. 수심이 낮고 모래 지형이라 안전하게 서핑을 즐기기에 좋다. 또 조류가 약하고 파도도 낮아 초보자들에게 인기가 높다.

중급 서핑 포인트

📍 베라와 비치, 짱구 비치

📊 수심 : 중간

⚠️ 조류 : 강

〰️ 파도 : 중간

어느 정도 서핑 경험이 있는 중급 서퍼들에게 인기 있는 서핑 포인트로 수심이 깊고 모래와 바위가 많다. 지형적 영향으로 파도의 크기와 힘이 세고 조류가 강한 특징을 보인다. 로컬들도 서핑을 즐기는 곳으로 서핑 시 지켜야 할 룰과 매너를 인지하고 있어야 한다.

상급 서핑 포인트

📍 술루반 비치, 드램랜드 비치

📊 수심 : 깊음

⚠️ 조류 : 강

〰️ 파도 : 높음

상급 서퍼들이 모여드는 발리의 대표적인 서핑 포인트로 파도가 높고 속도와 힘이 좋다. 좋은 파도를 타기 위한 서퍼들의 경쟁도 치열한 곳으로 수심이 아주 깊고 이안류까지 있기 때문에 수준급의 서핑 실력이 요구된다. 기본적으로 지역 해변과 파도에 대한 이해가 필요하다.

서핑 자세 용어

패들링Paddling
파도를 잡기 위해 수면 아래에서 양팔을 젓는 동작

푸시 업 Push Up
서프보드 위에서 양팔을 굽히고 상체를 들어 올리는 동작

테이크 오프 Take Off
서프보드 위에 서서 파도 탈 준비를 하는 동작

라이딩Riding
서프보드 위에 서서 균형을 잡으며 파도를 타는 동작

와이프 아웃 Wipe Out
서프보드 위에서 균형을 잃고 넘어지는 상황

EXPERIENCE

발리에서 즐기는

신나는 액티비티 열전

아름다운 자연환경과 독특한 문화를 품고 있는 발리는
액티비티마저 다채롭다. 에메랄드빛 망망대해로 돛을 달고 떠나는
세일링과 각종 해양 레포츠, 우붓을 포함한 중부 내륙 지역의 산과
계곡에서 즐기는 래프팅, 논길을 탐방하는 트레킹 등 전혀 다른
테마의 액티비티를 다양하게 즐기며 발리에 빠져보자.

숨은 포인트를 찾는 재미
스노클링 & 다이빙 *Snorkeling & Diving*

발리에는 서핑 포인트만큼이나 다양한 다이빙 포인트가 있다. 스쿠버다이빙과 스노클링을 즐기기에 최적의 조건을 갖추었다. 발리의 다이빙 스쿨은 여행자를 위한 일일 체험 프로그램뿐 아니라 전문적인 테크닉을 배울 수 있는 강사 자격증 코스까지 다양한 커리큘럼을 운영한다. 스노클링의 경우 간단한 스노클링 장비만 있으면 충분히 체험 가능하기 때문에 누구라도 편하고 안전하게 즐길 수 있다는 것이 장점이다. 발리는 다른 동남아시아 여행지와 달리 아직까지도 숨겨진 비밀 포인트가 많아 매번 새로움을 경험할 수 있다.

대표 업체	특징	예약 및 문의
다이브 콘셉트 발리 Dive Concepts Bali	다이빙, 스노클링 데이 투어, 다이빙 자격증, 코모도 크루즈 등 발리 전 지역 가능	diveconcepts.com
레전드 다이빙 렘봉안 Legend Diving Lembongan	프리다이빙, 스노클링, 다이빙 자격증 코스, 나이트 다이브 등 누사렘봉안 지역 위주	divinglembongan.com
발리 스쿠바 Bali Scuba	다이빙 데이 투어, 1일 체험, 자격증 코스, 발리 전 지역 가능	baliscuba.com
게코 다이브 발리 Geko Dive Bali	다이빙 데이 투어, 자격증 코스, 스노클링 투어, 발리 전 지역 및 길리섬 투어 가능	gekodivebali.com

TIP!
다이빙과 스노클링을 즐기려면 발리 북부 멘장안섬이나 동부 아멧, 이웃한 누사렘봉안, 누사페니다, 길리섬을 추천한다. 스피드보트를 포함한 교통편을 제공하는 다이빙 스쿨 프로그램 또는 클룩을 통한 투어를 이용할 수 있다.

탄중 베노아에서 즐기는
수상 스포츠

Water Sports

발리는 시워커, 웨이크보드, 카이트 서핑, 플라이피시, 로켓보트, 패러세일링, 바나나보트, 제트스키, 워터스키, 스노클링, 스쿠버다이빙 등 다양한 워터 스포츠를 쉽고 안전하게 즐길 수 있는 장소가 따로 마련되어 있다. 이런 수상 스포츠는 탄중 베노아 Tanjung Benoa라는 지역에서 즐긴다. 함께하는 인원과 취향에 따라 원하는 스포츠를 선택할 수 있다. 수상업체 홈페이지나 여행 플랫폼 클룩을 통해 예약하면 된다. 가격이 너무 저렴한 업체나 투어는 피하고 어느 정도 신뢰할 수 있는 리뷰가 있는 업체를 선택해야 안전하다.

대표 업체	특징	예약 및 문의
BMR 다이브 & 워터 스포츠 BMR Dive & Water Sports	단일 수상 스포츠 예약 가능, 교통편 불포함	bmrbaliofficial.com
탄중 베노아 워터 스포츠 Tanjung Benoa Water Sports	2~3가지 종류를 묶은 패키지로 예약 가능, 교통편 불포함	tanjungbenoawatersports.com
클룩 Klook	원하는 업체, 수상 스포츠, 교통편까지 포함한 상품 예약 가능	klook.com

> **TIP!**
> 탄중 베노아 지역 내 업체의 경우 교통편은 제공하지 않고 수상 스포츠 이용만 가능하다. 교통편이 필요하다면 클룩을 통해 왕복 교통편(픽업 & 드롭 서비스)이 포함된 상품으로 예약한다.

바다 풍경을 가까이에서
세일링 & 크루징

Sailing & Cruising

발리에서는 요트나 보트에 몸을 싣고 바다 위에서 로맨틱한 시간을 보낼 수 있는 세일링과 크루징이 유명하다. 보통 세일링과 크루징 투어는 숙소까지 픽업 & 드롭 서비스, 뷔페식 점심 식사, 전통 공연 관람, 다양한 수상 스포츠 체험 등이 포함된 일일 투어 프로그램으로 운영한다. 발리와 이웃한 누사렘봉안 주변을 다녀오는 코스로 보통 선박의 운항 방식에 따라 바람을 이용하는 세일링 요트와 카타마란, 동력을 사용하는 크루징 보트로 구분된다. 시간 여유가 있다면 탄중 베노아 지역에서 수상 스포츠를 즐기기보다는 세일링이나 크루징 투어를 통해 수상 스포츠를 즐기기를 추천한다. 업체에 따라 전용 비치 클럽이나 선상에서 수상 스포츠를 즐길 수 있다.

대표 업체	운영 프로그램	예약 및 문의
발리 하이 크루즈 Bali Hai Cruises	누사렘봉안 · 누사페니다 · 길리섬 데이 투어, 선셋 디너 크루즈	balihaicruises.com
바운티 크루즈 Bounty Cruises	데이 크루즈, 선셋 디너 크루즈	bountydaycruises.com
와카 세일링 Waka Sailing	누사렘봉안 데이 투어	wakahotelsandresorts.com

TIP!
배멀미가 걱정된다면 가까운 약국에서 약을 구입해 복용한다. 업체마다 멀미약을 구비하고 있어 요청해도 된다.

발리만의 이색 자연을 만끽
래프팅

Rafting

신나게 래프팅을 하면서 발리의 울창한 자연을 만끽할 수 있는 액티비티. 급류에서 패들링을 하면서 짜릿함을 느끼고 무더위도 잠시 식히며 스트레스를 날려버릴 수 있다. 열대우림과 폭포, 마을 풍경이 이어지는 코스를 따라 친구나 가족, 연인과 함께 즐거운 시간을 보내기 좋다. 래프팅은 보통 우붓에서 가까운 아융강에서 즐기며 래프팅 전문 업체가 숙소까지 픽업 & 드롭 서비스를 제공한다. 업체를 선택할 때는 보험 유무를 확인하고 믿을 만한 업체를 이용하도록 한다. 래프팅은 보통 오전과 오후 정해진 시간에 투어 참여가 가능하다. 오전 투어는 점심 식사가 포함되어 있어 인기가 높다. 예약은 업체 홈페이지 또는 여행 플랫폼 클룩을 통해 할 수 있다.

준비물
수영복 또는 반바지, 갈아입을 옷, 선크림, 아쿠아 슈즈 또는 고정 가능한 샌들, 방수 카메라, 현금

대표 업체	요금	예약 및 문의
소백 Sobek	일반 1인 US$79~ 어린이 1인 US$52~ *최소 2인부터 가능	balisobek.com
발리 레드 패들 Bali Red Paddle	1인 55만 루피아~ *최소 2인부터 가능	baliredpaddle.com
마흐코타 래프팅 Mahkota Rafting	일반 1인 US$75~ 어린이 1인 US$55~	mahkotarafting.com
우붓 래프팅 어드벤처 Ubud Rafting Advanture	일반 1인 US$85~ 어린이 1인 US$35~	ubudraftingadventure.com
공통 사항	우붓 지역 내 왕복 교통편 포함 클룩 예약 시 1인 US$23~	

래프팅 포인트

아융강 Ayung River
총길이 약 11km이며 래프팅 시간은 1시간 30분 정도다. 강폭은 텔라가와자강에 비해 좁고, 물살이 약한 편이라 남녀노소 누구나 래프팅을 즐길 수 있다. 강을 끼고 자리해 있는 가옥과 야생동물 등 우붓 풍경을 구경할 수 있다.

텔라가와자강 Telaga Waja River
총길이 약 14km이며 래프팅 시간은 2시간 정도다. 아궁산 인근의 탑승 장소까지 차를 타고 올라가야 한다. 텔라가와자강은 물살이 아융강에 비해 강해 보다 다이내믹한 래프팅을 체험할 수 있지만 중심가에서 멀리 떨어져 있어 이용자는 적은 편이다.

대자연부터 인도양의 오션 뷰까지
골프

Golf

발리에는 국제적 코스와 시설을 갖춘 유명 골프 클럽이 많다. 현지인은 물론 여행자들도 가까운 골프 코스에서 라운드를 즐길 수 있다. 리조트와 연계해 숙박과 골프를 한 번에 해결할 수도 있다. 그중 아름다운 뷰와 멋진 코스로 유명한 골프 클럽은 뉴 꾸따 골프 발리와 1인 라운딩이 가능한 발리 내셔널 골프 클럽, 발리 최초의 파 3 홀로만 구성된 부킷 판다와 골프 & 컨트리클럽, 1년 내내 시원한 환경에서 골프를 즐길 수 있는 한다라 골프 & 리조트 발리 등이다. 발리의 골프 코스는 넓은 페어웨이와 라운드 내내 풍요로운 대자연과 인도양의 오션 뷰를 만끽할 수 있다. 열대 분위기의 조경과 완벽한 코스 설계로 인기가 많지만 동남아시아의 다른 골프 코스에 비해 라운드 요금은 조금 비싸다. 따라서 숙박과 연계해 이용할 것을 추천한다.

대표 업체	특징	예약 및 문의
발리 내셔널 골프 클럽 Bali National Golf Club	누사두아에 위치한 골프 코스로 미국 〈포천〉지 선정 세계 5대 골프장으로 유명하다.	balinational.com
뉴 꾸따 골프 발리 New Kuta Golf Bali	울루와뚜에 자리한 골프 코스로 드림랜드 비치를 바라보며 골프를 즐길 수 있다.	newkutagolf.co.id
한다라 골프 & 리조트 발리 Handara Golf & Resort Bali	브두굴에 위치하며 세계 50대 골프 코스로 선정되었다. 리조트도 함께 운영한다.	handaragolfresort.com
부킷 판다와 골프 & 컨트리클럽 Bukit Pandawa Golf & Country Club	발리 남부 판다와에 위치하며 발리 최초의 파 3, 18홀로 이루어진 골프 코스다.	bukitpandawagolf.com

믿을 수 있는 액티비티 업체 선정 방법

발리에서는 일반적으로 투숙하는 호텔이나 리조트, 빌라의 프런트를 통해 협력 업체나 여행 플랫폼 클룩을 이용한다. 숙소 협력 업체는 요금은 다소 비싸지만 만약 사고가 발생했을 때 어느 정도 책임을 물을 수 있다. 클룩도 현지에서 문제가 생겼을 때 대응과 대처가 빠르다. 클룩에서 투어 상품을 예약할 때는 사용자의 리뷰가 많은 업체를 선정하고 취소 규정도 꼼꼼히 확인한다. 또 사전에 현지 전화번호를 등록해 왓츠앱으로 소통할 수 있도록 한다.

발리의 진면목 발견하는
사이클링 & 트레킹 *Cycling & Trekking*

복잡한 도심보다는 우붓이나 짱구 등 조금 한적한 지역에서 사이클링이나 트레킹을 즐긴다. 현지의 목가적인 풍경과 논길, 마을을 감상하며 라이딩의 재미를 느낄 수 있다. 자전거는 업체 또는 리조트나 호텔 등에서 대여할 수 있다. 발리에서의 트레킹은 크게 산에서 즐기는 마운틴 트레킹과 우붓 거리나 논길을 걷는 로드 트레킹으로 나뉜다. 마운틴 트레킹은 바투르산이나 아궁산에서 진행하며 하루 코스부터 일주일 이상 장거리 코스까지 다양하고 전문 업체를 통한 사전 예약과 준비가 필요하다. 비교적 간단한 로드 트레킹은 한적한 우붓 거리나 논길을 따라 걷는다. 여행자들에게 인기 많은 코스는 우붓 몽키 포레스트 사원과 짬뿌한 지역에 조성한 트레킹 코스로 1~2시간 정도 부담 없이 다녀올 수 있다. 트레킹에 나설 때는 물과 선크림, 모자 등을 챙긴다.
➡ 트레킹 정보 P.040

환상적인 풍경과 인증샷도 함께
바투르산 일출 지프 투어 *Jeep Tour*

바투르산은 활화산이자 멋진 인생샷을 남길 수 있는 인스타그램 명소다. 해발 1200~1717m의 일출 명소까지 사륜구동 지프를 타고 올라가서 떠오르는 아침 해와 화산 폭발로 생성된 검은 용암지대를 둘러본다. 지역에 따라 다르지만 보통 숙소까지 픽업 & 드롭 서비스가 투어에 포함되며 새벽 3시쯤 출발해서 일출을 감상한다. 투어 옵션에 따라 바투르산, 칼데라호 트레킹, 래프팅, 스윙 등의 액티비티를 한두 가지 더 즐기고 오전 11시에서 12시경에 돌아오는 일정이다. 가이드나 사진을 찍어주는 직원에 따라 사진의 결과물이 달라지니 업체 선택 시 직접 다녀온 이들의 후기를 참고하도록 한다. 날씨 영향을 많이 받는 투어이자 액티비티인 만큼 우기에는 피하는 것이 좋다. 클룩에서 예약하는 것을 추천한다.

TIP!

킨타마니 지역에 위치한 바투르산의 경우 새벽에는 온도가 많이 떨어진다. 따뜻한 재킷과 트레킹용 긴바지, 스웨터, 모자, 장갑, 마스크, 핫팩, 담요, 타월 등 바람을 막아주고 체온을 높여줄 옷과 물품을 챙기고 신발은 운동화나 트레킹화를 신는다. 길이 험하니 멀미약이나 음료 등을 살 때 필요한 현금도 준비한다.

EXPERIENCE

화려하고 섬세한 몸짓
발리 전통 춤

발리는 토속 신앙과 힌두교의 조화 속에서 다양하고 찬란한
문화예술을 꽃피웠다. 다양성 속의 통합이라는 건국이념에 맞게
전통문화와 예술도 다채롭다. 그중에서도 가믈란 연주와 함께
펼치는 전통 춤 공연은 발리만의 독특한 문화로 여행자들에게
인기가 높다.

가장 우아한 춤
레공 댄스 *Legong Dance*

발리의 소녀들이 주인공이 되어 추는 아름답고 고귀한 춤이다. 소녀들은 어린 나이 때부터 스승에게 레공 댄스의 기술과 동작을 전수받는다. 고전 레공 댄스 중에서 가장 많이 알려진 이야기는 마랏Malat의 란셈 왕의 사랑에 관한 것으로 란셈 왕은 묘령의 여인과 결혼을 원했지만 그녀는 원치 않았다. 결국 왕은 그녀를 납치하고 그로 인해 여인의 가족과 전쟁까지 치른다는 내용이다. 댄서들은 얼굴에 강렬한 화장을 한 채 화려한 비단과 황금으로 수놓은 의상을 입고 전통 가믈란 연주에 맞춰 절제된 듯 미묘한 동작으로 춤을 추는 것이 특징이다.

유쾌한 전통 춤
바롱 댄스 *Barong Dance*

우스꽝스럽고 괴이한 사자 탈을 쓴 선을 상징하는 바롱과 긴 혀와 날카로운 독니를 가진 악을 상징하는 랑다Rangda와의 다툼을 춤으로 승화한 것이다. 선과 악을 표현하기 위해 가면을 쓰고 과장된 동작과 다양한 몸짓으로 이야기를 풀어나간다. 춤의 하이라이트는 바롱을 따르는 청년 무리가 자신들을 스스로 찌르는 장면. 악의 상징인 마녀 랑다로 인해 벌어진 일이지만 선의 기운을 가진 수호신 바롱의 힘으로 어떠한 부상도 입지 않는다. 결말에 다가가면서 댄서들은 아주 깊은 내면의 세계와 무아의 경지에 이르게 된다. 발리 사람들의 익살스러움을 느낄 수 있다.

가장 화려한 춤
케착 댄스 *Kecak Dance*

발리의 전통 춤 가운데 가장 화려하고 유명하다. 발리의 보나Bona 지역에서 유래한 춤으로 군무를 바탕으로 시종일관 리드미컬하고 매혹적인 코러스에 맞춰 춤을 춘다. 공연 내용은 힌두교 성전인 라마야나에 관한 이야기를 재구성한 것으로 아름다운 시타 공주가 악의 축인 라와나를 어떻게 물리치는지, 라마 왕자가 원숭이 신 하노만과 원숭이 왕 수그리와로부터 공주를 어떻게 구해내는지를 다룬다. 공연 내내 파워풀한 몸짓과 음악을 감상할 수 있다. 젊은 무용수들이 단체로 손을 흔들며 '케착 케착' 하는 소리를 내면서 춤을 추는 것이 특징이다.

섬세한 동작이 돋보이는 춤
토펭 댄스 *Topeng Dance*

다양한 표정의 탈을 쓰고 추는 춤으로 가장 일반적인 내용은 노인을
주인공으로 한 토펭 투아Topeng Tua다. 노인의 탈을 쓰고 혼자서 춤을
추는 주인공이 자신의 행동과 생각 등을 표현한다. 토펭 댄스는 탈을
써서 얼굴을 감추고 있기 때문에 다른 춤과는 달리 몸동작만으로 모든
것을 표현해야 한다. 또 가면의 다양함과 그 속의 섬세한 조각술까지
발리인의 풍부한 예술적 감성을 느낄 수 있는 공연이다.

악령을 쫓는 춤
상향 댄스
Sanghyang Dance

발리에서 가장 중요한 신
인 상향을 위한 춤으로 악령
을 쫓기 위한 것이다. 두 소
녀가 즉흥적으로 춤을 추는 상향 데다리Sanghyang
Dedari는 소녀들이 무아의 세계로 들어가는 순간까
지 다른 팀원들은 무대 뒤에서 합창을 한다.

남성미를 표현하는 춤
바리스 댄스
Baris Dance

마을의 소년들 또는 건장한
청년들이 중심이 되어 추는
춤으로, 강렬한 전통 의상을
입고 격렬한 동작으로 춤을 추며 강한 남성미를 표
현한다. 전쟁을 준비하는 전사들의 강인한 몸과 마
음을 묘사한 춤으로 '전사의 춤'이라고도 한다.

⊘ 전통 춤 공연은 어디서 관람할까?

주로 우붓과 울루와뚜의 관광 명소 주변 공연장에서 관람하거나 호텔이나 리조트에서 무료로 관람
가능하다. 우붓 왕궁과 사원에서 열리는 정기 공연이 있으며, 우붓의 일부 레스토랑에서는 식사하면
서 화려한 무용수들의 공연을 볼 수도 있다.

장소	공연 시간	요금	특징
우붓 왕궁 Ubud Palace	19:30	10만 루피아	우붓 왕궁 앞에서 티켓 구입이 가능하며 공연은 매일 저녁 열린다.
아르마 뮤지엄 Arma Museum	19:00	15만 루피아	레공 댄스(수요일), 케착 댄스(월·토요일), 바롱 댄스(일요일) 등 요일별로 다른 공연이 열린다.
달렘 우붓 사원 Pura Dalem Ubud	19:30	10만 루피아	공연이 열리는 사원 입구에서, 또는 클룩을 이용해 티켓을 구입한다.
울루와뚜 사원 Pura Uluwatu	18:00	15만 루피아	울루와뚜 사원 내 매표소에서 티켓을 구입한다.

※공연은 안전상 문제나 날씨에 따라 사전 공지 없이 취소되는 경우가 있다.

⊘ 공연 관람 시 에티켓

- 자유 좌석제지만 도착 순서대로 앞자리부터 착석한다.
- 공연 시작 20~30분 전에 도착하도록 한다.
- 공연 중 이동은 자제하고 핸드폰 벨 소리는 무음으로 해둔다.
- 사진 촬영은 무음 처리로 하고 주변에 방해되지 않도록 한다.
- 공연 관람 후 쓰레기는 쓰레기통에 버린다.

EXPERIENCE

발리의 맛을 기억하는 방법
쿠킹 클래스

발리에서 가장 흥미로운 액티비티 중
하나로 여행자들의 참여율이 가장
높은 체험이 바로 쿠킹 클래스다.
오랜 경력과 맛이 검증된 현지 셰프의
진두지휘 아래, 뜨거운 불 앞에서
현지 식재료를 이용해 발리 전통
레시피로 음식을 만들고 수업 후에는
직접 만든 요리로 맛있는 식사까지
한다. 색다른 여행 추억을 쌓을 수
있는 체험이다.

TIP!
- ☑ 이른 아침에 만나 시장에서 재료를 고르는 것으로 시작하는 곳도 있고, 준비된 재료로 수업을 진행하는 곳도 있다.
- ☑ 대부분의 쿠킹 클래스는 오전, 오후로 나누어 진행하며 요일마다 각각 메뉴가 정해져 있으니 원하는 코스를 선택한다.
- ☑ 숙소 픽업 & 드롭 서비스를 제공하는 쿠킹 클래스를 이용하면 편리하다.

쿠킹 클래스 과정
미리 알아보기

발리를 대표하는 전통 음식을 만들어보면서 발리의 음식 문화를 이해하고 여행 후에도 발리 요리를 만들 수 있는 레시피를 얻게 된다.

STEP ①   **쿠킹 클래스 예약**

발리의 쿠킹 클래스에 참여하려면 자체 홈페이지나 왓츠앱 또는 클룩 같은 예약 플랫폼을 통해 요금과 프로그램 내용을 살펴본 뒤 예약을 한다. 원하는 지역의 쿠킹 클래스와 날짜, 시간, 픽업 유무 등을 고려해 선택한다.

STEP ②   **아침 시장으로 이동**

업체마다 조금씩 다르지만 대부분 숙소까지 픽업해 준다. 업체 차량을 타고 쿠킹 클래스를 진행하는 셰프와 클래스에 참여하는 다른 여행자들과 함께 가까운 아침 시장에 들러 식재료를 구입한다. 식재료에 대한 설명을 듣고 시장 구경도 한다.

STEP ③   **쿠킹 클래스 진행**

쿠킹 클래스 장소로 이동해 전통 레시피 및 요리 방법에 대한 설명을 듣고 셰프의 시연을 따라 요리를 시작한다. 보통 영어로 진행하지만 직원들이 도움을 주기 때문에 별 어려움은 없다.

STEP ④   **시식 및 마무리**

쿠킹 클래스에 따라 요리 가짓수가 달라지는데 보통 2~3가지 요리를 배운다. 직접 만든 요리가 완성되면 다 함께 모여 식사를 하고 남은 요리는 포장해서 가져간다.

인기 쿠킹 클래스

- **카페 와얀 Cafe Wayan** 　우붓　 홈페이지 cafewayan.com
- **페리욱 발리 Periuk Bali** 　우붓　 홈페이지 periukbali.com
- **파온 발리 Paon Bali** 　우붓　 홈페이지 paon-bali.com
- **케뚜스 발리 Ketut's Bali** 　우붓　 홈페이지 ketutsbalicookingclass.com
- **아니카 Anika** 　꾸따　 홈페이지 anikacookingclass.com
- **니아 클래스 Nia Class** 　스미냑　 홈페이지 niacookingclass.com
- **붐부 발리 Bumbu Bali** 　누사두아　 홈페이지 artcafebumbubali.com

EXPERIENCE

☑ BUCKET LIST **14**

지친 몸과 마음 챙김

발리 요가

발리는 전 세계 요가 마니아들의 성지로도 유명하다. 복잡한 도심과 일상에서 벗어나
푸릇한 자연 속에서 요가와 명상으로 지친 몸과 마음을 챙길 수 있는 최고의 여행지임에
틀림없다. 전문적인 커리큘럼을 갖춘 요가 스쿨부터 숙소에서 간편하게 할 수 있는
가벼운 체험 요가 프로그램까지 다양하니, 발리에 왔다면 어떤 방법으로든 요가를 통해
힐링 시간을 가져보자.

발리 요가
종류
Yoga

인 Yin

난이도 하

초보자들이 입문하기 좋은 요가. 불필요한 힘을 풀고, 천천히 부드럽게 움직이는 동작이 주를 이루며 근육의 유연성, 긴장 완화에 도움이 된다.

빈야사 Vinyasa

난이도 중

자연스럽게 동작을 연결해 상체와 하체의 균형을 이루는 요가다. 호흡과 몸의 움직임의 흐름을 중요시한다. 집중력 강화, 체중 감량에 도움이 된다.

파워 Power

난이도 상

동작이 역동적이고 땀을 많이 발산하는 요가의 종류로 난도가 높은 동작을 연속적으로 수행하기 때문에 상당한 근력이 요구된다. 경험자들이 선호하는 요가다.

하타 Hatha

난이도 상

음양의 조화를 바탕으로 한 가장 전통적인 요가 중 하나다. 유연성과 근력이 필요하며 한 동작을 오래 유지하는 것이 특징이다. 속 근육 강화에 도움이 된다.

플라이 하이 Fly High

난이도 상

천장에 매달린 도구를 이용해 거꾸로 매달리거나 몸을 펴는 동작이 주를 이룬다. 플라잉 요가 또는 반중력(안티그래비티) 요가라고도 하며 근력이 필요하다.

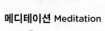

아쉬탕가 Ashitanga

난이도 상

높은 난도의 동작을 동일한 순서대로 반복하는 것이 특징으로 상당한 근육과 근력이 필요하다. 난이도에 따라 초급, 중급, 고급으로 나뉘기도 한다.

메디테이션 Meditation

난이도 하

명상, 요가를 함께 하기도 하고 명상만 하기도 한다. 싱잉볼, 크리스털 볼 등 명상에 도움이 되는 악기나 음악을 이용해 호흡과 마음 수련에 집중한다.

어디서 배울까?
요가 스쿨 & 센터

1회 클래스부터 원하는 횟수, 기간을 선택해 클래스에 참가할 수 있다. 단순 요가 프로그램부터 명상, 심리 치료 프로그램까지 다양하며 요가와 연계해 운영하는 베지테리언 식당, 카페, 커뮤니티 등도 이용할 수 있다.

인기 요가 센터

 우붓

요가 반
Yoga Barn
▶ 2권 P.046

자연 친화적 분위기의 대규모 요가 센터로 이른 오전부터 저녁까지 요가를 체계적으로 가르쳐주는 커리큘럼으로 운영한다. 요가 외에 명상, 필라테스 등의 프로그램도 있으며 센터 내에 요가 숍, 카페 등이 있어 쇼핑하거나 휴식하기도 좋다.

홈페이지 www.theyogabarn.com

우붓

래디언틀리 얼라이브
Radiantly Alive
▶ 2권 P.047

우붓 시내에서 멀지 않은 곳에 있어 접근성이 뛰어나다. 오전 7시 30분부터 오후 6시까지 운영한다. 요가 클래스도 인기지만 싱잉볼 명상이 특히 인기 있다. 요가를 끝내고 쉬어 갈 수 있는 식당과 카페도 주변에 많다.

홈페이지 www.radiantlyalive.com

 우붓

앨커미 요가 & 명상 센터
Alchemy Yoga & Meditation Center
▶ 2권 P.046

전용 요가 센터와 넓은 정원, 상점, 카페 등으로 이루어져 있으며 요일별, 시간대별로 다양한 클래스를 운영한다. 1일 요가 클래스 외에 명상 체험을 비롯해 각종 이벤트도 열린다. 수업은 대부분 영어로 진행한다.

홈페이지 alchemyyogacenter.com

 짱구

프라나바 요가
Pranava Yoga
▶ 2권 P.099

짱구의 조용한 마을에 자리한 요가원으로 규모는 작지만 체계적인 교육을 진행한다. 사전 예약하거나 현장에서 바로 신청해 수업에 참여할 수 있다. 하루 3~4회 요가 클래스를 진행하며 요일마다 수업 내용이 달라지니 홈페이지에서 스케줄을 참고하자.

홈페이지 www.matrabali.com

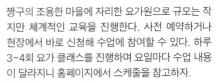

무료 요가 수업을 하는 우붓 리조트

우붓의 고급 리조트에서는 투숙객에게 다양한 체험 활동을 무료로 제공하는데 대부분 요가 프로그램도 포함된다. 이른 아침부터 늦은 저녁까지 리조트 내 전용 공간에서 진행하며 요가는 보통 오전에 1시간 정도 한다. 우붓에서라면 요가를 무료로 즐길 수 있는 리조트를 찾아보자.

파드마 리조트 우붓
Padma Resort Ubud

▶ P.112

투숙객을 대상으로 요가 클래스를 무료로 제공한다. 초보 체험 요가와 플라이 하이 등 레벨에 따른 요가 체험이 가능하다.

웨스틴 리조트 & 스파 우붓
Westin Resort & Spa Ubud

▶ P.110

리조트에서 제공하는 데일리 액티비티 중 요가 클래스를 무료로 이용할 수 있다. 요가 전용 공간에서 매일 아침 진행한다.

카욘 정글 리조트
The Kayon Jungle Resort

넓은 요가 전용 공간에서 오전에 요가 클래스를 진행한다. 투숙객은 간단한 예약으로 무료로 요가를 체험할 수 있다.

> *TIP!*
> ☑ 1일 체험 요가 클래스는 사전 예약 또는 현지 업체 방문을 통해 가능하다.
> ☑ 요가를 하기 좋은 편안한 복장으로 방문한다.
> ☑ 난도가 높은 경우 무리하게 동작을 따라 하지 않는다.
> ☑ 고혈압이나 특별한 건강 이상 증상이 있다면 강사에게 미리 공지한다.
> ☑ 요가 센터마다 수업과 난이도가 다르므로 자신에게 맞는 수업을 선택한다.

요가용품을 파는 인기 숍

① 발리 요가 숍 Bali Yoga Shop

요가와 관련된 다양한 제품을 판매하는 요가 전문 숍으로 하노만 거리 외에도 우붓 내에 세 곳의 매장을 운영한다. 남녀 요가복과 책, 매트 등 요가용품을 살 수 있다. 바틱 문양 디자인의 요가복도 판매한다.

주소 Jl. Hanoman No.44 B, Ubud
문의 0813 3887 9797
운영 09:00~20:00
홈페이지 www.baliyogashop.com

② 두니아 Dunia

오랜 시간 한자리를 지켜오며 요가와 관련된 옷과 소품을 판매하는 로컬 요가 숍으로 일본인 오너가 운영한다. 발리에서 생산하는 요가복과 파우치, 사롱, 머리띠, 가방 등의 소품도 판매한다.

주소 Jl. Hanoman No.23, Ubud
문의 0812 3978 1521
운영 10:00~17:00
홈페이지 www.dunia-bali.com

③ 요가 산티 Yoga Shanty

우붓의 인기 요가 숍으로 다양한 컬러와 사이즈의 요가복을 판매한다. 모든 요가복은 유기농 원단으로 제작한 것이며 레깅스, 스포츠 브라, 반바지, 비키니 등 제품이 다양하다.

주소 Jl. Hanoman No.30, Ubud
문의 0878 6465 1816
운영 09:30~20:30
홈페이지
www.yogashantyubud.com

☑ BUCKET LIST **15**

이것만은 꼭 먹어보자

발리 명물 요리

전 세계 여행자들이 모이는 휴양지인 만큼 발리에는 다양한 먹거리가 있다. 골목골목
자리한 로컬 식당부터 분위기 좋은 고급 레스토랑까지 개성 강한 맛집이 많다. 발리 음식은
강한 향신료를 사용하지 않아 한국인 입맛에도 거부감 없이 친숙한 맛이다. 방문객이 많은
호주와 유럽, 주변 아시아 국가의 영향을 받아 퓨전 요리가 많은 것도 특징이다.

하루 세 끼로는 부족해
발리 대표 메뉴

발리 음식은 크게 국물 요리, 볶음 요리, 구이 요리로 나뉜다. 가장 많이 사용하는 식재료는 쌀과 면이며 닭, 소, 돼지고기, 생선, 채소도 많이 사용한다. 누구나 맛있게 즐길 수 있는 대표 음식을 살펴보자.

나시 고렝 Nasi Goreng

닭, 해산물, 고기, 채소, 달걀 등과 함께 밥을 볶은 요리. 찰기 없는 밥으로 볶아서 고슬고슬한 식감이 살아 있다. 인도네시아에서 가장 인기 있다.

나시 짬뿌르 Nasi Campur

발리를 대표하는 메뉴로 10~30여 가지 반찬 중 원하는 것을 뷔페식처럼 골라 밥과 함께 먹는다. 우리나라의 백반과 비슷해 한국인 입맛에도 잘 맞는다.

부부르 아얌 Bubur Ayam

우리나라의 닭죽과 비슷하며 죽 위에 파, 튀긴 마늘, 닭고기 등을 고명으로 올린다. 한 끼 식사로 충분할 만큼 먹고 나면 속이 든든하며, 식당에 따라 닭 육수를 부어주기도 한다.

바비 굴링 Babi Guling

어린 돼지를 통째로 오랜 시간 구워내는 요리로 돼지 안에 양파, 마늘, 생강 등 향신료를 넣고 굽는다. 바삭한 돼지 껍질을 비롯해 다양한 부위를 밥과 함께 먹는다.

미 고렝 Mi Goreng

발리에서 가장 흔하게 먹는 볶음국수. 기본 소스에 고기나 해산물 또는 채소를 넣어 면과 함께 볶는다. 면 굵기가 가는 비훈bihun 면을 사용하기도 한다.

사테 Sate

다양한 재료를 꼬치에 끼워서 양념을 발라 구워내는 요리. 무슬림은 주로 소고기와 양고기 꼬치를 먹고, 발리인은 돼지, 닭, 생선 꼬치를 땅콩 소스에 찍어 먹는다.

이가 바비 Iga Babi

소고기 대신 돼지고기를 많이 먹는 발리에서 갈비iga 부위를 구운 포크립이 오래전부터 인기가 많다. 요리법이 다양하며 양념을 더해 BBQ 형태로 먹는 것이 일반적이다.

아얌 고렝 Ayam Goreng

닭을 튀겨 밥과 함께 담아내며 삼발 소스, 양배추, 오이 등을 곁들인다. 닭은 한 마리, 반 마리, 다리, 날개 등 부위별로 주문한다. 닭을 구운 것은 아얌 바카르ayam bakar라고 한다.

박소 Bakso

다진 닭고기나 소고기 등을 빚어 만든 미트볼을 이용한 국물 요리다. 기본 베이스에 면을 함께 넣으면 미 박소, 소고기를 넣으면 박소 사삐, 닭고기를 넣으면 박소 아얌이라 부른다.

가도 가도 Gado Gado

발리식 샐러드로, 데친 채소와 달걀, 튀긴 두부, 숙주 등에 땅콩 소스를 뿌린 것이다. 담백하면서도 달콤한 소스 맛이 느껴지는 요리다.

툼펭 Tumpeng

옐로 라이스로 지은 밥에 각종 채소, 튀긴 닭, 두부, 콩, 오믈렛, 소고기 등으로 만든 다양한 반찬을 곁들인 것이다. 콘 모양으로 쌓아 올린 밥이 특징이다.

베벡 고렝 Bebek Goreng

통으로 튀긴 오리에 삼발 소스와 양배추, 오이, 허브잎을 곁들여 밥과 함께 먹는 요리다. 오리는 반 마리 한 마리 또는 다리, 날개 등 부위별로 주문할 수도 있다.

소토 아얌 Soto Ayam

소토는 국물 음식, 아얌은 닭이라는 뜻으로 치킨 수프 같은 요리다. 국물 맛이 담백하며 양념이나 고추, 라임 등을 더해 매콤하게 먹을 수도 있다.

미 꾸아 Mie Kuah

인도네시아의 국물 면 요리로 우리의 라면과 유사하지만 맛은 자극적이지 않다. 인스턴트 면에 각종 채소와 달걀 등을 넣고 끓인다. 고추를 넣어 맵게 먹기도 한다.

이칸 고렝 Ikan Goreng

발리 지역에서 잡은 생선을 통째로 튀기거나 구운 요리다. 밥과 삼발 소스, 발리식 샐러드인 가도 가도와 함께 먹기도 한다.

어떻게 구성하나? 제대로 알고 먹기
짐바란 해산물 세트

발리 남부 짐바란 지역의 해산물 식당에서 시작된 해산물 세트 요리. 짐바란 해변을 따라 30곳이 넘는 해산물 식당이 가성비 좋은 짐바란 해산물 세트를 제공한다. 짐바란식 해산물 요리의 특징은 생선, 랍스터, 새우, 조개 등 인기 있는 해산물에 발리에서 사용하는 삼발 소스와 다양한 식재료로 만든 특제 양념을 바른다는 점이다. 코코넛 껍질을 태운 불에 직화로 구워내고, 다양한 해산물을 고루 조금씩 맛볼 수 있도록 제공한다.

새우구이
Udang Bakar

조개구이
Kerang Bakar

밥
Nasi

아이스티 **Es Teh**
또는
물 **Mineral Water**

생선구이
Ikan Bakar Segar

삼발 소스
Sambal

게구이
Kepiting Bakar

오징어구이 꼬치
Sate Cumi Bakar

코코넛 샐러드
Sayur Urab

튀긴 과자
Kerupuk

✅ 식당에서 유용한 간단 회화

여기 메뉴 좀 주실래요?
볼레 사야 민타 메뉴냐?
Boleh saya minta memunya?

삼발 소스 좀 더 주세요
토롱 탐바 삼발냐
Tolong tambah sambalnya

저기요! 계산서 좀 주세요
음박/마스! 토롱 빌냐/본냐
Mbak/Mas! Tolong billnya/bonnya

신용카드 사용할 수 있나요?
비사 파카이 카르두 크레딧?
Bisa Pakai kardu kredit?

현지 메뉴판
쉽게 파악하기

현지인이 많이 찾는 로컬 식당은 가격이 저렴하고 맛도 좋아 인기가 많다. 다만 여행자를 위한 메뉴판이 없다는 게 아쉽다. 현지 식당에서 자주 사용하는 몇 가지 재료 이름을 알아두면 도움이 된다.

메뉴명에 재료가 보인다

Sapi/Daging
[사피/다깅] 소고기

소또 **사피**

Babi
[바비] 돼지고기

바비 굴링

Ayam
[아얌] 닭고기

아얌 바까르

Bebek
[베벡] 오리고기

베벡 고렝

Kambing
[깜빙] 염소고기

사테 **깜빙**

Ikan
[이칸] 생선

이칸 바까르

Kepiting
[케피팅] 게

케피팅 바까르

Udang
[우당] 새우

우당 바까르

Cumi
[쭈미] 오징어

쭈미 소통

Kerang
[케랑] 조개

케랑 밤부

Nasi
[나시] 밥

나시 짬뿌르

Mie
[미] 면

미 고렝

Sup
[숩] 수프

숩 사유란

Telur
[텔루르] 달걀

텔루르 발라도

Bubur
[부부르] 죽

부부르 아얌

Sayuran
[사유란] 채소

우랍 **사유란**

Segar
[세가르] 신선한

세가르 우당

Kerupuk
[끄루뽁] 튀긴 새우 과자

끄루뽁 우당

Tempe
[템페] 콩

템페 고렝

Air
[아이르] 물

아이르 뿌띠

조리법을 나타내는 말

Goreng
[고렝] 볶다

Bakar
[바까르] 굽다

Rebus
[레부스] 삶다

기본 예의를 지키자
현지 식당 이용법

현지인이 주로 찾는 식당은 현지 식문화를 즐기며 색다른 경험을 할 수 있는 곳이다. 이용하기 전에 현지 식문화에 대해 살펴보자.

STEP 01   식사 전 손 씻기

현지인이 이용하는 로컬 노점 식당(와룽)을 이용할 때는 식사 전에 반드시 손을 씻는 것이 예절이다. 식당마다 손 씻는 세면대가 있기도 하고 레몬수나 라임수를 제공하기도 한다.

STEP 02   종업원을 부를 때

식당에서 종업원을 부를 때 여자 종업원은 '음박 embak', 남자 종업원은 '마스mas'라고 부른다. 로컬 식당에서도 기본적인 영어 소통이 가능하니 '익스큐즈 미Excuse me'라고 해도 상관없다.

STEP 03   꼭 지켜야 할 식사 예절

발리에서 식사할 때는 숟가락은 오른손으로, 포크는 왼손으로 잡는다. 손으로 음식을 먹을 때는 오른손을 사용한다. 식사 도중이나 식사 후에 트림을 하는 것은 예의 없는 행동이다.

STEP 04   가능하면 현금으로 결제

발리의 로컬 식당은 가격이 저렴해 대부분 현금으로 결제한다. 신용카드 결제는 불가능하거나 3~5%의 수수료가 붙기도 하니 현금을 준비해 가도록 하자.

로컬 식당의 주 고객은 현지인이라 소통이 어려울 수 있어요. 다만 대부분의 식당에 사진 메뉴가 있어 생각보다 쉽게 주문할 수 있어요. Photo Menu, Please(포토 메뉴 플리즈)!

EAT & DRINK

발리인의 소울 푸드

나시 쨈뿌르의 세계

발리식 백반이라고 할 수 있는 나시 쨈뿌르nasi campur. 보통 세 가지 중 선택 가능한 밥에 몇 가지 반찬을 곁들여 먹는 인도네시아 요리다. 양파, 마늘, 고추, 생강 등을 다진 것에 코코넛과 레몬그라스, 고수 등의 향신료를 넣고 볶아서 만든 바세 게넵base genep이라는 양념을 이용해 반찬을 만든다.

고르는 재미 가득! 인기 반찬

아얌 페다스 Ayam Pedas
닭의 살코기를 양념을 넣고 무친 요리

사테 릴리트 Sate Lilit
발리 전통 어묵을 레몬그라스에 끼워 구운 사테의 일종

템페 마니스 Tempe Manis
콩을 발효시켜 만든 템페에 라임, 설탕을 넣고 튀기거나 볶은 요리

사유르 우랍 Sayur Urap
채소를 데쳐 삼발 소스와 코코넛 오일로 무친 요리

텔루르 다다르 Telur Dadar
인도네시아식 오믈렛으로 팜유에 튀긴 요리

투미스 테롱 Tumis Terong
가지를 살짝 데쳐 양념을 넣고 무친 요리

아본 아얌 Abon Ayam
잘게 찢은 닭고기에 향신료를 넣어 기름에 볶은 뒤 말린 요리

페르케들 켄탕 Perkedel Kentang
찐 감자를 으깬 뒤 달걀을 입혀 기름에 튀긴 요리

아얌 고렝 Ayam Goreng

닭의 각 부위(다리, 날개 등)를
기름에 튀긴 요리

라와르 Lawar

고기에 허브, 코코넛, 채소 등을
넣어 무친 요리

텔루르 발라도 Telur Balado

삶은 달걀로 만드는 매콤한 조림

미 고렝 Mie Goreng

노란 면과 각종 재료를 함께 볶은
볶음면

투미스 자무르 Tumis Jamur

버섯을 살짝 데친 뒤 볶은 요리

투미스 캉꿍 Tumis Kangkung

물시금치, 모닝글로리 등으로도
불리는 채소볶음

이칸 고렝 Ikan Goreng

다양한 종류의 생선을 기름에
튀긴 요리

크루푹 우당 Krupuk Udang

기름에 튀긴 새우 맛 과자

색으로 구분!
밥 종류

나시 꾸닝 Nasi Kuning

강황을 넣어 지은 밥(옐로 라이스)

나시 뿌띠 Nasi Putih

일반적인 흰쌀밥(화이트 라이스)

나시 메라 Nasi Merah

적미로 지은 밥(브라운 라이스)

나시 꾸닝은 인도네시아에서 결혼식, 생일, 기념일 등 특별한
행사가 있는 날 먹지만 발리에서는 나시 짬뿌르 식당에서
언제든 먹을 수 있어요.

뷔페식 나시 짬뿌르 식당

기본적으로 나시 짬뿌르는 밥과 반찬을 한 접시에 담는다. 반찬 종류에 따라 가격이 달라지는데 로컬 식당의 경우 매우 저렴하다.

와룽 타만 밤부
Warung Taman Bamboo
스미냑 ▶ 2권 P.080

와룽 인도네시아
Warung Indonesia
꾸따 ▶ 2권 P.115

와룽 로컬
Warung Local
울루와뚜 ▶ 2권 P.149

와룽 체나나
Warung Cenana
울루와뚜 ▶ 2권 P.149

플레이팅이 예쁜 우붓 나시 짬뿌르 식당

최근 우붓의 로컬 식당에서는 반찬을 골라 먹는 식이 아니라 식당에서 그날그날 신선한 재료로 만든 반찬을 한 접시에 담아내는 세트 형태로 제공하기도 한다.

인 다 콤파운드 와룽
In Da Compound Warung
▶ 2권 P.037

선 선 와룽
Sun Sun Warung
▶ 2권 P.037

몽키 레전드
Monkey Legend
▶ 2권 P.038

⚜ 나시 짬뿌르의 훌륭한 조연, 삼발

삼발sambal은 매운 고추를 주재료로 샬롯과 라임, 레몬그라스, 젓갈 등을 넣어 만드는 소스로 식당마다 집집마다 레시피가 조금씩 다르다. 불에 볶기도 하고 생으로 무쳐서 만들기도 하며 사용하는 재료에 따라 다양한 이름으로 불린다. 채소를 이용한 볶음이나 무침, 튀긴 요리를 먹을 때 곁들인다.

대표 삼발 종류

삼발 테라시 Sambal Terasi 삼발에 새우나 생선 젓갈을 넣는다.
삼발 마타 Sambal Matah 삼발에 레몬, 라임, 코코넛 오일 등을 넣는다.
삼발 바왕 Sambal Bawang 삼발에 샬롯을 넣고 버무린다.
삼발 세레 Sambal Sereh 삼발에 레몬그라스를 넣는다.
삼발 플레싱 Sambal Plecing 삼발에 매운 고추 등을 많이 넣는다.
삼발 아슬리 Sambal Asli 삼발에 고추를 넣어 매운 맛을 더한다.
케찹 마니스 Kecap Manis 삼발에 설탕을 넣고 조린 달콤한 간장 소스다.

삼발 테라시
삼발 마타

나시 짬뿌르 식당
이용법

나시 짬뿌르 식당에서는 진열대에 놓인 다양한 반찬을 손님이 직접 골라 먹는다. 반찬마다 가격이 표시되어 있거나 반찬을 다 고르면 종업원이 가격을 알려주는 시스템이다. 테이블마다 2~3가지 소스가 놓여 있기도 하다. 곁들여 먹기 좋은 새우 과자도 별도로 판매한다.

STEP 01　　　　　　**식당에서 식사 혹은 포장**

식당에 들어서면 종업원이 나시 짬뿌르를 식당에서 먹을 건지 포장해서 가져갈 건지 물어본다.

STEP 02　　　　　　　　　　**밥 선택**

보통 2~3가지 종류의 밥을 제공한다. 일반적으로 옐로 라이스, 화이트 라이스, 브라운 라이스가 있는데 이 중에서 선택한다. ▶ 밥 종류 P.079

STEP 03　　　　　　　　　　**반찬 선택**

밥을 담은 후 진열대에 놓인 반찬을 손가락으로 가리키거나 반찬 이름을 말하면 정해진 양만큼 덜어준다. 4~5가지 반찬을 고르면 한 끼에 먹기 적당하며 달걀, 새우 과자 등 취향에 따라 토핑을 추가한다.

STEP 04　　　　　　　　　　**결제**

한 접시에 담은 밥과 각기 가격이 다른 반찬의 값을 확인 후 총금액을 지불하는데, 보통 현금으로 결제한다. 또한 발리의 식당에서는 물을 제공하지 않으므로 물이나 음료를 따로 주문하는 것이 일반적이다.

✅ 나시 짬뿌르 식당에서 자주 사용하는 말

흰쌀밥으로 주세요
나시 뿌띠
Nasi putih

포장해주세요
붕쿠스 야
Bungkus ya

이 반찬 주세요
사야 마우 이니 Saya mau ini

조금만 덜어주세요
토롱 쿠랑이
Tolong kurangi

여기서 먹을 거예요
마칸 디 시니 Makan di sini

조금만 추가해주세요
토롱 탐바
Tolong tambah

아침이 맛있기로 소문난

리조트 식당 & 브런치 카페

발리 여행에서 식도락의 즐거움은 아침 식사에서부터 시작된다. 조식이 맛있기로 소문난 발리 리조트
조식당부터 착한 가격에 맛볼 수 있는 힙한 브런치 카페까지 선택의 폭도 넓다. 전통적인 발리 스타일의
식사부터 서양식 브런치까지 다양하니 입맛대로 즐기면서 든든한 아침을 시작해보자.

조식이 맛있는
리조트

IZE 스미냑 ▶ P.118

스와르가 ▶ P.116

풀만 ▶ P.114

웨스틴 ▶ P.110

파드마 ▶ P.112

카유마스 ▶ P.120

발리 만디라 ▶ P.123

브런치가 유명한
인기 카페

수카 에스프레소 ▶ 2권 P.043

크럼 & 코스터 ▶ 2권 P.116

푸카코 바이 패디필드
▶ P.041

누크 ▶ 2권 P.078

리볼버 스미냑 ▶ 2권 P.085

밀크 & 마두 ▶ 2권 P.044

리빙스톤 ▶ 2권 P.085

앨커미 발리 ▶ 2권 P.150

제스트 ▶ 2권 P.040

브런치 카페의 특징

• 비건, 베지테리언, 글루텐 프리 등 옵션이 다양하다.
• 조식 메뉴는 브레키breaky/brekkie라고도 한다.
• 유기농, 아시아 식재료, 사워도 빵을 많이 사용한다.
• 전문 바리스타가 상주하며 이른 아침에 영업을 시작한다.

이곳은 호주인가 발리인가?
호주식 인기 브런치 카페

발리의 커피와 카페 문화는 이웃한 호주의 영향을 크게 받는다. 지역적으로 가깝고 커피 소비량이 많은 호주인이 발리를 많이 찾는 만큼 자연스럽게 호주의 커피, 브런치 문화가 자리 잡고 있다. 카페의 메뉴명은 물론이며 베이커리 스타일과 메뉴 구성까지 호주식을 따른다. 자연스럽게 메뉴가 영어로만 된 곳이 많다.

01 ·UBUD·

싱그러운 논 풍경과 맛있는 요리
피손 Pison
▶ 2권 P.042

스미냑과 우붓에 매장이 있는 인기 브런치 카페. 특히 우붓 매장은 논 전망을 바라보며 식사할 수 있는 야외 공간이 인상적이다. 커피와 다양한 식사 메뉴가 있으며 올데이 다이닝도 가능하다. 우붓 매장의 경우 인기가 많아 사전 예약을 추천한다.

02 ·UBUD·

현지에서 생산한 신선한 음식
수카 에스프레소
Suka Espresso

▶ 2권 P.043

우붓과 울루와뚜에 매장이 있는 가성비 좋은 호주식 브런치 카페. 용과나 망고를 듬뿍 올린 스무디 볼을 비롯해 샥슈카, 토스트 등 다양한 브런치 메뉴를 먹을 수 있다. 전문 로스터와 바리스타가 만들어주는 커피 맛도 탁월하다. 노트북 작업을 하기에도 적합한 공간이다.

03 ·KUTA·

아늑하고 조용한 공간
잭프루트 브런치 & 커피
Jackfruit Brunch & Coffee
▶ 2권 P.117

꾸따 레기안 거리에 있는 올데이 브런치 카페로 수제 베이글을 이용한 샌드위치와 파스타 등 가볍게 먹기 좋은 메뉴를 제공한다. 종류는 적지만 맛 좋은 빵과 함께 커피를 즐기기 좋다. 초록으로 물든 인테리어가 편안한 느낌을 주며, 냉방 시설을 갖춘 실내와 야외 공간으로 이루어져 있다.

04 ·KUTA

퀄리티 좋은 브런치 메뉴
크럼 & 코스터
Crumb & Coaster
▶ 2권 P.116

꾸따 베네사리 거리에 자리한 유명 브런치 카페로 스무디 볼, 샐러드를 비롯해 인도네시안, 멕시칸, 아시안, 웨스턴 등의 다양한 식사 메뉴를 선보인다. 높은 인기에 비해 공간이 작은 편이라 대기해야 하는 경우가 많다. 저녁 시간에는 와인과 칵테일을 마시며 근사한 디너를 즐기기에 좋다.

05 ·SEMINYAK

커피 맛이 일품인 곳
리빙스톤 *Livingstone*
▶ 2권 P.085

스미냑의 인기 브런치 카페로 인도네시아 대표 커피 산지에서 들여온 스페셜티 원두를 사용해 커피 맛이 좋고 단품 식사 메뉴부터 브런치, 베이커리, 디저트까지 제공한다. 냉방 시설을 갖춘 실내 공간이 넓고 종업원들의 서비스도 훌륭하다.

06 ·ULUWATU

직접 만든 빵 향기가 가득
울루 아티산 *Ulu Artisan*
▶ 2권 P.150

발리 남부 울루와뚜 지역의 인기 브런치 카페로 사워도 빵 맛으로 유명하다. 토스트, 견과류, 아보카도, 달걀, 샐러드 등을 볼에 담아 제공하는 브런치 메뉴가 인기다. 자체 블렌딩한 원두로 내려주는 커피 맛 또한 이곳의 인기 비결 중 하나다.

커피 맛집 베스트 5

발리를 여행하다 보면 정말 카페가 많다는 걸 느끼게 된다. 이웃한 호주의 영향을 받아 산미가 적고 고소한 카페 라테를 마실 수 있는 전문 카페들이 유독 많다. 식사 후 후식처럼 마시는 커피가 아니라 커피 본연의 맛에 집중할 수 있는 곳, 커피 맛이 좋기로 유명한 발리 카페를 선별했다.

01 ·BEST· 퍼센트 아라비카 발리
% Arabica Bali
➡ 2권 P.119

꾸따 비치워크 쇼핑센터에 자리한 인기 있는 글로벌 커피 브랜드로 전문 로스터와 바리스타가 상주하고 있다. 인도네시아, 발리 등에서 들여온 원두로 내리는 커피 맛은 물론 깔끔한 화이트 톤 인테리어와 친절한 서비스로 여행자들에게 인기가 많다.

02 ·BEST· 엑스팻 로스터스
Expat.Roasters
➡ 2권 P.118

인도네시아의 최상급 원두를 쓰는 로스팅업체로 발리 전역에 자체 원두를 제공한다. 스미냑과 꾸따에 매장이 있으며 꾸따점은 비치워크 쇼핑센터 3층에 자리해 있다. 실력 좋은 바리스타가 상주하며 다양한 추출 방식으로 커피를 내려준다.

03 ·BEST· BGS 발리 짱구
BGS Bali Canggu
➡ 2권 P.084

짱구와 울루와뚜, 우붓 등에 매장이 있다. 규모가 작은 편이라 야외 좌석을 이용하거나 테이크아웃을 많이 한다. 플랫 화이트, 아몬드 밀크 라테 등이 유명하며 서프보드와 각종 액세서리도 판매한다. 바리스타 챔피언 출신이 커피를 내려주는 카페다.

04
·BEST·

세니만 커피
Seniman Coffee
▶ 2권 P.043

인도네시아의 스페셜티 원두를 사용하는 전문 로스터리 카페로 다양한 추출 방식으로 내린 커피를 즐길 수 있다. 원두, 캡슐 커피, 콜드브루 보틀은 물론 커피 애호가를 위한 다양한 굿즈도 판매한다. 바리스타와 함께 커피 이야기를 나눌 수도 있다.

05
·BEST·

우붓 커피 로스터리
Ubud Coffee Roastery
▶ 2권 P.043

우붓 하노만 거리에 있는 카페로 인도네시아에서 생산한 아라비카 원두만 사용하는 것으로 유명하다. 산미가 적고 고소한 원두를 사용한 플랫 화이트와 핸드드립 방식으로 내린 스페셜티 킨타마니 내추럴 커피가 이곳의 시그너처다.

이색적인 발리 커피
발리는 전통적으로 물을 한 번에 붓는 푸어 오버pour over 방식으로 커피를 내려요. 커피 잔에 커피 가루를 넣고 뜨거운 물을 부은 뒤 커피 가루가 가라앉을 때까지 1~3분가량 기다린 후 마셔요.

발리 카페의 특징
· 발리 킨타마니산 원두를 주로 사용한다.
· 아메리카노나 라테 대신 롱 블랙, 플랫 화이트 등 호주식 명칭을 사용한다.
· 오트 밀크, 아몬드 밀크를 많이 사용한다.
· 산미가 적고 고소한 맛의 아라비카 원두를 선호한다.
· 에스프레소 머신을 이용하거나 푸어 오버 방식으로 커피를 내리는 등 추출 방식이 다양하다.

EAT & DRINK

☑ **BUCKET LIST 18**

발리에서 즐기는
오가닉
비건 라이프

발리는 여느 여행지와 달리 비건
문화와 라이프가 오래전부터 자리 잡기
시작했다. 지금은 어느 레스토랑에서든
비건 푸드를 주문할 수 있고 비건을 위한
전문 레스토랑, 카페, 숙소 등이 빠르게
성장해 주류가 되었다. 초보 비건부터
완벽한 비건까지 발리의 또 다른
라이프스타일을 선도하고 있다.

발리가 비건들에게
사랑받는 이유

발리에서는 기본적으로 동물성 재료보다는
식물성 재료를 바탕으로 음식을 만들기 때문에
비건(채식주의자) 친화적이다. 발리 어디서든
채식이 가능할 뿐만 아니라 세분화된 메뉴가 많다.
무엇보다 발리의 와룽 또는 나시 짬뿌르에서 맛볼
수 있는 반찬 중에는 콩, 채소, 허브, 과일 등 식물성
재료로 만든 것이 많아 채식주의자들이 부담 없이
식사를 즐길 수 있다.

☑ 알아두면 좋은 비건 용어

비건 Vegan

비건 음식으로 표시된
요리는 육류, 생선, 달걀,
유제품을 포함해 어떠한
동물성 재료도 사용하지
않고 조리한 요리를
의미한다. 주요 재료는 콩,
병아리콩, 우엉 등이다.

베지테리언 Vegetarian

기본적으로 채식을
의미하지만 비건 요리에
비해 비교적 재료 선택이
폭넓다. 유제품, 육류, 달걀,
생선 등의 동물성 재료로
만든 요리를 먹는다.

글루텐 프리 Gluten Free

글루텐 성분이 포함되지 않은
식품을 의미한다. 글루텐은
곡물류에 존재하는 불용성
단백질로 빵이나 쿠키 등을
만들 때 모양을 유지하기
위해 사용한다. 해당 성분을
소화시키지 못하는 사람들을
위해 글루텐이 없는 대체
재료로 만든다.

발리 비건 요리 베스트 4

가도 가도
Gado Gado
채소, 두부, 콩,
템페, 토마토와
땅콩 소스를 함께
담아내는 발리식
샐러드

나시 짬뿌르
Nasi Campur
밥과 두부, 야채, 템페,
버섯, 채소 반찬에 삼발
소스를 곁들여내는 요리

스무디 볼
Smoothie Bowl
신선한 과일 스무디에 견과류,
그래놀라 등을 넣은 볼 형태의 요리

템페 사테
Tempe Satay
발효된 콩으로 만든
템페에 땅콩 소스를
곁들여 먹는 꼬치

추천 비건 식당과 대표 메뉴

발리에는 피자, 파스타, 스테이크, 샌드위치 등 일반 메뉴와 동일한 다양한 비건 푸드를 선보이는 식당이 늘고 있다. 그중에서도 가장 유명한 곳 세 곳을 소개한다. 메인 메뉴는 물론이고 초콜릿, 디저트까지 비건 제품을 판매한다. 비건을 위한 쿠킹 클래스를 운영하며 레시피도 공유하고 있다.

❶ 앨커미 발리 Alchemy Bali

대표 메뉴: 비건 샌드위치, 피자, 조식
▶ 2권 P.150

❷ 제스트 Zest

대표 메뉴: 비건 피자, 디저트, 베이커리
▶ 2권 P.040

❸ 드리프터 서프 숍 카페
Drifter Surf Shop Café

대표 메뉴: 비건 부리토, 스시 롤, 브런치
▶ 2권 P.154

비건 여행자를 위한 숙소

다채로운 분위기와 가성비 좋은 리조트나 호텔, 빌라도 발리 여행의 즐거움을 더해주는 요소다. 하지만 아무리 좋은 숙소라도 일반 음식을 제공하면 비건에게는 지내기 불편한 곳이다. 그런데 발리에 비건 푸드를 제공하는 숙소가 생겨나기 시작했다. 생식, 글루텐 프리, 유당 없는 음식 등 아침과 점심, 저녁까지 비건을 위한 다양한 식사를 제공한다.

파이블레먼츠 리트리트 발리
Fivelements Retreat Bali

홈페이지 fivelementsbali.com

빙사트바
Beingsattvaa

홈페이지 beingsattvaa.com.sg

EAT & DRINK

☑ BUCKET LIST 19

발리에서 이건 못 참지!

빈탕 맥주와 로컬 술

발리 여행에서 빼놓을 수 없는 즐거움 중 하나가 시원한 맥주 마시기다. 여러 종류의 맥주 중에서도 별 모양으로 유명한 빈탕 맥주가 인기 1순위. 최근에는 레몬 또는 오렌지 맛이 가미된 빈탕 라들러의 인기가 높아졌다. 최근 맥줏값이 많이 올랐지만 빈탕 맥주는 매 순간 발리와 잘 어울리는 필수템이 분명하다.

대부분의 숙소, 레스토랑, 펍 등에서 특정 요일이나 특정 시간에 한 잔 또는 한 병을 주문하면 하나 더 주는 실속 있는 해피 아워 이벤트를 진행해요. 저렴하게 맥주를 즐길 수 있는 기회를 놓치지 마세요.

┌─────────────┐
│ **추천 맥주** │
└─────────────┘

❶ 빈탕 Bintang `4.7%`
발리를 대표하는 맥주로 알코올 도수에 비해 향이 적고 탄산도 적어 가볍게 마시기 좋다.

❷ 빈탕 라들러 Bintang Radler `2%`
과일 향과 맛이 가미된 맥주로 레몬, 오렌지 맛이 인기. 일반 맥주보다 도수가 낮아 부담 없이 마시기 좋다.

❸ 발리 하이 Bali Hai `5%`
빈탕에 비해 몰트 향과 맛이 강하지만 가격은 더 저렴하다. 독특한 꽃 향이 나는 인기 있는 맥주다.

❹ 앵커 Anker `5%`
인도네시아 자카르타에서 생산하는 맥주로 다른 맥주에 비해 홉 맛과 맥주 맛이 강한 편이다.

❺ 프로스트 Prost `4.8%`

아메리칸 페일 라거 타입의 맥주로 탄산과 산미가 약한 편이다. 가격이 저렴하고 맛은 평범하다.

❻ 쿠라 쿠라 Kura Kura `4.8%`

발리에서 제조한 로컬 맥주로 열대 아로마 향과 과일의 풍미가 특징이다. 라거, IPA, 에일 등의 종류가 있다.

❼ 스타크 Stark `4.7%`

발리에서 생산한 프리미엄 수제 맥주로 망고, 리치, IPA 등의 종류가 있다. 주로 바에서 판매한다.

❽ 싱아라자 Singaraja

`4.8%`

인도네시아에서 인기 있는 필스너 맥주로 쓴맛이 적은 라거 타입이다. 청량하고 목 넘김이 좋으며 가볍게 마시기 좋다. 최근 인기가 높아지고 있다.

아락 Arak `40~50%`

발리 전통 술로, 증류수의 일종. 전통 방식으로 야자수 액을 이용해 제조한다. 도수는 40~50도 내외로 높은 편이라 주로 오렌지 주스나 콜라 같은 음료와 섞어 칵테일처럼 마신다. 발리 전역에서 구입할 수 있지만 슈퍼마켓이나 주류 매장 등에서 허가된 라벨이 붙어 있는 제품을 구입하는 것이 좋다.

빈탕 굿즈 모음

모자
26만 1500루피아~

에코백
4만 8500루피아~

캡 모자
6만 8000루피아~

마그넷
5만 루피아~

민소매 티셔츠
2만 3500루피아~

티셔츠
5만 3000루피아~

스티커
5000루피아~

패치
3만 4000루피아~

서프보드 열쇠고리
1만 5000루피아~

파우치
10만 6000루피아~

SHOPPING

취향껏 고르는 재미

아기자기한 기념품

바나나 롤케이크
5만 3000루피아~

파이 수수
2만 루피아~

발리 초콜릿
5만 8500~

라탄 트레이
4만 8500루피아~

라탄 가방
26만 1500루피아~

서프보드 열쇠고리
1만 5000루피아~

파인애플 우드 트레이
6만 5000루피아~

에코백
10만 루피아~

양념 땅콩
3만 4000루피아~

건과일 과자
2만 5500루피아~

발리 쇼핑의 즐거움은 발리에서만 만날 수 있는 특색 있는 제품을 흥정해서 저렴한 가격에 구입하는 것이다. '발리풍'이라는 고유명사가 생길 정도로 발리만의 분위기가 나는 다채로운 아이템을 만나보자.

추천 쇼핑 스폿

꾸따	스미냑	우붓
비치워크 쇼핑센터 ▶ 2권 P.122	빈탕 슈퍼마켓 ▶ 2권 P.090	우붓 아트 마켓 ▶ 2권 P.050
디스커버리 쇼핑몰 ▶ 2권 P.123	플리마켓 ▶ 2권 P.091	우붓 골목 시장 ▶ 2권 P.051
크리스나 올레올레 ▶ 2권 P.125	발리 젠 ▶ 2권 P.093	코코 슈퍼마켓 ▶ 2권 P.053

발리 전통주 세트
10만 6000루피아~

비누(중)
2만 2500루피아~

테이블 매트
5만 루피아~

스크럽제
6만 8000루피아~

인센스 세트
2만 5000루피아~

미니 캔들 세트
2만 루피아~

자개 모빌
8만 루피아~

파우치
4만 4000루피아~

오리 목각 인형
10만 루피아~

발리 기념 마그넷
5만 루피아~

사롱
10만 루피아~

☑ BUCKET LIST 21

가성비 좋은 필수 구매 리스트

슈퍼마켓 인기 아이템

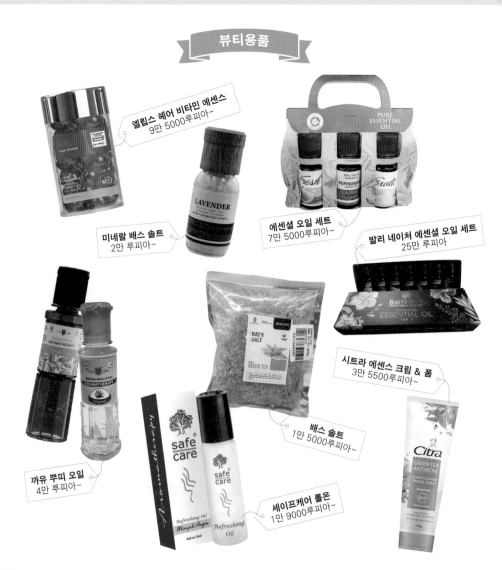

뷰티용품

엘립스 헤어 비타민 에센스
9만 5000루피아~

미네랄 배스 솔트
2만 루피아~

에센셜 오일 세트
7만 5000루피아~

발리 네이처 에센셜 오일 세트
25만 루피아

시트라 에센스 크림 & 폼
3만 5500루피아~

까유 뿌띠 오일
4만 루피아~

배스 솔트
1만 5000루피아~

세이프케어 롤온
1만 9000루피아~

쇼핑을 위해 일부러 찾아가야 하는 브랜드 매장이나 편집숍과 달리 슈퍼마켓은 여행 중 한두 번은 꼭 들르게 된다. 발리에는 다양한 종류의 슈퍼마켓이 있어 언제 어디서든 소소한 쇼핑이 가능하다. 요즘 슈퍼마켓은 식료품과 각종 생활용품은 물론 관광 기념품까지 판매해 현지인과 여행자 모두에게 매우 유용하다.

티·커피·주류

구아바 주스
1만 6500루피아~

레몬그라스 인스턴트 티
9500루피아~

티 캅 보톨
1만 5000루피아~

굿데이 인스턴트커피
8000루피아~

세니만 커피 원두
13만 루피아~

발리 전통주 아락
18만 루피아~

발리 과일 와인
17만 루피아~

발리 진저 오가닉 음료
3만 9000루피아~

발리 킨타마니 원두
7만 5000루피아~

야바 그래놀라
2만 7500루피아~

마손 초콜릿
7만 5500루피아~

ABC 삼발 소스
8700루피아~

헤인즈 삼발 소스
8000루피아~

미 고렝 페이스트
7000루피아~

자와라 삼발 소스
7500루피아~

마두재 액상 차
5만 루피아~

팝미 컵라면
5500루피아~

본차베
1만 500루피아

마두TJ(꿀)
3만 5000루피아~

봉지 라면
3000루피아~

이곳에서 구입하자!
발리 슈퍼마켓

빈탕 슈퍼마켓
Bintang Supermarket

발리를 대표하는 대형 슈퍼마켓 중 하나로 신선한 식료품과 생필품, 기념품 등 다양한 제품을 판매한다. 스미냑과 우붓 중심 지역에 위치해 접근성도 뛰어나다. 규모가 크고 시설이 깔끔하며 일정 금액 이상 쇼핑 시 무료 배송도 해준다.

프레스티브 슈퍼마켓
Frestive Supermarket

발리에 장기 거주하는 외국인에게 인기가 많은 슈퍼마켓. 신선한 열대 과일과 채소, 치즈, 와인, 주류 등을 판매하며 고기, 해산물 등은 먹기 좋게 잘라서 소량으로 판매한다. 간편하게 먹을 수 있는 초밥, 스시, 샐러드도 종류가 다양하다.

코코 슈퍼마켓
Coco Supermarket

현지 식료품은 물론 관광 기념품을 판매하는 슈퍼마켓으로 24시간 운영한다. 발리 전역에서 채소와 과일, 육류, 유제품, 음료를 들여오며 라면, 과자, 향신료, 견과류 등도 다양하게 준비되어 있다. 현지인과 관광객 모두에게 인기 있다.

그랜드 럭키 슈퍼마켓 Grand Lucky Supermarket

대형 슈퍼마켓으로 발리 현지 식재료부터 수입 제품까지 다양한 식품과 생필품을 판매한다. 장기 체류 시 필요한 물품을 구매하기 편리하다. 특히 라면, 만두, 김치 같은 한국 식료품이 많고 다른 슈퍼마켓에 비해 저렴한 가격도 인기 비결이다.

고메마켓 발리 Gourmetmarket Bali

사이드워크 짐바란 쇼핑몰에 있는 고급 델리 마켓으로 발리의 식재료뿐 아니라 품질 좋은 수입산 육류, 치즈, 와인, 소스 등을 판매한다. 한국에 없는 소스 등을 살 수 있지만 가격은 조금 비싼 편이다.

슈퍼마켓의 장점

- ☑ 밀키트, 조리 식품, 간편식이 많아 장기 체류 시 유용하다.
- ☑ 먹기 편하게 잘라서 판매하는 열대 과일이 많고 신선하다.
- ☑ 맥주, 와인 등의 주류는 슈퍼마켓이 더 저렴한 편이다.
- ☑ 정찰제로 파는 기념품도 다양하며, 시세를 파악하기 좋다.

TIP! **발리에서 세금 환급tax refund 받을 수 있나요?**

발리의 경우 상품에 대부분 세금이 붙지 않아 환급받을 수 있는 경우가 적다. 또한 세금 환급을 해주는 매장 수도 적다.

- 'Vat Refund of Tourist' 로고가 붙어 있는 매장에서만 가능하다.
- 500만 루피아 이상 구입 시 가능하다.
- 세금 환급 장소는 응우라라이 국제공항 국제선 3층에 있다.
- 디스커버리 쇼핑몰이나 비치워크 쇼핑몰에 세금 환급을 해주는 매장이 몇 곳 있다.

나만의 서프보드 득템
서프보드 구매 가이드

발리는 세계적으로 유명한 서핑 명소로 다양한 서핑용품과 장비를 판매하는 전문 매장이 많다. 발리에서 서핑에 도전해보고 한국에 돌아와서 계속 서핑을 하려면 발리에서 서프보드를 구입하는 것도 좋은 방법이다. 서프보드 구입 시 고려해야 할 사항을 살펴보자.

Point 01 용도와 레벨

서프보드와 관련 장비를 구매할 때는 서핑 경험과 레벨에 맞는 제품을 선택하는 것이 중요하다. 초보자, 중급자, 숙련자에 따라 서프보드와 부속품이 달라지기 때문이다.

Point 02 크기와 형태

서프보드의 크기와 형태는 서핑 시 속도, 회전, 라이딩에 영향을 준다. 서프보드를 구입할 때는 이용자의 키와 몸무게, 서핑 실력, 파도 크기 등을 고려해 선택해야 한다.

Point 03 바다와 파도

발리의 서핑 포인트에 따라 파도의 크기와 형태가 달라진다. 파도가 큰 경우 쇼트 보드, 작은 경우 롱보드 등 서핑을 즐기는 지역의 파도에 맞는 보드를 선택해야 한다.

Point 04 가격과 품질

서프보드 등 장비의 가격은 그 품질과 성능에 비례한다. 새 상품이 아닌 중고 보드나 저렴한 제품일수록 품질이 낮을 수 있으니 너무 저렴한 보드는 피하는 게 좋다.

알아두세요!

발리의 서프 숍에는 서핑 실력이 좋고 서프보드에 대한 전문 지식과 정보를 갖춘 직원 또는 어드바이저가 상주하고 있다. 서퍼의 실력과 선호하는 파도, 스타일, 체격까지 고려해 서프보드와 부속품을 추천해준다. 초보 서퍼라도 이들의 추천과 조언이 있다면 자신에게 맞는 보드를 어렵지 않게 선택할 수 있다.

추천 서프 숍

❶ 채널 아일랜드 서프보드

Channel Islands Surfboards ▶ 2권 P.159

유명 서핑 브랜드 제품을 취급하며 시즌별 신상품을 소개하고 자신의 취향에 맞게 맞춤 제작도 가능하다. 서프보드만 전문으로 판매, 상담해주는 담당자가 상주하고 있어 제품 선택에 도움을 준다.

❷ 드리프터 서프 숍 Drifter Surf Shop ▶ 2권 P.092

발리에서 오래된 서프 숍으로 다양한 종류의 서프보드와 관련 용품을 판매한다. 아트용 서프보드도 전시하고 있다. 쇼트 보드부터 롱 보드까지 다양한 사이즈의 보드와 중고 보드도 취급한다.

❸ 립 컬 & 빌라봉 Rip Curl & Billabong

세계적으로 유명한 서핑 브랜드로 발리에도 많은 숍을 운영하며 서프보드, 핀, 리시 코드, 패드 같은 서핑 관련 장비와 의류를 갖추고 있다. 서프보드는 대부분 쇼트 보드 형태의 신제품만 판매한다.

TIP!

발리에서 서프보드를 구입할 계획이라면 항공사별 수하물 규정을 미리 확인한다. 대한항공은 서프보드 세 변의 합이 292cm(115인치) 이하(쇼트 보드, 롱 보드 불가)인 경우에만 운송 가능하다. 서프보드는 핀을 탈착 후 전용 가방에 안전하게 포장해 위탁해야 한다. 가루다인도네시아항공은 사이즈 제한이 없어 서프보드 운송 시 유리하다.

이런 곳도 있어요!

서프보드 전용 가방 제작

꾸따와 레기안 인근에는 저렴한 비용으로 서프보드 전용 가방을 제작해주거나 판매하는 숍이 많다. 포장 비용까지 지불하면 귀국 시 안전하게 운송할 수 있도록 꼼꼼하게 포장해준다.

SHOPPING

☑ BUCKET LIST **22**

쇼핑 격전지 우붓

발리 로컬 브랜드

우붓은 발리를 대표하는 여행지로 거리 곳곳에 발리 특산품과 발리만의 감성이 담긴
제품을 판매하는 로컬 브랜드 매장이 자리하고 있다. 이들 브랜드는 발리 전역에서 들여온
천연 재료로 만든 허브와 화장품, 목각 제품을 선보인다. 또한 아기자기한 아이템을 파는
상점이 즐비해 쇼핑의 재미를 더한다. 라야 우붓 거리, 하노만 거리, 몽키 포레스트 거리,
데위시타 거리 등으로 이어지는 우붓 중심가를 거닐며 쇼핑을 즐길 수 있다.

코우 Kou
➤ 2권 P.054

감성 핸드메이드 숍
오랜 시간 우붓에서 사랑받고 있는 핸드메이드 숍. 두 곳의 매장을 운영하는데 그중 코우 퀴진Kou Cuisine에서는 발리의 꿀과 구아바, 파인애플, 사과, 포도 등 다양한 과일을 이용해 만든 유기농 수제 잼, 동부 지역의 소금을 판매한다. 이웃한 코우 발리Kou Bali는 주로 오가닉 수제 비누를 취급한다. 패키지 포장도 귀여워 선물용으로 인기가 많다.

인기 아이템

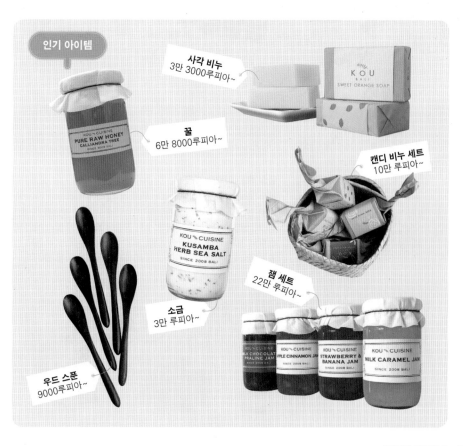

사각 비누
3만 3000루피아~

꿀
6만 8000루피아~

캔디 비누 세트
10만 루피아~

잼 세트
22만 루피아~

소금
3만 루피아~

우드 스푼
9000루피아~

센사티아 보태니컬 Sensatia Botanicals
▶ 2권 P.056

다양한 천연 화장품 숍

과거 발리 동부 카랑가셈 지역에서 코코넛 오일 비누를 만들어 판매하던 것에서 시작된 로컬 브랜드. 우붓을 포함한 발리 전역의 리조트에서 어메니티로 이용할 정도로 유명하다. 페이셜 & 보디 케어용품, 목욕용품 등 다양한 카테고리의 모든 제품에는 화학 물질이나 합성, 인공 물질을 사용하지 않는다.

인기 아이템

비누
9만 루피아~

페이셜 마스크
12만 루피아~

치약
5만 루피아~

핸드 & 보디 워시
24만 루피아~

트래블 키트
18만 루피아~

에센셜 오일
12만 루피아~

블루 스톤 보태니컬 Blue Stone Botanicals
▶ 2권 P.056

품질 좋은 아로마 제품

레몬그라스, 일랑일랑, 라벤더, 민트 등 발리에서 생산한 천연 재료로 만든 아로마 제품을 판매하며 우붓에 두 곳의 매장을 운영한다. 베스트셀러는 더운 날씨에 수분 공급에 효과적인 발리 레인 미스트로 향이 좋다. 에센셜, 립밤, 모기 퇴치제, 수제 비누 등도 선물용으로 인기 있다. 가격이 조금 비싸지만 품질은 좋은 편이다.

인기 아이템

아로마 오일
5만 루피아~

핸드 밤
6만 5000루피아~

아로마 오일 세트
48만 루피아~

마사지 오일
8만 루피아~

수제 비누
9만 루피아~

발리 레인 미스트
15만 루피아~

발리 티키 | *Bali Teaky*
➡ 2권 P.054

각종 나무 제품 천국

티크 우드로 만든 주방용품을 주로 판매하는 숍으로 우붓에 세 곳의 매장을 운영한다. 도마, 컵, 찻잔, 트레이, 그릇, 숟가락, 젓가락 등 다양한 우드 제품을 판매한다. 품질이 좋고 정찰제라 흥정도 필요 없다. 신용카드 결제도 가능하고 일정 금액 이상 주문하면 우붓 시내에 한해 무료 배송도 가능하다.

인기 아이템

우드 종지(스몰)
1만 루피아~

우드 도마
3만 루피아~

우드 잔 세트
17만 5000루피아~

원형 접시
9만 루피아~

우드 트레이 세트
16만 루피아~

하트 종지
3만 루피아~

우드 볼
15만 루피아~

종지 트레이 세트
10만 루피아~

수푼 & 포크 세트
4만 루피아~

컵 & 트레이 세트
11만 루피아~

파인애플 접시
3만 루피아~

발리 부다 우붓
Bali Buda Ubud
▶ 2권 P.057

친환경 식료품점

건강한 삶을 위한 친환경 제품을 판매한다. 흑미, 적미, 잡곡, 카카오, 오트밀, 견과류, 콤부차, 코코넛 밀크, 강황 가루, 오일 등과 다양한 친환경 제품을 판매한다. 소량 포장 상품, 비건 제품도 구입할 수 있으며 비건을 위한 베이커리 카페도 운영한다. 우붓을 시작으로 스미냑, 짱구, 울루와뚜, 사누르, 덴파사르에도 매장이 있다.

인기 아이템

샴푸
10만 6000루피아~

코코넛 오일
70만 루피아~

빨대 세트
3만 루피아~

에너지 바
5만 5000루피아~

비폴렌
13만 루피아~

수제 잼
6만 9000루피아~

허니 콤
16만 루피아~

수제 삼발 소스
6만 루피아~

캐슈너트 버터
17만 9000루피아~

우타마 스파이스
Utama Spice

나만의 화장품 제조

인도네시아에서 생산한 재료로 만든 스킨케어 제품과 에센셜 오일, 인센스 스틱, 버그 스프레이 등 다양한 제품을 판매한다. 성분이 좋고 향이 강하지 않아 아이들도 안심하고 사용할 수 있다. 리필용 제품과 공병을 구매하면 본제품을 구입하는 것보다 훨씬 저렴하다. 원하는 제품을 직접 만들어보는 DIY 스킨케어 코너도 운영한다. 우붓과 짱구, 스미냑에 매장이 있으며 발리 내 대형 슈퍼마켓 가디언 파머시Guardian Pharmacy에서도 구입할 수 있다.

인기 아이템

버그 스프레이
6만 4000루피아~

요가 매트 스프레이
9만 2500루피아~

보디 미스트
10만 루피아~

리넨 & 룸 스프레이
36만 루피아~

인센스 스틱
9만 루피아~

에센셜 오일 세트
27만 루피아~

보디 버터 밤
9만 7000루피아~

징크 선스크린
26만 루피아~

페이스 세럼
16만 루피아~

SHOPPING

☑ BUCKET LIST 23

변신은 무죄
편의점 쇼핑의 즐거움

과거 낡고 어두침침했던 편의점들이
밝고 쾌적한 공간으로 새롭게 오픈하고
있다. 환전소, 카페, 기념품 코너 등
편의 시설까지 갖추어 여행자들이
오가면서 들러 간단하게 쇼핑을
하거나 필요한 용무를 볼 수 있다. 시내
중심가, 숙소 주변에 자리해 접근성도
뛰어나 이제 발리 여행에서 빼놓을 수
없는 중요한 곳이 되었다.

패스트푸드
햄버거, 케밥, 핫도그 등 바로 조리가 가능한 간편
식이 있다.

포장 과일
망고, 수박, 멜론 등의 과일을 먹기 좋게 잘라 소
량 포장으로 판매한다.

컵라면
다양한 종류가 있으며, 매장에서 온수를 제공해
인기가 많다.

밀키트
인기 있는 로컬 음식을 밀키트로 판매하는데, 야
식으로 그만이다.

알아두면 좋은
편의점 이용 팁

발리 시내 중심가에 필요한 물품이나 음식을 편리하게 구입할 수 있고 ATM도 갖춘 최신 편의점이 생겨나고 있다. 행사 상품을 공략하면 저렴한 쇼핑도 가능하다.

☑ 환전소와 ATM
최신 편의점은 매장에 ATM은 물론 환전소까지 갖추고 있다. 또한 CCTV가 작동하고 있어 대로변이나 낡은 시장에 설치된 ATM보다 훨씬 안전하게 이용할 수 있다.

☑ 카페
에스프레소 머신을 갖추고 있어 아메리카노, 카페 라테도 마실 수 있다. 음료 메뉴가 점점 늘어나고 있으며 맛도 좋고 가격도 합리적이라 이용자가 늘어나고 있다.

☑ 에코백
발리는 일회용 비닐봉지 사용을 금지하고 있어 에코백을 가지고 다니면 편리하다. 편의점 자체 에코백도 판매하는데 1만~2만 루피아 정도로 저렴해 기념품 용도로 인기가 있다.

☑ 이용 시간
편의점 운영 시간은 대부분 밤 10시까지다. 최근 꾸따나 스미냑 지역을 중심으로 24시간 운영하는 매장이 늘어나고 있으나 이용이 편리한, 숙소에서 가까운 편의점의 영업시간을 알아둔다.

☑ 행사 상품
같은 상품이라도 슈퍼마켓에 비하면 좀 더 비싸지만 할인 프로모션이나 1+1 행사를 종종 한다. 마음에 드는 상품이 있다면 먼저 하나 사서 경험해본 뒤 대량 구매는 슈퍼마켓에서 하는 것도 방법이다.

▶ 발리 편의점 브랜드 ◀

미니 마트 Mini Mart
편의점 중에서는 가격대가 높은 편이지만 시내 곳곳에 있어 접근성이 좋으며, 신용카드 결제도 가능하다.

서클 케이 Circle K
발리에서 가장 매장이 많은 편의점이다. 가격이 저렴하고 자체 PB 상품도 다양하게 갖추고 있다.

알파마트 Alfamart
인도네시아 전역에 매장이 있으며 가격이 대체로 저렴하다. 즉석 식사가 가능하고 카페 역할을 하는 알파익스프레스Alfaexpress를 갖춘 매장도 있다.

인도마렛 Indomaret
인도네시아 1등 편의점 브랜드로 가장 저렴하다. 최근 매장 내 미니 카페인 골드 커피Gold Coffee 운영을 시작했다.

SLEEPING

☑ BUCKET LIST **24**

나를 위한 특별한 휴식
발리 추천 숙소

	웨스틴 리조트 & 스파 우붓 ➡ P.110	파드마 리조트 우붓 ➡ P.112	풀만 발리 레기안 비치 ➡ P.114	스와르가 스위트 발리 베라와 ➡ P.116
숙소 유형	5성급 리조트	5성급 리조트	5성급 리조트	5성급 리조트
위치	우붓	우붓	꾸따	짱구
주변 해변	없음	없음	꾸따 비치	베라와 비치
숙박 요금	$$$	$$$	$$	$$
여행 메이트	커플, 나 홀로	모든 여행자	모든 여행자	모든 여행자
공항과의 거리	발리 공항까지 차로 75분	발리 공항까지 차로 120분	발리 공항까지 차로 25분	발리 공항까지 차로 60분
객실 종류	디럭스, 주니어 스위트, 1베드룸 풀 빌라 등	프리미어, 프리미어 클럽, 1~2베드룸 스위트	디럭스, 프리미어, 1~2베드룸 스위트	스위트, 스위트 풀 액세스, 듀플렉스 패밀리 등
풀 빌라	있음	없음	없음	없음
객실 뷰	정글, 풀장	정글, 풀장	오션, 가든	오션, 풀장
수영장	2개	2개	2개	1개
키즈 클럽	있음	있음	있음	없음
루프톱 시설	없음	없음	수영장	없음
숙소 내 추천 레스토랑	타비아Tabia, 톨 트리Tall Trees	푸후 The Puhu	몬태지 Montage	케툼바 비스트로 & 바 Ketumbar Bistro & Bar
조식 스타일	뷔페	뷔페	뷔페	뷔페, 단품
숙소 내 스파	해븐리 스파	스파	차크라 스파	루 아룸 스파
주변 편의 시설	★	★	★★★	★★
셔틀버스	있음	있음	없음	없음

발리가 휴양지로 인기 있는 이유 중 하나는 숙소의 퀄리티와 만족도다. 전 세계 최고급 호텔들의 격전지로 수많은 리조트와 호텔, 빌라가 새롭게 등장하고 있다. 오랜 시간 최고의 찬사를 받으며 최고의 위치를 유지하고 있는 특급 리조트부터 트렌디함으로 무장한 신생 리조트까지, 서비스와 시설은 물론 세심한 서비스로 잊지 못할 발리 여행을 완성해줄 숙소를 엄선했다.

> 숙박 요금 $: US$100 이상 | $$: US$200 이상 | $$$: US$300 이상
> 주변 편의 시설 ★ 조금 있음 | ★★ 적당히 있음 | ★★★ 많음

IZE 스미냑 ▶ P.118	카유마스 스미냑 리조트 ▶ P.120	포테이토 헤드 스튜디오 & 스위트 ▶ P.122	발리 만디라 비치 리조트 & 스파 ▶ P.123
4성급 리조트	4성급 리조트	5성급 리조트	4성급 리조트
스미냑	스미냑	스미냑	레기안
스미냑 비치	스미냑 비치	스미냑 비치	레기안 비치
$	$	$$$	$$$
커플, 나 홀로	모든 여행자	모든 여행자	모든 여행자
발리 공항까지 차로 40분	발리 공항까지 차로 45분	발리 공항까지 차로 55분	발리 공항까지 차로 30분
디럭스, 풀 액세스, 주니어 스위트 등	1~2베드룸 스위트, 4베드룸 스위트	스튜디오, 스위트, 루프톱, 패밀리 스위트 등	슈페리어, 패밀리, 디럭스, 스위트, 풀 빌라 등
없음	있음	있음	있음
시티, 풀장	가든	오션, 가든	오션, 가든
2개	1개	1개	3개
없음	없음	없음	있음
수영장	없음	스위트룸	루프톱 바
메자 Meja	틀라가 바 & 레스토 Tlaga Bar & Resto	타나만 Tanaman	아줄 비치 클럽 Azul Beach Club
단품	뷔페, 단품	뷔페	뷔페
없음	아라나 스파	데사 스파	글로 스파
★★★	★★	★★	★★★
없음	있음	없음	없음

웨스틴 리조트 & 스파 우붓
The Westin Resort & Spa Ubud

최근에 문을 연 대형 리조트로 최신 시설과 쾌적함이 돋보인다. 우붓의 울창한 자연과 세련된 스타일을 모두 즐길 수 있다. 열대 식물과 초록의 싱그러운 분위기에서 편안함은 물론 마음의 안정까지 챙길 수 있다. 야외 풀장에서 바라보는 야자수와 울창한 정글에서는 우붓의 정취가 느껴지며 객실은 가든 뷰와 수영장 풀 뷰로 구분된다. 각 객실은 작은 발코니와 넓은 욕실, 편안한 침실로 이루어져 있다. 부대시설로는 최고의 힐링을 선사하는 해븐리 스파를 비롯해 레스토랑, 피트니스 센터, 요가 공간, 키즈 클럽 등이 있다. 야외 메인 풀은 부드러운 곡선으로 디자인되어 있으며 풀 바와 온수가 나오는 저쿠지도 있다. 리조트에서 몽키 포레스트 사원까지 1일 3회 무료 셔틀버스도 운행한다.

Location	우붓
With	커플, 허니문
Cost	$$$
Shuttle	숙소-몽키 포레스트 사원

가는 방법 우붓 왕궁에서 차로 20분
주소 Jl. Lod Tunduh, Singakerta, Ubud
문의 0361 301 8989
예산 주니어 스위트룸 US$330~
홈페이지 www.marriott.com

🙆 Don't Miss!

특별한 무료 조식

투숙객에게 특별한 조식 서비스를 제공한다. 추가
요금을 내면 리조트 전용 농장 안 카바나에서 초록
의 풍경을 보며 특별한 아침 식사를 즐길 수 있다.

초특급 럭셔리 스파

리조트에서 운영하는 해븐리 스파는 외부에서 일부
러 찾아올 만큼 수준 높은 스파 서비스를 제공한다.
특히 커플 여행자를 위한 패키지가 인기다.

야외 메인 풀에서 휴식

곡선의 아름다움을 뽐내는 야외 메인 풀은 길게 뻗
어 있고 중간중간 저쿠지와 풀 바가 있다. 선베드에
누워 휴식을 취하거나 정글 뷰를 만끽하며 수영을
즐겨보자.

무료 셔틀버스

리조트에서 몽키 포레스트 사원까지 1일 3회 무료
셔틀버스를 왕복 운행한다. 리조트에서 머물다 우붓
시내 관광을 다녀오기 좋다.

파드마 리조트 우붓
Padma Resort Ubud

발리의 전통미를 간직한 아름다운 리조트. 웅장한 정글 풍경 속에 149개의 객실과 3.4km의 조깅 코스를 갖추고 있다. 이곳의 하이라이트는 평균 30℃를 유지하는 온수풀로 수온이 떨어지는 아침저녁에도 따뜻하게 수영을 즐길 수 있다. 메인 풀에서 장엄한 정글과 신록의 자연을 바라보고 있으면 마치 정글 속에 와 있는 듯한 착각이 들 정도다. 발리의 전통 분위기를 살린 객실은 정갈하면서도 단아하며 객실마다 우붓의 자연을 마주할 수 있는 오픈형 테라스가 있다. 4층 레스토랑에서는 아름다운 우붓 풍경을 감상하며 식사할 수 있다. 투숙객에게 무료 액티비티를 제공하는 것은 물론 우붓 시내까지 무료 셔틀버스를 운행한다.

Location	우붓
With	커플, 가족
Cost	$$$
Shuttle	숙소~뿌리 루키산 뮤지엄

가는 방법 우붓 왕궁에서 차로 40분
주소 Banjar Carik, Desa, Puhu, Kec. Payangan
문의 0361 301 1111
예산 프리미어 디럭스 룸 US$380~
홈페이지 www.padmaresortubud.com

😊 Don't Miss!

항상 따뜻한 온수풀

우붓은 아침저녁으로 의외로 쌀쌀한 날이 많고 갑작스레 비도 자주 내린다. 하지만 리조트의 야외 풀은 수온을 30℃ 내외로 유지해 언제나 따뜻하게 즐길 수 있다.

자연을 품은 전용 요가 공간

매일 오전에 투숙객을 대상으로 무료 요가 체험 교실이 열린다. 리조트 안에 대나무를 이용해 만든 요가 전용 공간이 있다. 이른 아침부터 요가로 몸과 마음을 챙겨보자.

다양한 액티비티 프로그램

양궁, 요가, 골프, 전통문화 체험 등 리조트에서 무료 또는 유료로 즐길 수 있는 다양한 액티비티와 체험 프로그램이 있다. 마음에 드는 체험을 골라 적극 참여하는 기회를 놓치지 말자.

무료 셔틀버스

리조트에서 우붓 중심가까지 1일 4~5회 무료 셔틀버스를 왕복 운행한다. 리조트에서 머물다가 셔틀버스를 타고 시내로 나가 관광이나 식사를 하고 돌아오기 좋다.

풀만 발리 레기안 비치
Pullman Bali Legian Beach

꾸따 비치 앞에 자리한 대형 리조트로 총 365개의 객실을 보유하고 있다. 넓은 객실은 해변이 보이는 오션 뷰와 가든 뷰로 나뉜다. 객실에서 멋진 선셋을 바라볼 수도 있지만 오션 뷰 객실은 약간 소음이 있다. 모든 객실은 모던하면서 세련된 스타일로 꾸며져 있으며, 발코니가 딸려 있다. 리조트에는 루프톱 인피니티 풀과 가든 풀, 키즈 풀, 피트니스 센터, 스파, 의무실과 연회장, 회의실까지 갖춰져 있어 각종 행사를 진행하기도 한다. 해변까지 1분이면 걸어갈 수 있는 거리라 부담 없이 해변을 오가거나 서핑을 즐기기에 좋은 조건이다. 리조트 주변으로 꾸따 비치워크 쇼핑센터, 레스토랑, 카페, 스파, 상점 등 관광 인프라도 잘 갖춰져 있다.

가는 방법 비치워크 쇼핑센터에서 차로 4분
주소 Jl. Melasti No.1, Legian, Kec. Kuta
문의 0361 762 500
예산 프리미엄 디럭스 룸 US$190~
홈페이지 www.all.accor.com

Location	꾸따
With	모든 여행자
Cost	$$
Shuttle	없음

🙂 Don't Miss!

가성비 좋은 요일별 뷔페

매일 저녁 메인 레스토랑에서 뷔페식 디너를 운영한다. 스테이크, 해산물, 피자 등 요일별로 테마가 다르고 일요일에는 브런치 뷔페도 운영한다.

루프톱 수영장

객실동 4층에는 아담하지만 멋진 꾸따 비치가 바라다보이는 루프톱 수영장이 있다. 이곳에 디제이가 상주하기도 한다.

키즈 클럽

리조트에서 운영하는 키즈 클럽은 직원이 상주하며 아이들이 즐겁게 보낼 수 있도록 도와준다. 아이와 함께하는 가족여행자에게 유용하다.

웨이팅 룸

이른 시간에 체크인하는 경우나 체크아웃 후 짐을 보관하고 쉴 수 있는 웨이팅 룸이 있다. 편안한 소파는 물론 샤워실도 있어서 편리하다.

스와르가 스위트 발리 베라와
Swarga Suites Bali Berawa

발리에서 요즘 핫한 짱구 지역에 있는 리조트. 서핑 포인트로도 유명한 베라와 비치를 마주하고 있다. 해변까지는 리조트 전용 길을 따라 도보로 이동할 수 있다. 리조트는 중급 규모로 트렌디하면서도 발리의 전통 장인과 협업해 꾸민 객실은 색다른 분위기를 자아낸다. 바다를 볼 수 있는 오션 뷰, 수영장으로 바로 이어지는 풀 액세스, 복층으로 구성된 듀플렉스 타입까지 특색 있는 객실을 보유하고 있다. 리조트에는 메인 풀과 레스토랑, 스파, 피트니스 센터 등의 부대시설이 있으며 투어 및 오토바이 대여까지 알찬 서비스를 제공한다. 특히 올데이 다이닝을 책임지는 케툼바 비스트로 & 바는 음식 맛과 분위기가 뛰어나다.

Location	짱구
With	커플, 가족
Cost	$$
Shuttle	없음

가는 방법 스미냑 빌리지에서 차로 30분
주소 Banjar Berawa, Jl. Pemelisan Agung, Tibubeneng
문의 0361 9347 299
예산 로열 스위트룸 US$200~
홈페이지 www.swargasuitesbali.com

Don't Miss!

케툼바 비스트로 & 바

레스토랑에서 다채로운 열대 과일과 전통 디저트, 다양한 단품 메뉴로 건강하고 즐거운 아침 식사를 할 수 있다.

메인 풀과 선데크

서양 여행자들이 선호하는 리조트답게 태닝 전용 선데크를 운영한다. 선베드에 누워 태닝을 즐기거나 선셋을 감상하기에 최고다.

베라와 비치 산책

리조트에서 베라와 비치까지는 걸어서 1분이면 닿을 정도로 가깝다. 아침저녁으로 해변 산책을 즐기거나 이웃한 비치 클럽에서 시간을 보내기 좋다.

루 아룸 스파

리조트 내 스파로 발리니스 마사지와 스파 서비스를 제공한다. 시설이 깔끔하고 테라피스트들의 실력이 수준급이라 외부 손님도 많이 찾아온다.

IZE 스미냑
IZE Seminyak

스미냑의 중심부라고 할 수 있는 카유 아야 거리에 위치한 리조트로 주변의 레스토랑, 펍, 스파, 상점 등 스미냑 어디에서든 쉽게 이동할 수 있다. 가성비가 좋은 것도 매력이다. 트렌디한 스타일의 중급 호텔이라 젊은 여행자들이 선호하며 풀 액세스가 가능한 객실 타입도 있다. 저쿠지 객실에는 제트 분사 기능이 있는 월풀 욕조가 있어 여행 중 피로를 풀기 좋다. 루프톱에는 스미냑 전경이 펼쳐지는 야외 풀이 있어 물놀이나 수영, 태닝을 즐기기에도 그만이다. 조식당 겸 카페, 피트니스 센터 등의 부대시설이 있다.

Location	스미냑
With	커플, 싱글
Cost	$
Shuttle	없음

가는 방법 스미냑 빌리지에서 차로 3분
주소 Jl. Kayu Aya No.68, Seminyak
문의 0361 8466 999
예산 디럭스 룸 US$100~
홈페이지 www.lifestyleretreats.com

 Don't Miss!
_____

조식당에서 즐기는 브런치

투숙객이 이용하는 조식당은 스미냑의 인기 카페로
도 유명하다. 조식으로는 간단한 뷔페식과 단품 요
리를 먹을 수 있다.

루프톱 수영장

객실동 7층에는 루프톱 수영장이 있다. 높은 건물이
없는 스미냑의 풍경과 멋진 선셋을 감상할 수 있어
인기다.

작지만 알찬 피트니스 센터

리조트에 규모는 작지만 이용률이 높은 피트니스 센
터가 있다. 러닝머신과 사이클, 덤벨 등이 구비되어
있다.

풀 액세스 룸

풀 액세스가 가능한 객실이 있다. 객실에서 발코니
를 통해 언제든 풀로 들어갈 수 있어 물놀이를 좋아
하는 여행자라면 좋은 선택이다.

카유마스 스미냑 리조트
Kayumas Seminyak Resort

스미냑 중심부에서 멀지 않은 페티텐젯 지역에 있는 리조트로 일반 리조트 객실과는 조금 다른 플런지 풀을 갖춘 복층식 객실로 이루어져 있다. 아늑한 분위기에 층고가 높은 객실은 1층에 침실과 욕실이 있고 2층에는 소파, TV가 놓여 있다. 1베드룸부터 4베드룸까지 선택의 범위가 넓고 모든 객실에 플런지 풀이 딸린 야외 공간이 있어 가족끼리 프라이빗한 시간을 보내기에도 좋다. 스파, 피트니스 센터, 레스토랑, 야외 풀 등의 부대시설이 있으며 전기 스쿠터를 대여해주는 데스크도 운영한다.

가는 방법 스미냑 빌리지에서 차로 7분
주소 Jl. Pura Telaga Waja No.18A, Kerobokan Kelod
문의 0361 934 8348
예산 1베드룸 디럭스 스위트룸 US$120~
홈페이지 www.kayumasresort.com

Location	스미냑
With	모든 여행자
Cost	$
Shuttle	숙소-스미냑 빌리지

 Don't Miss!

가성비 좋은 레스토랑
리조트 내 레스토랑과 바는 조식, 런치, 디너까지 책임진다. 요리 수준과 맛이 뛰어난 편이라 끼니 걱정 없이 리조트에서 해결 가능하다.

야외 풀과 풀 바
아담하지만 이용자가 많은 야외 풀과 풀 바에서는 매일 오후 4시부터 7시까지 해피 아워를 진행한다. 이때 음료 2잔을 주문하면 무료로 1잔을 더 준다.

아라나 웰니스 리트리트
리조트 내 고급 스파로 트리트먼트 룸이 깨끗하고 테라피스트들의 실력이 좋아 찾는 이가 많다. 종류 중 발리니스 마사지가 평이 좋다.

무료 셔틀버스
리조트에서 스미냑 스퀘어와 페티텐젯 지역까지 무료 셔틀버스를 운행한다. 인근의 쇼핑몰이나 비치 클럽, 레스토랑 등에 갈 때 이용하기 좋다.

포테이토 헤드 스튜디오 & 스위트
Potato Head Studios & Suites

페티텐젯 지역에 있는 유명한 비치 클럽 포테이토 헤드에서 새롭게 문을 연 스튜디오 타입의 리조트. 발리를 대표하는 장인들이 참여해 제작한 만큼 발리 특유의 감성과 모던한 인테리어가 돋보인다. 룸 카테고리는 기본형 스튜디오 타입과 한층 더 고급스러운 스위트 타입으로 나뉜다. 그중에서도 가족이 머물 수 있는 패밀리 스위트, 플런지 풀을 갖춘 풀 스위트가 인기다. 이 밖에도 비치프런트 인피니티 풀과 피트니스 센터, 스파, 바 등의 부대시설이 있다.

Location	스미냑
With	모든 여행자
Cost	$$$
Shuttle	없음

가는 방법 스미냑 빌리지에서 차로 9분
주소 Jl. Petitenget No.51B, Seminyak
문의 0361 620 7979
예산 선라이즈 스튜디오 US$305~
홈페이지
www.seminyak.potatohead.co

 Don't Miss!

포테이토 헤드 비치 클럽
스미냑은 물론 발리 내에서도 인기가 좋은 포테이토 헤드 비치 클럽과 연결되는 구조로 투숙객은 비치 클럽 풀과 데이베드를 자유롭게 이용할 수 있다.

다양한 아티스트와 협업
리조트 곳곳에 글로벌 아티스트와 협업한 작품을 상시 전시한다. 마치 갤러리에 온 듯 산책하며 작품을 감상하는 시간을 가질 수 있다.

에코 프렌들리 호텔
발리의 유명 코스메틱 브랜드 센사티아 보태니컬 제품을 어메니티로 사용하며 에코백, 유기농 순면 파우치 등이 포함된 제로 웨이스트 키트를 제공한다.

발리 만디라 비치 리조트 & 스파
Bali Mandira Beach Resort & Spa

레기안 비치가 바로 앞에 있는 비치프런트 리조트다. 넓은 부지에 야자수 사이로 보이는 리조트 풍경은 아일랜드 감성과 편안한 휴양 분위기가 넘쳐난다. 객실은 일반 객실과 플런지 풀을 갖춘 풀 빌라 타입으로 나뉘며, 대체로 화사하고 깔끔하다. 풀 사이드 주변으로 풀 바와 카바나, 인피니티 풀, 키즈 클럽, 스파 등이 자리해 있으며 키즈 풀에는 2개의 워터 슬라이드가 있어 아이와 함께하는 가족여행자에게 안성맞춤이다. 리조트 주변으로 발리의 인기 레스토랑과 카페, 쇼핑 스폿이 자리해 편하게 식도락을 즐길 수 있는 것도 장점이다. 리조트에서 운영하는 글로 스파는 투숙객이 아닌 일반 여행자에게도 인기 있다.

Location	레기안
With	모든 여행자
Cost	$$$
Shuttle	없음

가는 방법 비치워크 쇼핑센터에서 차로 12분
주소 Jl. Padma No.2, Legian, Kec. Kuta
문의 0361 751 381
예산 만디라 클럽 스위트룸 US$400~
홈페이지 www.balimandira.com

 ## Don't Miss!

해변을 옮겨놓은 듯한 메인 풀
리조트 중앙에 위치한 메인 풀은 새하얀 모래를 공수하여 만든 인공 모래사장과 워터 슬라이드가 있어 아이들이 놀기 좋다.

아줄 비치 클럽
비치프런트에 자리한 아줄 비치 클럽에서 시간을 보내기도 좋다. 투숙객은 자유롭게 비치 클럽을 이용할 수 있다.

체력 단련을 위한 피트니스
서양 여행자들이 많이 찾는 리조트답게 여행 중에도 운동을 할 수 있도록 피트니스 시설을 충실히 갖추고 있다.

PLANNING
1

BASIC INFO
꼭 알아야 할
발리 여행 기본 정보

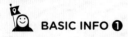

발리 기본 정보

발리는 인도네시아에 속한 섬이다. 발리로 떠나기 전 알아두면 도움이 될 기초 정보를 모았다. 국가 정보와 더불어 여행 시 유용한 정보 중심으로 수록했으니 이미 알고 있는 내용이더라도 여행에 앞서 복습해두자.

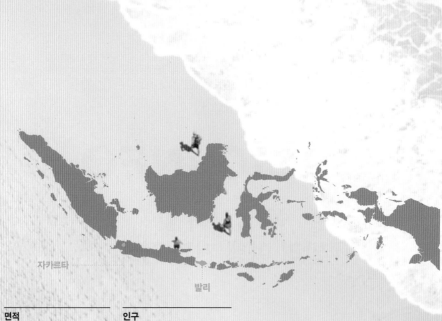

자카르타

발리

면적

5780km²

대한민국의 19분의 1
※인도네시아 191만 6820km²

인구

약 447만 명

※2022년 기준

공식 국가명과 국기

인도네시아공화국
Republic of Indonesia

수도

자카르타 Jakarta

종교

힌두교 **87**%, 기타 **13**%

정치 체제

대통령중심제

언어

인도네시아어, 발리어

비자

관광 도착 비자(유효기간 30일) 입국

※도착 후 공항 발급 또는 사전 인터넷

신청 ▶ 신청 방법 P.157

시차

1시간 느림

(한국 오후 3시일 때 발리 오후 2시)

환율

Rp1000 = 87원

※2024년 7월 기준

통화

루피아rupiah(Rp)

전압

230V, 50Hz

※우리나라 전자 제품 그대로 사용 가능

비행시간

인천-발리(직항 기준) 약 7시간 30분

물가

발리 현지 물가는 한국보다 싸지만 고급 레스토랑이나 비치 클럽, 특급 리조트 등은 요금이 상당히 비싼 편이다.

발리 vs 한국
생수(500ml) 5000루피아(약 430원)~ vs 1000원
나시 짬뿌르(백반) 4만 루피아(약 3380원)~ vs 8000원
맥도날드 빅맥 3만 5000루피아(약 2950원)~ vs 6100원

전화

인도네시아 국가 번호 62, 한국 국가 번호 82
한국 → 발리 국제전화 서비스 번호(001)+인도네시아 국가 번호(62)+0을 제외한 발리 전화번호
발리 → 한국 국제전화 서비스 번호(001)+한국 국가 번호(82)+0을 제외한 한국 전화번호

공휴일(2024년)

1월 1일	신정
3월 11일	뇨피 데이(2025년 3월 29일)
5월 1일	노동절
8월 17일	독립기념일
12월 25일	크리스마스

간단한 인도네시아어

안녕하세요(아침 인사) Selamat pagi(슬라맛 빠기)
안녕하세요(점심 인사) Selamat siang(슬라맛 시앙)
안녕하세요(저녁 인사) Selamat malam(슬라맛 말람)
도와주세요 Mohon bantu saya(모혼 반투 사야)
실례합니다 Permisi(페르미시)
감사합니다 Terima Kasih(뜨리마 까시)
예 Ya(야)
아니오 Tidak(티닥)

발리 날씨와 여행 시즌

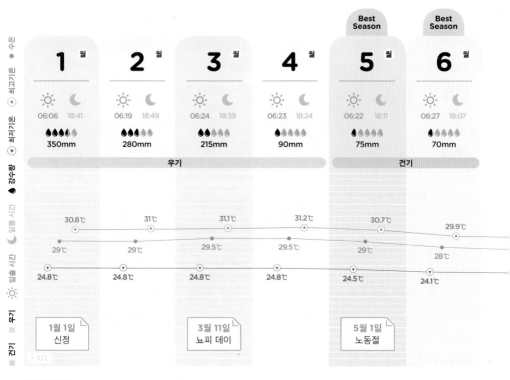

◆ 수온
▲ 최고기온
▼ 최저기온
● 강수량
☾ 일몰 시간
☀ 일출 시간
■ 우기
▒ 건기

	1월	**2**월	**3**월	**4**월	Best Season **5**월	Best Season **6**월
☀ 일출	06:06	06:19	06:24	06:23	06:22	06:27
☾ 일몰	18:41	18:49	18:39	18:24	18:11	18:07
강수량	350mm	280mm	215mm	90mm	75mm	70mm

우기 / 건기

최고기온: 30.8℃ / 31℃ / 31.1℃ / 31.2℃ / 30.7℃ / 29.9℃
수온: 29℃ / 29℃ / 29.5℃ / 29.5℃ / 29℃ / 28℃
최저기온: 24.8℃ / 24.8℃ / 24.8℃ / 24.8℃ / 24.5℃ / 24.1℃

1월 1일 신정

3월 11일 뇨피 데이

5월 1일 노동절

월별 날씨

1월
평균기온이 28℃ 내외로 일반적으로 매우 덥고 습한 날씨가 지속된다. 강수량이 많고 비 오는 날이 가장 긴 우기다.

2월
우기로 고온다습한 날씨가 지속된다. 비 오는 날이 많고 아침저녁으로 많은 양의 비가 집중적으로 내리기를 반복한다.

3월
여전히 비가 많이 오는 우기이며 변덕스러운 날씨가 반복된다. 비 오는 날은 조금 줄어들지만 기온과 습도는 여전히 높다.

4월
우기에서 건기로 바뀌는 시기로 활동적인 여행에 안성맞춤이지만 날씨 변화가 많다. 종종 소나기가 내리기도 한다.

5월
건기로 습도가 낮은 편이라 가장 여행하기 좋은 시기다. 해양 스포츠나 섬 투어도 이때부터 다시 정상적으로 운영하기 시작한다.

6월
건기 중에서도 혹서기가 시작될 조짐이 보이는 시기다. 온도가 올라가고 햇빛이 강렬해지면서 무더위가 시작된다. 평균기온은 27℃ 내외로 공기는 약간 습하고, 후덥지근하다.

습하고 더운 우기 시즌

11월부터 4월까지 우기로 매우 덥고 습한 날씨가 이어진다. 밤부터 이른 새벽에 걸쳐 강하게 비가 내리고 낮 시간에는 맑게 갤 때가 많다. 해수면 온도가 높고 파도 역시 거칠어 발리 서부 해안은 서핑이나 물놀이에 조건이 좋지 않고 해양 스포츠나 각종 액티비티도 비수기에 접어든다. 여행 중 우산이나 우비를 챙기면 유용하다.

발리는 인도네시아 자바섬 동쪽에 위치하며 열대성 몬순기후이고 고온다습하다. 평균기온은 28℃ 내외로 1년 내내 따뜻하지만 건기와 우기로 나뉜다. 언제 여행을 떠나면 좋을지 연간 캘린더를 참고해 시즌을 선택하자.

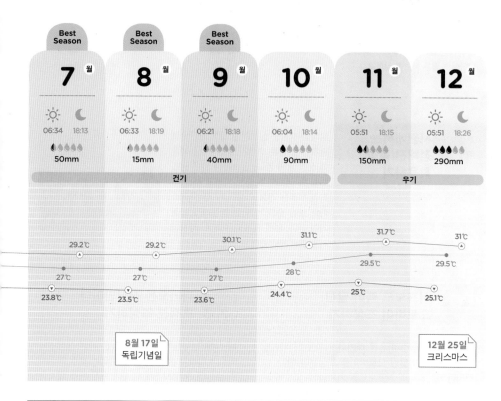

7월
무덥고 후덥지근한 날씨가 지속되지만 6월에 비하면 더위가 조금 누그러진다. 해수면 온도는 27~28℃로 따뜻해 수영이나 물놀이를 즐기기에 제격이다.

8월
건기가 지속되지만 무더위는 조금 꺾이고 평균기온은 26.4℃로 낮아진다. 비 오는 날이 적어 여행하기 좋은 시기다. 한국과 비슷한 여름 날씨가 이어진다.

9월
8월과 비슷한 날씨다. 연 평균기온보다 높은 기온이 지속되고 해수면 온도도 높은 편이다. 여행하는 데 지장이 없으며 아침저녁으로는 시원하게 느껴진다.

10월
건기 끝자락으로 낮 기온은 높지만 아침저녁으로 기온이 20℃ 내외를 유지한다. 비 오는 날이 조금 더 늘어나고 강수량이 많아진다.

11월
건기가 끝나고 우기로 접어드는 시기라 변덕스러운 날씨가 특징이다. 비 오는 날과 강수량이 조금씩 늘어나며 습도도 높아지기 시작한다.

12월
우기가 시작되는 시기로 기온과 습도가 높아진다. 한 달 중 절반 이상 비가 내리지만 지속적으로 내리는 것이 아니라 강한 소나기가 짧게 내린 뒤 맑게 갠다.

여행하기 좋은 건기 시즌

5월부터 10월까지는 맑은 날이 이어지는 건기로 야외 활동에 적합하다. 특히 5~9월은 여행에 가장 좋은 시기로 강수량이 적고 화창한 날이 지속된다. 바다에서 서핑 등 각종 해양 스포츠나 액티비티를 즐기기 좋고 투어를 하기에도 좋다. 6~8월은 혹서기로 기온이 많이 올라가고 햇빛도 강렬해지면서 무더위가 최고조에 이른다.

BASIC INFO ❸

발리 문화와 여행 에티켓 알아두기

인도네시아에 속한 섬이지만 종교와 문화, 사람들의 성향과 분위기까지 달라도
너무 다른 발리. 발리에서 지켜야 할 기본 매너와 종교 관련한 주의 사항 등 여행 전
알아두면 좋은 정보를 살펴보자.

사원에서는 정해진 복장 착용하기

발리의 사원은 신성한 종교적 공간으로 현지인은 물론 여행자도 방문 시 복장에 신경 써야 한다. 민소매나 짧은 팬츠 차림 등 과도한 노출은 피하고 사롱(허리에 두르는 전통 의상)이나 셀렌당(스카프 또는 숄의 일종)을 착용하고 들어가야 한다. 보통 입장권 구매 시 사원에서 무료로 제공한다.

서프보드 랙이 달린 오토바이 조심하기

꾸따나 레기안, 스미냑 등 해변과 가까운 지역을 다닐 때는 랙이 달린 오토바이를 조심해야 한다. 랙이란 오토바이에 서프보드를 거치할 수 있도록 장착한 장비로 앞바퀴와 뒷바퀴 쪽에 U자 형태로 설치되어 있다. 비좁은 골목이나 거리에서 가방이나 옷이 걸릴 수 있으니 가까이 접근하지 않도록 주의한다.

다가오는 잡상인이나 호객꾼 조심하기

해변에서는 선글라스, 담배 등을 파는 잡상인과 타투나 마사지 손님을 끌어들이려는 호객꾼이 자주 보인다. 원하지 않으면 단호하게 거절 의사를 표시한다.

보행자 거리 따라 천천히 걷기

대로변이 아닌 해변 도로나 여행자들이 주로 찾는 거리에는 보행자를 위한 인도가 마련되어 있다. 인도로 걷고 웅덩이나 보도블록이 빠진 곳을 피해 다닌다. 좁은 골목에서 갑자기 오토바이가 튀어나올 수도 있으니 뛰지 말고 천천히 걷는 게 안전하다.

차낭 사리는
눈으로만 구경하기

발리에서는 매일 차낭 사리라고 하는 제물을 신에게 바친다. 제단에 올리기도 하지만 사람들이 오가는 대로변, 계단, 상점 입구 등 길바닥에 놓아두는 경우도 있다. 차낭 사리를 건드리거나 발로 밟아서는 안 된다. 또 향을 피우기에 자칫 화상을 입을 수도 있으니 눈으로만 구경하도록 한다.

▶ 차낭 사리 정보 P.135

사원 방문 시
현지인을 존중하자

발리의 사원에서는 기도를 드리는 현지인이나 종교 행사로 인한 행렬을 마주하는 경우가 있다. 이때 그 앞을 지나가거나 큰 소리로 이야기하거나 장난치는 등의 행동을 삼가도록 한다. 특히 플래시를 터트리며 사진을 찍거나 허락 없이 영상을 촬영해서는 안 된다.

오른손과 왼손의
역할

인도네시아에서는 깨끗하고 신성한 것을 행할 때 오른손을 사용하고 지저분한 것은 왼손을 사용한다. 따라서 발리에서 다른 사람과 악수하거나 밥을 먹을 때는 오른손을 사용한다.

머리는
Don't Touch

발리 사람들은 예전부터 사람의 머리에 영혼이 깃들어 있다고 믿었기 때문에 머리를 만지면 영혼이 빠져나간다고 생각한다. 귀엽다고 아이의 머리를 쓰다듬는 것은 예의에 어긋나는 행동이니 주의해야 한다.

두리안, 망고스틴
숙소 반입 No!

대부분의 호텔에서 강렬한 향 때문에 두리안 반입을 금지한다. 여행자들에게 인기 많은 망고스틴 역시 침구나 수건 등을 오염시킬 수 있어 반입을 금지한다. 적발 시 벌금을 내야 하는 경우도 있다.

느긋한 성향의
발리 사람들

빨리빨리 문화가 익숙한 한국인에게 발리의 느긋한 문화는 때론 화가 날 정도로 답답하게 느껴질 수 있다. 하지만 열대 기후에서 살아가는 발리 사람들의 성향은 여유 넘치고 웬만해서는 서두르거나 화를 내지도 않는다. 일정을 계획하거나 약속할 때는 그들의 이러한 성향을 고려하도록 한다.

로컬 식당의 물과
얼음 조심하기

발리의 로컬 식당에서 식사할 때는 별도로 생수를 주문해 마시는 것이 일반적이다. 현지에서 마시는 물은 판매하는 생수가 안전하다. 어느 정도 신뢰할 수 있는 레스토랑이나 카페, 호텔이 아닌 곳에서 제공하는 것이라면 얼음 역시 먹지 않는 것이 안전하다.

BASIC INFO ④

알아두면 도움 되는 발리에 관한 키워드

발리는 이슬람을 국교로 삼는 인도네시아에 속하지만 발리힌두교를 믿는다. 오랜 시간
이어져온 여러 토속 신앙이 더해져 발리만의 독특한 종교적, 문화적 특성을 이루었다.
여행 중 쉽게 마주하게 되는 발리만의 특별함은 여행자의 궁금증을 자아낸다.

(Keyword 1) **발리힌두교 Bali-Hindu**

발리 사람들은 세상 모든 만물에 신의 영혼이 깃들
어 있다고 믿는다. 작게는 가족, 마을, 지역 단위마다
사원이 있고 힌두교 예법인 다르마를 따른다. 1년을
210일로 계산하는 우쿠Wuku와 사카Saka 달력에 따라
각종 제례가 열린다.

발리힌두교는 1년을
365일이 아닌 210일로
계산해요.

(Keyword 2)

사원 Pura

사원을 인도네시아어로 뿌라라고 하는데 발리에
는 2만 개가 넘는 사원이 있으며 발리 사람들은
사원을 여전히 중요한 공간으로 여긴다. 사원은
종교적 의미를 넘어 발리를 지탱하는 뿌리와 같은
존재로 다양한 지역 커뮤니티, 전통문화 행사가
열리기도 한다.

(Keyword 3)

사롱 Sarong

발리 사람들은 종교적인 제례나 행사가 있는 때가
아닌 평상시에도 전통 의상을 차려입는다. 이들은
자신들의 복장과 전통에 대한 자부심이 강하다.
특히 사롱이라 부르는 바틱 천은 여행자도 사원에
들어갈 때 착용해야 한다.

Keyword 4

반자르 Banjar

일종의 마을 공동체로 모든 발리 사람이 반자르에 속해 있다. 규모는 지역마다, 마을마다 다르지만 보통 마을당 1~2개로 이루어진다. 발리 사람들은 반자르를 통해 종교 의례, 노동, 생활, 전통문화, 세리머니 등을 함께 배우고 익히며 살아간다.

Keyword 5

가믈란 Gamelan

타악기를 기반으로 한 인도네시아 전통 음악으로 징, 메탈로폰, 드럼, 피리 등의 악기로 구성되며 종교의식과 예술 공연에서 연주한다. 보통 마을 공동체인 반자르 단위로 연습하고 공연하기 때문에 지역, 마을마다 가믈란의 구성, 배치, 형태 등이 다르다.

Keyword 6

이름Nama은 계급을 의미

발리에서는 일정한 법칙에 따라 사용할 수 있는 이름이 정해져 있다. 성별에 따라 남자/여자는 'I/Ni'로 나뉘고, 와얀Wayan(첫째), 마데Made(둘째), 뇨만Nyoman(셋째), 꾸뜻Ketut(넷째) 등 태어난 순서로 이름을 붙인다. 또 발리의 카스트제도에 따라 남자/여자는 'Ida Bagus/Ida Ayu', 'Anak Agung/Anak Agung Ayu', 'Dewa Agung/Dewa Ayu' 등이 더해진다.

Keyword 7

신들의 섬

발리의 또 다른 이름은 '신들의 섬'이다. 힌두교를 대표하는 브라마, 비슈누, 시바 신을 비롯해 데위 스리, 데위 다누, 하누만 등 발리에만 있는 신들도 있다. 발리에서 자주 마주하게 되는 신은 다음과 같다.

브라마 Brahma 창조의 신
비슈누 Vishnu 보호의 신
시바 Shiva 파괴의 신
사라스와티 Saraswati 지혜·학문·예술의 신
락슈미 Lakshmi 행복·부·번영의 신
바타리 두르가 Bhatari Durga 죽음·파괴의 신
데위 스리 Dewi Sri 풍요의 신
데위 다누 Dewi Danu 물의 여신
인드라 Indra 날씨의 신
가네샤 Ganesha 성공과 번영의 신
하누만 Hanuman 원숭이 신

유니크한 발리힌두교와 미소를 잃지 않는 발리니스들

발리에는 발리 토속 신앙과 힌두교의 조화 속에 발리만의 유니크한 매력이 숨어 있다. 발리 여행 중 흔히 마주하게 되는 사원, 제례 의식, 차낭 사리 등 발리 사람들을 지탱하는 종교와 문화를 조금 더 자세히 살펴보자.

발리 제례 의식 관련 용어

● **갈룽안** Galungan

발리에서 가장 큰 제례 의식 중 하나로 10일간 신과 조상의 영혼을 기린다. 이 기간에는 집과 사원에 행복과 풍요를 상징하는 대나무 장식을 세운다.

● **게보간** Gebogan

신에게 올리는 공물로 색색의 과일과 꽃으로 치장한다. 화려하고 거대한 타워 형태로 만드는데 가정 형편에 따라 모습과 높이가 조금씩 달라진다.

● **꾸닝안** Kuningan

갈룽안이 끝나고 10일 후에 치르는 제례로 신과 조상을 다시 하늘로 떠나보내는 의식이다. 공물을 바치고 성수를 받아 정화 의식을 치르는 것으로 마무리된다.

● **뇨삐** Nyepi

사카력(발리의 달력)으로 신년을 의미하는 날로 '침묵의 날'이라고도 부른다. 하루 동안 외부 활동과 전기 사용이 금지되며 공항까지 폐쇄된다. 여행자는 숙소에서 시간을 보낸다.

● **오달란** Odalan

사원 건립을 기념하는 날로 마을마다 반드시 자리한 3개의 사원과 가족 사원에 대한 의례를 치른다. 현지인에게는 가장 큰 의례로 정성껏 게보간을 준비한다.

● **오고오고** Ogoh-Ogoh

뇨삐 전날 일몰 후에는 발리 전역에서 오고오고 퍼레이드가 시작된다. 각 마을마다 대형 악귀 형상 조형물을 만들어 거리 행진을 벌이고, 불로 태우는 퇴치 의식으로 마무리된다.

발리 사람들은 종교적 의례와 각종 세리머니를 우리가 생각하는 것 이상으로 삶의 중요한 요소로 생각해요. 다른 어떤 일정보다도 우선시해 약속을 취소하거나 약속 시간에 늦는 경우도 많아요. 그들 삶의 일부이니 존중하는 태도가 필요합니다.

조금은 특별한
발리의 차낭 사리

발리 어디서든 볼 수 있는 흔한 풍경 중 하나가 정갈하게 놓인 차낭 사리다. 차낭은 '바구니', 사리는 '꽃'을 뜻한다. 세상의 평화와 풍요에 대한 감사의 표시로 신에게 바치는 일종의 공물이다. 발리 사람들은 이른 아침부터 정성스레 차낭 사리를 준비해 신에게 올린다. 낯선 풍경이 여행자에게는 궁금증을 불러오게 마련이라 차낭 사리에 대한 모든 것을 알아본다.

차낭 사리 Canang Sari

여린 코코넛잎이나 바나나잎으로 그릇을 만들어 그 안에 네 가지 색의 생화 또는 말린 꽃과 판단잎, 밥, 간식 등을 조금씩 담은 공물이다. 그 위에 향을 얹어 제단, 거리, 계단, 상점, 해변, 자동차 안 등 조상과 신이 머문다고 믿는 곳이면 어디든 놓아두고 전통술이나 성수를 뿌린 후 짧게 기도한다. 보통 발리 사람들은 아침부터 저녁까지 하루에 세 번 이상 조상과 신에게 기도를 드린다.

● 비슷한 듯 다른 차낭 사리의 종류

우리 눈에는 모두 똑같아 보이지만 차낭 사리에는 나름의 엄격한 규율이 있다. 우선 차낭 사리를 놓는 위치나 장소에 따라 의미가 다르다. 신에게 바치는 차낭 사리는 제단 위에 올려놓는다. 기본적으로 사람의 허리보다 높은 곳에 둔다.

● 길바닥에 놓아두는 차낭 사리는 무엇일까?

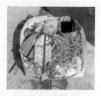

보통 길바닥이나 상점, 거리에 놓아두는 것은 세게한segehan이라고 한다. 세게한은 귀신이나 악귀에게 주는 것으로 사람의 몸보다 낮은 곳에 두는 것이 특징이다. 평상시에는 나뭇잎과 쌀, 꽃 정도로 간단하게 놓아두지만 보름달이 뜰 때나 특별한 날에는 공물 종류가 늘어나기도 한다.

● 차낭 사리 만드는 법

포로산은 차낭 사리에 사용하는 제물로 세 가지 재료(빈랑나무 열매, 빈랑잎, 라임잎)로 만들어요.

❶ 바나나잎이나 어린 코코넛잎으로 약 15×15cm 크기의 바구니를 만든다.

❷ 3대 신을 의미하는 세 가지 색을 띤 재료로 만든 포로산porosan을 넣는다.

❸ 동서남북 각 방향에 네 가지 색의 꽃을(흰색-동쪽, 노란색-서쪽, 붉은색-남쪽, 파란색 또는 초록색-북쪽), 중앙에는 판단잎을 배치한다.

BEST PLAN & BUDGET

발리 추천 일정과 여행 예산

BEST PLAN & BUDGET ❶

우붓 · 스미냑
5박 6일 베이식 코스

발리를 처음 여행하는 경우 추천하는 기본 코스다.
일정이 다소 짧기 때문에 무리한 스케줄보다는
인기 관광지인 우붓과 스미냑에 숙소를 잡고 주변을
여행하는 방식을 추천한다. 항공 스케줄에 따라 마지막
날은 꾸따나 짐바란 지역을 반나절에서 하루 정도
둘러보는 것도 좋다.

여행 예산(1인)

항공권(비수기, 직항 편 기준)	100만 원~
+ 숙박 5박	50만 원~
(중급 리조트 2인 1실 기준)	
+ 교통 5일	20만 원~
(가이드 전세 차량 & 그랩 기준)	
+ 식사 5일	20만 원~
+ 기타 비용	20만 원~
(각종 투어, 입장료 포함)	

= 210만 원~

TRAVEL POINT

⊙ 항공 스케줄
발리 IN(발리에 밤에 도착 스케줄)
발리 OUT(발리에서 밤에 떠나는 스케줄) 직항 편

⊙ 주요 이동 수단
그랩 · 고젝, 클룩, 가이드 전세 차량 추천

⊙ 사전 예약 필수
가이드 전세 차량 또는 클룩, 서핑 클래스, 데이
투어, 스파

⊙ 여행 꿀팁
❶ 5박 6일 일정이라면 체류 지역을 한두 곳으로
정하고 데이 투어로 하루 정도 다른 지역을 다니
는 게 좋다.
❷ 귀국 편 비행기는 보통 밤 비행기다. 마지막 날
공항과 인접한 지역을 여행하고 출국하는 일정이
효율적이다.
❸ 아이 또는 부모님과 함께 하는 여행이라면
20~30달러 정도의 중저가 숙소를 1박 예약해서
마지막 날 편히 쉬다가 밤에 공항으로 출발하는
것도 좋은 방법이다.

TRAVEL ITINERARY 여행 스케줄 한눈에 보기

여행 일수	체류 지역	시간	세부 일정
DAY 1	발리 도착	밤	23:50 발리 응우라라이 국제공항 도착 02:00 우붓 숙소 체크인
DAY 2	우붓	아침	10:00 우붓 아트 마켓 구경, 우붓 왕궁 관람
		점심	12:30 점심 식사 추천 베벡 테피 사와 우붓 13:30 우붓 시내 구경 15:00 몽키 포레스트 사원 관람
		저녁	18:00 저녁 식사 추천 와룽 폰독 마두 19:00 전통 공연 관람 추천 우붓 왕궁
DAY 3	우붓	아침	08:00 리조트에서 액티비티 체험 09:00 조식 후 휴식
		점심	13:00 우붓 뜨갈랄랑 구경과 정글 스윙 체험 14:00 점심 식사 추천 트로피컬 뷰 우붓 16:00 스파 & 마사지
		저녁	18:00 저녁 식사 추천 피자리아 모넬로 21:00 맥주 한잔 추천 라핑 부다 바
DAY 4	우붓 · 스미냑	아침	11:00 체크아웃 12:00 띠르따 엠풀 사원 관람
		점심	13:30 점심 식사 추천 와룽 장가르 울람 우붓 → 스미냑(차로 2시간) 16:00 숙소 체크인 후 따나롯 사원 관람 17:00 따나롯 사원에서 선셋 감상
		저녁	19:00 저녁 식사 추천 울티모 레스토랑 20:00 펍에서 맥주 한잔 추천 고트 스미냑
DAY 5	스미냑	아침	10:00 리조트 휴식 11:30 스미냑 거리 구경
		점심	12:30 브런치 즐기기 추천 누크 14:00 서핑 강습 17:30 스미냑 비치에서 선셋 감상
		저녁	19:00 비치 클럽 즐기기 추천 핀스 비치 클럽
DAY 6	꾸따	아침	10:00 꾸따 비치 산책
		점심	12:00 점심 식사 추천 크럼 & 코스터 13:00 꾸따 거리 구경 15:00 따나롯 사원 관람
		저녁	18:00 저녁 식사 추천 메부이 베트남 키친 19:00 발리 기념품 쇼핑 추천 크리스나 올레올레 21:00 스파 후 응우라라이 국제공항으로 이동

꾸따·스미냑·우붓
6박 7일 핵심 코스

6박 7일 일정은 발리의 핵심 코스를 둘러보는 일정으로
인기 관광 지역을 모두 둘러보기엔 다소 짧지만 스미냑,
우붓을 중심으로 관광하고 울루와뚜나 근처 명소를
둘러보며 각종 투어와 액티비티를 즐긴다. 지역 이동 시
숙소를 옮기는 것이 일반적이다. 일반 여행자의 경우
마지막 날 일일 투어를 하고 공항으로 이동한다.

여행 예산(1인)

항공권(비수기, 직항 편 기준)	100만 원~
+ 숙박 6박	60만 원~
(중급 리조트 2인 1실 기준)	
+ 교통 6일	25만 원~
(가이드 전세 차량 & 그랩 기준)	
+ 식사 6일	25만 원~
+ 기타 비용	25만 원~
(각종 투어, 입장료 포함)	

= 235만 원~

TRAVEL POINT

⊙ **항공 스케줄**
발리 IN(발리에 밤에 도착하는 스케줄)
발리 OUT(발리에서 밤에 떠나는 스케줄) 직항 편

⊙ **주요 이동 수단**
그랩·고젝, 클룩, 가이드 전세 차량 추천

⊙ **사전 예약 필수**
가이드 전세 차량 또는 클룩, 서핑 클래스, 데이
투어, 스파

⊙ **여행 꿀팁**
❶ 6박 7일 일정이라면 우붓과 스미냑을 체류 지
역으로 정하는 게 좋다.
❷ 마지막 날은 전세 차량을 이용해 꾸따에서 다
녀오기 좋은 짐바란, 울루와뚜를 여행하면 효율
적이다.
❸ 꾸따 지역에는 저렴한 비용의 숙소가 많아 부
담 없이 1박 예약해서 마지막 쇼핑과 식사를 즐
기고 숙소에서 편히 쉬었다가 공항으로 가는 일
정을 짜는 것도 좋다.

여행 스케줄 한눈에 보기

여행 일수	체류 지역	시간	세부 일정
DAY 1	발리 도착	밤	23:50 발리 응우라라이 국제공항 도착 01:00 꾸따 또는 스미냑 숙소 체크인
DAY 2	꾸따 · 스미냑	아침	10:00 리조트에서 휴식
		점심	13:00 점심 식사 추천 크럼 & 코스터 15:00 꾸따 비치
		저녁	18:30 저녁 식사 추천 레기안 푸드 코트 20:00 비치워크 쇼핑센터 구경
DAY 3	꾸따 · 스미냑	아침	10:00 서핑 스쿨
		점심	13:00 비치 클럽 추천 포테이토 헤드 비치 클럽 17:00 선셋 감상
		저녁	19:00 저녁 식사 추천 와하하 포크립 20:00 빈탕 슈퍼마켓 구경
DAY 4	우붓	아침	10:00 우붓 왕궁 관람, 우붓 아트 마켓 구경
		점심	12:00 뜨갈랄랑 구경과 정글 스윙 체험, 점심 식사 16:00 시내에서 스파 & 마사지
		저녁	18:30 저녁 식사 추천 시즈 이터리 20:00 우붓 거리 산책
DAY 5	우붓	아침	06:00 요가 클래스 체험 08:00 우붓 트레킹 10:00 리조트에서 휴식
		점심	13:00 점심 식사 추천 몽키 레전드 14:00 몽키 포레스트 사원 관람, 카페 휴식
		저녁	18:00 저녁 식사 추천 인 다 콤파운드 와룽 19:00 전통 공연 관람과 나이트라이프 즐기기
DAY 6	우붓 · 꾸따	아침	09:00 논 전망 카페에서 아침 식사 11:30 띠르따 엠풀 사원 관람
		점심	13:30 점심 식사 추천 와룽 장가르 울람 15:30 따나롯 사원 관람
		저녁	18:00 저녁 식사 후 발리 기념품 쇼핑 추천 크리스나 올레올레 20:00 스파 즐기기
DAY 7	울루와뚜	아침	10:00 울루와뚜 비치 클럽 추천 화이트 록 비치 클럽
		점심	14:00 점심 식사 추천 와룽 체나나 16:00 술루반 비치 산책
		저녁	17:00 짐바란 시푸드 추천 하티쿠 짐바란 19:00 사이드워크 짐바란 쇼핑 20:00 스파 후 응우라라이 국제공항으로 이동

꾸따·스미냑·우붓·울루와뚜
7박 8일 핵심 코스

발리의 핵심 코스로 스미냑, 우붓·울루와뚜 지역에서
인기 관광지와 액티비티를 즐기는 일정이다. 지역
간 이동은 전세 차량이나 투어 차량을 추천하며 시간
여유가 있다면 발리 동부나 누사렘봉안, 누사페니다
중 한 곳을 여행한다. 출국 날에는 데이 투어를 하고
공항으로 이동하는 것을 추천한다.

여행 예산(1인)

항공권(비수기, 직항 편 기준)	100만 원~
+ 숙박 7박	70만 원~
(꾸따 중급 리조트 2인 1실 기준)	
+ 교통 7일	30만 원~
(가이드 전세 차량 또는 그랩 기준)	
+ 식사 7일	30만 원~
+ 기타 비용	30만 원~
(각종 투어, 입장료 포함)	

= 260만 원~

TRAVEL POINT --

⊙ 항공 스케줄
발리 IN(발리에 밤에 도착하는 스케줄)
발리 OUT(발리에서 밤에 떠나는 스케줄) 직항 편

⊙ 주요 이동 수단
그랩·고젝, 클룩, 가이드 전세 차량 추천

⊙ 사전 예약 필수
가이드 전세 차량 또는 클룩, 서핑 클래스, 데이
투어, 스파

⊙ 여행 꿀팁
❶ 스미냑, 우붓, 울루와뚜 또는 짐바란에서 2박
씩 머무르는 것도 좋다.
❷ 마지막 날 귀국 비행기는 보통 밤 비행기다. 체
크아웃 후 가이드 전세 차량을 이용해 발리 근교
를 알차게 관광하는 게 효율적이다.
❸ 하루 종일 일일 투어를 하는 날은 중저가 숙소
를 이용해야 아깝지 않다.

여행 스케줄 한눈에 보기

여행 일수	체류 지역	시간	세부 일정
DAY 1	발리 도착	밤	23:50 발리 응우라라이 국제공항 도착 01:30 스미냑 숙소 체크인
DAY 2	꾸따 · 스미냑	점심	13:00 점심 식사 및 카페 추천 파사라메, 엑스팻 로스터스 15:00 비치워크 쇼핑센터 구경 후 꾸따 비치 산책
		저녁	19:00 저녁 식사 추천 나시 템퐁 인드라 21:00 비치 바에서 맥주 한잔
DAY 3	스미냑	아침	08:00 리조트에서 액티비티 체험 10:00 꾸따 비치 또는 스미냑 비치에서 서핑
		점심	14:00 스파 추천 리핫 마사지 앤드 리플렉솔로지 16:00 스미냑 비치 클럽 추천 라 브리사 발리
		저녁	19:00 저녁 식사 추천 페니 레인 20:00 스미냑 빌리지 쇼핑
DAY 4	누사페니다 또는 렘푸양 사원 투어	아침	07:00 투어 참여
		점심	12:00 점심 식사 후 해변에서 휴식
		저녁	18:30 저녁 식사 추천 트로피컬 뷰 우붓 19:00 스파
DAY 5	우붓	아침	10:00 리조트에서 휴식
		점심	13:00 점심 식사 추천 와룽 바비 굴링 이부 오카 3 14:00 우붓 거리 산책 16:00 스파 추천 푸트리 발리 스파
		저녁	18:00 저녁 식사 추천 피자리아 모넬로 19:30 전통 공연 관람
DAY 6	우붓	아침	06:00 우붓 모닝 마켓 구경 07:30 요가 수업 후 조식 & 휴식
		점심	15:00 우붓 거리 산책 16:30 브런치 카페 추천 피손
		저녁	18:30 스파 & 마사지 20:00 저녁 식사 추천 와룽 폰독 마두 22:00 나이트라이프 즐기기 추천 라핑 부다 바
DAY 7	짐바란 · 울루와뚜	아침	11:00 울루와뚜 사원 관람
		점심	12:00 멜라스티 비치 클럽 추천 팔밀라 발리 비치 클럽 16:00 울루와뚜 해변 산책 17:30 짐바란 선셋 감상
		저녁	18:30 짐바란에서 저녁 식사 추천 하티쿠 짐바란 20:00 사이드워크 짐바란 쇼핑
DAY 8	꾸따	점심	12:00 체크아웃 후 데이 투어 13:00 점심 식사 추천 크럼 & 코스터
		저녁	19:00 발리 기념품 쇼핑 추천 크리스나 올레올레 21:00 스파 후 응우라라이 국제공항으로 이동

BEST PLAN & BUDGET ❹
디지털 노매드를 위한
워케이션 1일 코스

발리의 스미냑과 짱구 지역은 일과 휴식을 모두 만족시키는
워케이션의 성지로 유명하다. 일하기 좋은 분위기의 카페에서
열심히 작업을 하고 나머지 시간은 스트레스를 날려버리며
신나게 놀아보자.

start!

09:00 해변 산책

↓ 도보 5분

10:00 서핑

↓ 차로 10분

12:00 논 전망 감상하며 점심 식사
추천 와룽 이탈리아 발리

↓ 도보 4분

13:00 코워킹 스페이스나 카페에서 작업
추천 리빙스톤

↓ 차로 10분

16:00 비치 클럽
추천 라 브리사 발리

↓ 도보 3분

17:30 선셋 감상하며 맥주 한잔

↓ 차로 15분

19:00 저녁 식사
추천 와룽 니아

↓ 도보 10분

21:00 모텔 멕시콜라에서
나이트라이프
즐기기

BEST PLAN & BUDGET ➎

웰니스 여행자를 위한
리트리트 1일 코스

발리를 찾는 많은 여행자들은 발리에서 요가, 명상을
즐기고 유기농 식재료로 만든 건강식 메뉴로 식사를
하며 웰빙 라이프를 경험한다. 최근 웰니스 여행지로도
급부상하고 있는 발리에서 여유를 찾고 나아가 내면의
수련까지 경험해보자. 짱구 지역을 기준으로 일정을 짰다.

start!

07:00 명상과 함께
하루 시작

차로 10분

08:00 건강한 아침 식사
추천 누크

차로 15분

09:30 요가 강습
추천 사마디 요가 & 웰니스 센터

차로 15분

12:30 리조트의 풀 사이드에서 점심 식사 후 휴식

도보 10분

14:00 스파 & 마사지
추천 보디웍스 스파

도보 3분

15:00 카페에서 건강 음료 마시며 휴식
추천 KYND 커뮤니티 스미냑

차로 30분

17:30 선셋 감상하며 해변 산책
추천 바투 볼롱 비치

차로 5분

19:00 저녁 식사
추천 페니 레인

온 가족이 행복한
아이 맞춤형 1일 코스

가족여행이라면 이동이 편리한 시내 중심가에 숙소를 잡고
관광 명소 한두 곳을 다니는 일정이 좋다. 여럿이 함께
식사하기 좋은 레스토랑에서 식사하고 전망 좋은 스폿에서
여유롭게 보내는 것을 추천한다.

☺ 4인 이상 가족여행이라면 전세
차량으로 편하게 이동하세요.

start!

09:00 리조트에서
푸짐한 조식

↓ 차량 이동

10:00 발리 사파리 관람

↓ 차량 이동

12:00 발리 사파리에서 점심 식사

↓ 도보 이동

13:00 발리 사파리 내
액티비티
(먹이 주기)

↓ 차로 50분

15:00 뜨갈랄랑 정글 스윙 체험
추천 알라스 하룸 발리 스윙

↓ 도보 이동

16:00 알라스 하룸 발리 스윙의 부대시설 즐기기

↓ 차로 30분

18:00 포크립으로 저녁 식사
추천 와롱 폰독 마두

↓ 도보 10분

19:00 우붓 왕궁에서
전통 춤 관람

BEST PLAN & BUDGET ❼

먹고 마시고 기도하라
우붓 필수 맛집 1일 코스

우붓 지역에는 현지인들이 즐겨 찾는 로컬 식당부터 브런치
맛집, 특색 있는 카페까지 하루 종일 먹고 마시기 좋은
맛집이 넘쳐난다. 아침부터 늦은 저녁까지 푸짐한 발리의
요리를 즐겨보자.

start!

06:00 우붓 모닝 마켓에서
열대 과일과
현지식 즐기기

▼ 도보 이동

08:00 숙소 수영장

▼ 도보 5분

09:00 리조트 뷔페식으로
푸짐한 조식

▼ 도보 또는 차량 이동

12:00 우붓 왕궁 관람

▼ 차로 5분

13:00 우붓 명물 바비 굴링 맛보기
추천 와룽 바비 굴링
이부 오카 3

▼ 도보 14분

14:00 발리 커피와 로컬 디저트 즐기기
추천 숙스마 코피 우붓

▼ 차로 35분

16:00 우붓 풀 클럽과 정글 스윙 즐기기
추천 디 투카드 커피 클럽 발리

▼ 차로 40분

20:00 짐바란 해산물과 빈탕 맥주 즐기기
추천 와룽 장가르 울람

TIP

우붓 모닝 마켓은 이른 아침에 연다. 시장 안팎으로 과일을
파는 노점과 발리 디저트 등을 파는 이동식 가게가 즐비하다.

BEST PLAN & BUDGET ❽

렘푸양 사원
원데이 투어

발리에서 가장 인기 있는 일일 투어로 발리 동부의 명소
렘푸양 사원을 중심으로 따만 우중과 띠르따 강가 등을
둘러보는 코스다. 다른 관광 명소에 비해 이동 시간이 길어
전세 차량을 이용하거나 여행 플랫폼 클룩에서 진행하는
투어에 참여하는 것이 좋다.

start!	
06:00	숙소 픽업 & 미팅
↓ 차로 120분	
08:00	렘푸양 사원 입구 도착
↓ 도보 10분	
10:00	사원에서 인생샷 찍기
↓ 도보 10분	
12:00	점심 식사
↓ 차로 30분	
13:00	띠르따 강가
↓ 차로 25분	
14:00	따만 우중 관람
↓ 차로 120분	
17:00	숙소 도착

BEST PHOTOGENIC SPOT

❶ 3개의 파두락사
#힌두사원 #계단샷 #아궁산

❷ 천국의 문
#렘푸양사원 #발리게이트

❸ 띠르따 강가
#연못 #동부트립

❹ 따만 우중
#물의정원 #유럽풍 #동부풍경

TIP

발리 동부 투어의 핵심은 렘푸양 사원이다. 사원에서 사진을 찍기 위해
대기하는 시간에 따라 다른 관광 명소 일정을 조율한다. 최근에는 대기 시간을
줄이기 위해 이른 새벽에 출발하기도 한다.

BEST PLAN & BUDGET ❾

누사페니다
원데이 투어

발리에서 배로 1시간가량 떨어져 있는 누사페니다를 다녀오는
일일 투어. 페니다로도 불리는 이 섬에는 인스타그램
명소인 아름다운 해변이 많다. 발리에서 누사페니다까지는
스피드보트를 이용해야 한다. 육상과 해상 왕복 교통편을
제공하는 클룩 여행 상품을 이용하면 여러모로 편리하다.

start!

06:30 숙소 픽업 & 미팅

▼ 차로 60분

08:00 누사페니다로 출발

▼ 배로 30분

09:00 스노클링(옵션) 즐기기

▼ 배로 30분

10:30 켈링킹 비치

▼ 차로 30분

13:00 점심 식사

▼ 차로 30분

14:00 엔젤스 빌라봉 &
브로큰 비치

▼ 차로 30분

17:00 사누르항으로 복귀 후
숙소로 귀가

BEST PHOTOGENIC SPOT

❶ 다이아몬드 비치
#시크릿비치 #인생화보

❷ 켈링킹 비치
#파노라믹뷰 #인도양

❸ 엔젤스 빌라봉
#포토존 #자연풀장

❹ 브로큰 비치
#시크릿포인트 #에메랄드해변

TIP

누사페니다 일일 투어는 배와 차량을 이용해야 하고 일정에 비해 시간이
매우 빠듯하다. 여러 해변 중 한두 곳만 골라 다니는 것도 방법이다. 스노클링
체험을 원하면 추가할 수 있다. 멀미약을 가져가도록 하고, 준비하지 못했을
경우 투어 가이드에게 요청하면 주기도 한다.

GET READY

떠나기 전에 반드시
준비해야 할 것

발리 항공권 구입하기 `D-270`

한국에서 발리까지는 비행기로 7시간에서 7시간 30분 정도 걸린다. 그런데 발리까지 직항 노선을 운영하는 항공사가 많지 않아 선택의 폭이 좁다. 일반적으로 최소 3개월, 또는 성수기나 봄가을 허니문 시즌에 여행을 계획한다면 6~9개월 전에 항공권을 확보하도록 한다.

● 한국-발리 노선 운항 항공사

인천국제공항에서 발리 응우라라이 국제공항으로 가는 직항 편은 메이저 항공사인 대한항공과 가루다인도네시아항공이 있으며, 국내 저가 항공사인 티웨이항공, 에어부산, 제주항공도 신규 취항을 확정했다. 대한항공은 인천-발리 노선을 매일, 가루다인도네시아항공은 주 4회, 새롭게 신설된 부산-발리 노선은 에어부산이 주 4회, 청주-발리 노선은 티웨이항공에서 주 3회 운항하다. 2024년 10월부터 제주항공도 인천-발리 직항 편을 운영할 예정이다. 기타 외항사를 이용하면 베트남, 태국, 말레이시아, 싱가포르, 일본, 타이완 등을 경유해 발리로 갈 수 있다.

직항 편
가루다인도네시아항공 www.garuda-indonesia.com
대한항공 www.koreanair.com
에어부산 www.airbusan.com
티웨이항공 www.twayair.com
제주항공 www.jejuair.net

경유 편
에바항공 www.evaair.com
싱가포르항공 www.singaporeair.com
말레이시아항공 www.malaysiaairlines.com
일본항공 www.jal.co.jp
베트남에어라인 www.vietnamairlines.com

● 경유 항공사 이용 시 주의 사항

❶ 스케줄 꼼꼼히 확인하기
직항 편에 비해 저렴하지만 경유지 연결 노선에 따라 환승 소요 시간이 달라지므로 스케줄 확인이 필요하다. 환승 시간이 너무 짧은 경우나 너무 긴 경우는 추천하지 않는다. 보통 4시간 정도가 안전하다.

❷ 마일리지 사용 가능 여부 확인하기
대한항공과 아시아나항공은 각각 스카이팀, 스타얼라이언스 동맹을 맺고 있다. 따라서 해당 마일리지로 외항사 노선을 이용할 수 있으니 항공사 홈페이지나 콜센터에 예약 가능 여부를 문의한다.

직항 편 운항 스케줄

항공사	인천 출발 시간	발리 도착 시간	소요 시간
가루다인도네시아항공	월 · 일요일 11:25 목 · 토요일 11:35	17:20 17:45	7시간
대한항공	*월 · 일요일 11:25 목 · 일요일 16:05 *가루다인도네시아항공으로 공동 운항	17:20 22:10	6시간 55분~ 7시간 5분
	매일 17:50	23:50	

※출발 · 도착 시간은 현지 시간 기준이며, 항공 스케줄은 사전 고지 없이 변동될 수 있음

GET READY ❷

발리 지역별 숙소 예약하기 `D-60`

발리는 저가, 중저가, 고급 숙소까지 숙박 시설이 다양하며 가격도 합리적이다. 지역마다
숙소의 특성이 조금씩 다르고 요금도 천차만별이니 각자 취향과 예산, 일정에 맞게 선택한다.

▶ 발리 숙소 정보 P.108, 155

● 발리 숙소 어디에 잡을까

❶ 꾸따 & 레기안 ➔ 바다와 가까운 중저가 가성비 리조트

꾸따와 레기안 지역에는 해변과 가까운 비치프런트 타입의 리조트와 가
성비 좋은 중저가 숙소, 장기 체류하는 서퍼들을 위한 저가 숙소가 많다.
관광 중심지인 만큼 숙소, 레스토랑, 쇼핑몰 등 다양한 관광 인프라도 갖
추고 있다.

❷ 스미냑 & 짱구 ➔ 럭셔리하고 프라이빗한 풀을 갖춘 풀 빌라

스미냑과 짱구는 해변을 따라 고급스러운 리조트와 중급 규모의 풀 빌라
등이 자리하고 있다. 해변 앞 객실과 야외 수영장을 갖추고 있으며 무엇
보다 바다로 바로 나갈 수 있을 정도로 접근성이 뛰어나다. 발리의 열대
지방 분위기와 세련된 느낌도 특징이다.

❸ 울루와뚜 & 짐바란 ➔ 브랜드 호텔 체인의 대형 리조트

세계적인 브랜드 호텔의 격전지라고 할 수 있는 지역이다. 짐바란에서 울
루와뚜로 이어지는 일대에는 대형 리조트와 호텔, 최고급 풀 빌라가 늘어
서 있다. 번화한 시내에서 벗어나 깎아지른 절벽, 프라이빗한 바다 앞에
자리한 휴양형 리조트에서 휴양을 즐기기에 그만이다. 관광보다는 리조
트에서 힐링하며 시간을 보내려는 가족여행자, 신혼부부에게 적합하다.

❹ 사누르 & 누사두아 ➔ 가족 친화적 중대형 리조트

이 지역은 중대형 리조트가 주를 이룬다. 가족여행자를 위한 규모가 큰
리조트가 많은데 관광 인프라는 부족한 편이다. 관광 명소와는 거리가
조금 떨어져 있는 편이지만 리조트에서 대부분 셔틀버스를 운행한다. 숙
소에서 휴양을 즐기며 편안하게 시간을 보내려는 여행자에게 안성맞춤
이다.

❺ 우붓 ➔ 자연이 울창한 정글 뷰 리조트

우붓 지역은 해변을 따라 형성된 지역이 아닌 내륙 지역으로 아름다운
자연환경과 다양한 볼거리, 즐길 거리가 많아 발리의 대표적인 관광지로
손꼽힌다. 리조트들은 울창한 정글 또는 계단식 논이 바라다보이는 위치
에 들어서 있다. 조금은 천천히 여유 있는 여행을 원하는 여행자에게 추
천한다.

● 알아두면 유용한 숙소 이용 팁

❶ 공식 홈페이지에서 요금과 베네핏 확인

발리의 숙소 중 상당수가 공식 홈페이지를 통해 다양한 혜택을 제공한다. 공식 홈페이지에서 예약하면 숙박 요금 할인, 캔들 라이트 디너, 무료 마사지 등의 혜택을 주는 경우가 많고 2일 또는 3일 연박 시 1박 무료 등의 혜택도 있으니 호텔 예약 전 꼭 확인한다.

숙소 예약 사이트
아고다 www.agoda.com
부킹닷컴 www.booking.com
클룩 www.klook.com
에어비앤비 www.airbnb.co.kr
엘리트하벤스 www.elitehavens.com
빌라발리파인더 www.villa-bali.com

❷ 무료 셔틀버스는 발리만의 매력

발리에서는 중심가에서 조금 떨어진 외곽에 자리한 리조트나 풀 빌라의 경우 무료 셔틀버스를 운행하는 곳도 있다. 교통비 절약은 물론 편하게 이동할 수 있으니 숙소 예약 시 셔틀버스 운행 여부를 확인한다. 공항 픽업 또는 드롭 서비스를 제공하는 숙소도 있다.

❸ 리조트 내 다양한 무료 프로그램

발리는 숙소 간 경쟁이 치열해 투숙객을 위한 다양한 프로그램을 운영한다. 호텔이나 리조트마다 실내나 실외에서 즐길 수 있는 체험 프로그램을 진행하는데 참여율이 높다. 우붓에는 매일 아침 요가나 명상 클래스를 무료로 진행하는 리조트가 많다. 기본적으로 제공하는 데일리 액티비티 프로그램을 홈페이지에 공지하니 숙소를 예약하기 전에 꼼꼼히 살펴본다. 무료 액티비티 정보는 체크인 시 요청하면 안내해준다.

❹ 위치나 환경에 따른 소음 고려

발리에서는 숙소 위치에 따라 여러 가지 소음이 있다. 차량 운행이 많은 대로변이나 번화가에 있는 숙소라면 오토바이와 차량 소음이 있다. 나이트라이프로 유명한 스폿이나 비치 클럽 주변은 늦은 시간까지 음악 소리가 들리기도 한다. 우붓의 경우 새벽 내내 닭 등 동물 울음소리도 무척 크게 들린다. 숙소를 이용한 투숙객들의 후기를 참고하면 도움이 될 것이다.

❺ 장기 체류 또는 인원이 많을 때는 빌라 선택

발리 지역에는 1베드룸에서 8베드룸까지 다양한 객실을 갖춘 빌라가 많다. 일반 리조트나 호텔과는 달리 빌라의 경우 풀장은 물론 주방과 세탁실, 주차장까지 있어 장기 체류 또는 인원이 많은 가족여행에 적합하다. 다만 중심가에서 거리가 떨어져 있는 경우가 많고 간판조차 없어서 찾기 어려울 수 있으니 가능하면 중심가에서 너무 멀지 않은 곳의 빌라 중 충분히 검증된 곳을 선택하는 것이 좋다.

● 발리 지역별 추천 숙소

숙소명	등급	위치	특징
마야 우붓 리조트 & 스파 Maya Ubud Resort & Spa	5성급	우붓	넓은 부지에 자리한 리조트로 잘 조성된 정원과 객실, 스파, 요가 센터 등 풍부한 부대시설을 자랑한다. 모든 여행자에게 추천하는 발리의 인기 리조트다.
코마네카 앳 비스마 Komaneka at Bisma	5성급	우붓	커플, 신혼부부가 선호하는 모던한 분위기의 리조트로 규모는 크지 않지만 매력적인 메인 풀이 인상적이다. 친절한 직원들의 세심한 서비스도 인기 요인이다.
하드 록 호텔 Hard Rock Hotel	5성급	꾸따	꾸따 비치를 마주하고 있는 호텔로 워터 슬라이드와 키즈 풀 등 어린이를 위한 시설이 잘 갖추어져 있어 가족여행자에게 인기 있다.
쉐라톤 발리 꾸따 리조트 Sheraton Bali Kuta Resort	5성급	꾸따	글로벌 호텔 체인으로 꾸따 비치, 비치워크 쇼핑센터와 인접한 최고의 위치를 자랑한다. 꾸따 비치가 바라다보이는 메인 풀장과 깔끔한 객실이 특징이다.
W 발리 스미냑 W Bali Seminyak	5성급	스미냑	스미냑 비치프런트에 위치한 유명 글로벌 리조트. 트렌디한 분위기와 이곳만의 힙한 분위기로 마니아층이 있을 정도다.
홀리데이 인 리조트 바루나 발리 Holiday Inn Resort Baruna Bali	5성급	투반	응우라라이 국제공항과 인접한 투반 지역에 있는 중저가 리조트다. 프라이빗한 해변을 품고 있으며 새로 오픈한 4성급 익스프레스도 운영한다.
인터콘티넨탈 발리 리조트 InterContinental Bali Resort	5성급	짐바란	발리를 대표하는 리조트로 오랜 시간 사랑받고 있는 곳. 바로 앞에 아름다운 짐바란 비치가 있고 풍부한 부대시설과 특급 시설로 변치 않는 인기를 자랑한다.
래플스 발리 Raffles Bali	5성급	짐바란	세계적으로 유명한 호텔 브랜드 래플스가 최근 짐바란에 문을 연 리조트. 가격은 비싸지만 순도 높은 휴양을 즐기고 싶은 커플이나 신혼부부에게 인기 있다.
더 아푸르바 켐핀스키 발리 The Apurva Kempinski Bali	5성급	누사두아	웅장한 규모의 부대시설과 발리 스타일의 인테리어가 자랑이다. 바다가 보이는 아름다운 수영장과 울창한 정원, 다양한 레스토랑을 갖추고 있다.

GET READY ❸

현지 가이드와 차량 예약하기 D-50

현지에서 지역 간 이동이나 관광 명소 이동 시 전용 교통편이 필요할 때는 출국 전에 차량을 예약하는 것이 좋다. 한국어가 가능한 가이드가 있지만 인기가 많아 미리 예약해야 한다. 관광 명소 입장권, 투어 티켓 등의 예매는 클룩을 이용하면 보다 편하고 안전하다. 최근에는 취소나 환불이 어려운 현지 여행사의 이용률이 줄어들고 있다.

● 전세 차량 예약하기

발리에서는 가이드를 동반한 반일 또는 일일 투어가 일반적이다. 보통 가이드와 렌터카를 8시간(하루) 기준으로 예약하며 필요한 경우 시간을 조절할 수 있다. 차량은 인원에 따라 4~10인승까지 다양하며 보통 하루 기준 50~60달러 내외다. 지역 간 이동, 체크인 & 체크아웃 시, 공항 픽업 & 드롭과 관광을 합쳐 이용하면 효율적이다. 여행을 떠나기 전에 날짜와 인원, 관광 코스, 식사, 마사지, 쇼핑 등의 일정을 가이드와 조율한다. 사전에 간단하게 루트를 정해 예약할 때 미리 알려주면 좋다.

● 투어 및 입장권 예매하기

관광 명소 투어 또는 입장권은 여행 플랫폼 클룩을 통해 예약하거나 예매하면 좀 더 저렴하고 편리하다. 발리에서는 서비스 만족도가 높은 클룩 이용자가 매우 많다. 홈페이지에서 클룩 패스, 할인 쿠폰 등을 발급받으면 더욱 저렴하게 이용할 수 있다.

● 나 홀로 여행자라면 셔틀버스 예약하기

꾸따, 스미냑에서 우붓으로 혼자 여행을 갈 때는 셔틀버스를 이용하면 비용을 절약할 수 있다. 쿠라쿠라 버스나 쁘라마 여행사 등에서 저렴한 셔틀버스를 운행한다. 클룩에서도 여러 명이 함께 이용할 수 있는 교통편을 운영한다. 꾸따에서 우붓까지 운행하는 셔틀버스 요금은 편도 10만 루피아다.

클룩 Klook

전 세계 여행지의 테마파크 입장권, 숙소, 액티비티, 각종 투어, 차량 서비스 등을 현지 업체와 연결해주는 예약 사이트. 발리에서는 이용률이 높고 편의성도 좋아 다른 업체와 비교할 수 없을 정도로 독보적이다. 여러 투어 상품을 묶어서 아주 저렴하게 판매하는 발리 클룩 패스도 인기가 많다.

홈페이지 www.klook.com

클룩 앱

발리 관련 상품 보기

GET READY ④

발리 비자와 전자 세관 신고 `D-15~2`

발리는 도착 비자를 시행한다. 관광 목적으로 발리를 방문하는 경우 체류 기간은 30일까지 가능하며 입국 전 온라인을 통한 전자 도착 비자eVOA를 신청해서 발급받거나 발리 응우라라이 국제공항에 도착한 후 도착 비자VOA(Visa On Arrival)를 받는다. 전자 세관 신고는 출발 2일 전부터 온라인으로 신청 가능하다.

● 관광 목적이면 30일 VOA

대한민국 국민은 관광 목적으로 발리를 방문할 경우 도착 비자를 신청하면 30일까지 체류 가능하다. 단, 여권 잔여 유효기간이 6개월 이하이거나 여권이 훼손된 경우 입국이 거부될 수 있으니 항공권을 예약하기 전 여권 잔여 유효기간을 반드시 확인한다.

● VOA 발급받는 방법

❶ 발리 응우라라이 국제공항에 도착해서 VOA 발급받기

공항에 도착해서 직접 VOA를 신청해 발급받을 수 있다. 현장에서 신청하면 바로 발급해준다. 항공편과 공항 내 혼잡도에 따라 소요 시간이 달라질 수 있지만 보통 1시간 내에 발급받을 수 있다. 응우라라이 국제공항에 도착 후 비자 창구(visa on arrival)에서 비자 신청서를 작성해 제출하면 된다. 비용은 현금 또는 신용카드로 결제한다. 현금은 루피아, 달러, 엔화, 유로, 한화 등으로 가능하며, 카드 결제 시 1.95% 수수료가 붙는다.
발급처 응우라라이 국제공항 입국장 **비용** 50만 루피아
준비물 여권, 현금 또는 신용카드(트래블월렛, 트래블로그 가능), 비자 신청서

❷ 직접 온라인으로 eVOA 신청하기

공식 홈페이지에서 관광 목적의 방문 비자(B211A) 신청이 가능하다. 신청 진행은 영어로 해야 하지만 방법은 간편하다. 생년월일, 국적 등을 입력하고 유효기간이 6개월 이상 남아 있는 여권, 4×6 사이즈 여권용 사진 파일을 첨부하면 된다. 마지막으로 eVOA 수수료를 결제하면 신청이 완료된다. 결제와 동시에 비자가 발급되며 신청 시 입력한 본인 이메일 또는 다운로드로 eVOA 파일을 받는다. 스마트폰에 eVOA 파일을 저장해 두고 발리 공항에서 입국 심사 시 제시한다. eVOA 신청 시 반드시 영문 이름의 철자, 성과 이름의 띄어쓰기를 여권과 동일하게 기입해야 한다.
발급처 molina.imigrasi.go.id **비용** 51만 9500만 루피아(카드 결제 수수료 포함)
준비물 여권(유효 기간 6개월 이상) 파일, 여권용 사진 파일, 해외 결제 가능한 신용카드

● 전자 세관 신고 ECD

비자 신청
바로가기

전자 세관 신고
바로가기

발리는 전자 비자와 함께 전자 세관 신고를 시행한다. 출국 2일 전부터 온라인으로 신청하면 되는데 한국어로 번역되어 있어 어렵지 않다. 발급 받은 QR코드를 캡처해두고 입국 세관 신고 시 제시 후 스캔하면 된다.
홈페이지 ecd.beacukai.go.id

 **GET READY ❺**

환전하기 D-10

발리에서 사용할 루피아 환전은 국내에서 미화(US$)로 1차 환전 후 발리에 도착해 루피아(Rp)로 2차 환전한다. 발리에서는 대체로 현금을 많이 사용하므로 필요한 만큼 환전한다. 경비가 부족할 경우를 대비해 현지에서 사용 가능한 신용카드나 국제 현금 카드(트래블월렛, 트래블로그 등)를 준비해 간다.

STEP 01

우리나라에서 미화로 환전하기

우리나라에서 인도네시아 루피아로 직접 환전이 안 되기 때문에 일단 한화를 미화로 환전하고 현지에 도착해 루피 아로 재환전한다. 미화는 훼손되지 않은 깨끗한 100달러 짜리 지폐로 준비한다. 50달러, 10달러 등 소액권은 현 지에서 환율이 낮다. 주 거래 은행, 은행 앱 등을 이용해 환전을 신청한 후 출국 전에 해당 은행에서 수령하거나 당일 공항 내 환전소에서 바로 수령할 수도 있다.

STEP 02

발리 도착 후 미화를 루피아로 재환전하기

발리에 도착했다면 미화를 인도네시아 루피아로 환전해야 한다. 응우라라이 국제공항 내 환전소나 거리에 있 는 공식 또는 사설 환전소를 이용한다. 그날그날 환율 차이가 있지만 그리 큰 편은 아니며, 환전 시 여권과 머 무는 숙소명이 필요하다.

● 발리 현지 환전, 여기서 하자

❶ 응우라라이 국제공항
응우라라이 국제공항에는 은행이 모여 있다. 시내 환전소보다 환율이 조금 낮 지만 가장 편리하고 안전하게 환전할 수 있는 곳이다. 환전소가 적은 지역으 로 이동하는 경우라면 공항 내 은행에서 필요한 경비를 환전하는 것이 좋다.

❷ 공식 환전소
은행 다음으로 신뢰할 수 있는 환전소다. 공식 환전소는 로고가 있고 경비원이 상주한다. 환전 시 여권과 머 무는 숙소명을 알려줘야 한다. 미화를 루피아로 환전해주며 영수증도 발행한다.

❸ 숙소 및 사설 환전소
머무는 숙소나 숙소 주변의 사설 환전소를 이용할 수도 있는데 환율이 낮다. 사설 환전소의 경우 여행자들이 많이 다니는 대로변이나 쇼핑몰, 슈퍼마켓 등 CCTV가 설치된 곳을 추천한다. 후미진 골목 안에 있는 환전소 는 되도록 피하자.

❹ 비치워크 쇼핑센터

비치워크 쇼핑센터 지하 1층에 환전이 가능한 은행이 있다. 환율도 괜찮고 믿을 만하다. 비치워크 쇼핑센터에서 쇼핑하기 전에 이용하면 편하다.

TIP

현지 환전 시 주의 사항

- 환전소는 경비원이 있는 공식 환전소를 이용하는 게 안전하다. 환율이 높게 적용되는 작은 사설 환전소일수록 바꿔치기, 밑장 빼기 같은 환전 사기가 많이 발생한다.
- 루피아 화폐는 단위가 크고 비슷한 색깔이 많아 처음 환전할 때 헷갈리기 쉽다. 직접 계산해보고, 환전한 루피아는 받은 자리에서 다시 세어보고 금액을 확인하도록 한다.
- 미화는 100달러짜리로 준비한다. 현지에서는 소액권일수록 환율을 낮게 적용하는 편이다. 훼손되거나 오염된 화폐는 환전해주지 않는 곳도 많으니 신권으로 준비한다.

● 현지에서 경비가 부족하다면?

❶ 신용카드

발리는 쇼핑몰, 호텔, 규모가 있는 레스토랑 등에서 신용카드를 사용할 수 있다. 다만 작은 상점이나 식당 등에서는 신용카드를 받지 않거나 3~5%의 카드 수수료가 붙는 경우가 많다. 발리 여행에서는 대부분 현금을 사용하지만 금액이 클 때나 호텔 디포짓(보증금)을 결제하는 경우 등에는 신용카드를 사용하는 것이 좋다.

❷ ATM

트래블월렛과 트래블로그처럼 해외에서 사용이 가능한 외화 충전식 국제 현금 카드를 준비해 가면 발리 내 ATM에서 루피아를 인출할 수 있다. 특히 발리는 연식이 오래된 ATM이 많고 카드 복제, 먹통(돈과 카드가 나오지 않음) 관련 사기 등 사건이 끊이질 않으니 주의가 필요하다. 대로변의 ATM보다는 공항이나 쇼핑몰, 호텔 내 ATM을 이용하는 것이 안전하다.

💡 미화로 바꾸는 과정 없이 앱을 통해 쉽게 인도네시아 루피아로 충전해서 발리 현지에서 바로 출금할 수 있는 트래블월렛Travel Wallet과 트래블로그Travel Log 체크카드 등을 사용할 수 있다. 원하는 액수만큼 루피아를 입력하면 원화에 당일 환율이 적용되어 루피아화가 인출된다. 충전식으로 입금한 후 발리 현지의 제휴 은행에서 바로 인출할 수 있다. 다만 발리에서 ATM을 이용할 때는 대로변의 ATM보다는 공항이나 쇼핑몰, 호텔 내부에 있는 ATM을 이용한다. 제휴 은행 ATM 이용 시 수수료가 무료이며, 그랩·고젝 앱과 연동 가능해 이용 시 편리하다.

트래블월렛	트래블로그	신한은행 SOL트래블 체크
홈페이지 www.travel-wallet.com	홈페이지 www.hanacard.co.kr	홈페이지 www.shinhancard.com
제휴 은행 BNI, BCA, Bank Mandiri 등	제휴 은행 BNI, CIMB	제휴 은행 Bank Mandiri

GET READY ❻

데이터 선택하기 [D-5]

발리에서는 유심 또는 이심을 이용해 무선 인터넷을 사용할 수 있다. 현지에서 유심 카드를 구입하거나 한국에서 미리 호환되는 유심 또는 이심을 구입할 수도 있다. 두 방법 모두 장단점이 있으니 여행 일정과 인원, 한국의 로밍 서비스 등에 따라 나에게 맞는 것을 선택한다.

	유심 USIM	이심 ESIM
데이터	18~200GB	1GB~무제한
가격	30일 1만 5000원~	30일 3만 원~
수령	자택, 한국 공항, 발리 공항에서 직접 수령	온라인으로 다운로드
장점	• 온라인으로 사전 구매하면 저렴하게 구매할 수 있다. • 현지에서도 쉽게 구입할 수 있다. • 현지 번호가 있는 유심 선택이 가능하다. • 기간, 데이터 등 상품 종류가 다양하다.	• 별도의 장착이 필요 없다. • QR코드 스캔으로 간편하게 사용 가능하다. • 로밍이 가능해서 한국에서 오는 전화, 문자를 받을 수 있다.
단점	• 유심카드를 수동으로 교체해야 해서 불편하다. • 유심카드 분실 또는 도난 가능성이 있다. • 한국에서 오는 전화, 문자는 받기 어렵다.	• 일부 지역에서 지원되지 않는 경우가 많다. • 사용할 수 있는 스마트폰 기종이 제한적이다. • 유심에 비해 요금이 비싼 편이다. • 기간, 데이터 등 상품 종류가 제한적이다.

▶ TIP ◀
심 카드 이용 시 주의 사항

발리에서는 해양 레포츠를 즐기는 경우가 많아 분실 위험이 많은 포켓 와이파이보다는 유심이나 이심을 많이 이용한다. 심 카드 이용 시 주의 사항을 살펴보자.

• 유심을 끼운 후 그 자리에서 인터넷이 잘되는 지 확인한다. 그래야 불량 제품인 경우 바로 교체할 수 있다. 특히 그랩, 왓츠앱은 전화번호 인증이 필요하므로 앱 인증과 실행까지 바로 마치는 것이 좋다.

• 심 카드를 국내에서 온라인으로 사전 구매하는 경우 그랩 앱은 한국에서 미리 설치하는 편이 수월하다.
• 발리 현지에서 심 카드를 구입, 교체할 때는 기존에 사용하던 심 카드를 분실하지 않도록 잘 챙겨둔다.

GET READY ❼

GET READY

발리 여행에서 유용한 앱과 사용법 D-3

여행지에서 길을 찾는 데 도움이 되는 구글 맵, 공유 차량 호출 앱인 그랩·고젝, 각종 액티비티 예약 플랫폼 클룩 앱까지 발리 여행에 도움이 되는 필수 앱을 살펴보고 간단히 사용법도 알아보자.

그랩 Grab

발리 여행의 필수 앱으로 언제 어디서든 차량을 호출할 수 있다. 목적지까지 금액을 미리 알 수 있어 바가지요금 걱정도 없다. 운전기사의 차량과 이동 경로, 후기까지 확인할 수 있다. 한국에서 미리 신용카드를 등록하면 더욱 편리하게 사용할 수 있다.

고젝 Gojek

발리 여행의 필수 앱으로 그랩과 동일한 서비스를 제공한다. 앱 다운로드, 화면, 결제 방식, 서비스 등 모든 것이 그랩과 동일하다. 다만 같은 지역이나 목적지라 해도 요금이 다르므로 비교해보고 이용하는 것이 좋다. 결제는 신용카드와 현금 모두 가능하다.

구글 맵 Google Maps

발리 현지의 상세한 지도를 제공한다. 목적지까지의 거리, 이동 시간 등을 안내해주며 관광 명소, 레스토랑, 숍, 숙소 등 주요 스폿의 운영 시간, 전화번호, 메뉴, 요금 등도 확인 가능하다. 발리의 경우 왓츠앱 전용 번호도 표시된다. 예약 서비스를 제공하기도 한다.

왓츠앱 WhatsApp

호텔, 레스토랑, 카페, 스파 등 예약이 필요한 모든 업소와 연계되는 메신저 앱이다. 앱을 통해 메뉴를 살펴볼 수 있으며 원하는 시간에 예약할 수도 있고 채팅, 통화도 가능하다.

파파고 Papago

네이버에서 개발한 번역 애플리케이션으로 인도네시아어도 지원한다. 한국어로 내용을 입력하면 현지어로 바로 번역되어 편리하다. 음성으로도 가능하고 메뉴판 같은 이미지 번역도 가능하다.

클룩 Klook

여행 플랫폼으로 발리에서 다양한 서비스를 제공한다. 렌터카, 공항 픽업, 심 카드, 각종 액티비티 투어까지 앱으로 예약과 결제가 가능해 발리 여행 시 반드시 필요한 앱으로 통한다.

발리에서 그랩 부르는 법

① 앱 스토어나 구글 플레이에서 'Grab'을 검색해 앱을 다운받은 후 구글 계정, 페이스북 계정, 휴대폰 번호를 등록하고 회원 가입을 한다.

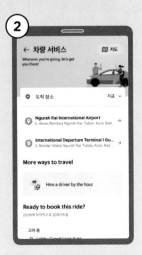

② 목적지의 위치 또는 주소를 설정하고 출발지(현재 위치)를 정확히 입력한다. 출발지는 GPS 기능으로 자동으로 잡히기도 한다.

③ 요금은 그랩 차종에 따라 조금씩 다르다. 원하는 차량을 선택하는데 보통 그랩카를 많이 이용한다. 적용 가능한 할인 쿠폰이 있다면 사용한다.

④ 픽업 장소에서 가까운 곳에 있는 그랩 차량이 자동 배정된다. 발리 시내의 경우 대기하고 있는 차량이 많아 비교적 빠르게 배정된다.

⑤ 차량이 배정되면 차량 위치와 소요 시간이 표시된다. 차종, 차량 번호, 운전기사 얼굴 등이 안내되니 확인 후 탑승하면 된다.

⑥ 결제 방법은 미리 등록해둔 신용카드로 자동 결제되게 하거나 현금으로 지불한다. 신용카드로 결제하는 경우 한국에서 미리 등록해두면 편리하다.

GET READY

❶ 그랩바이크 GrabBike
승용차가 아닌 오토바이로 가장 저렴한 이동 수단이다. 그랩 로고가 박힌 티셔츠를 입은 오토바이 운전기사가 요청한 위치로 오면 그 뒤에 타고 이동한다. 헬멧을 제공하며 1인 탑승이 원칙이다.

❷ 그랩카 GrabCar
그랩 차종 중 가장 많이 이용하는 차량으로 1~4인승 일반 승용차다.

❸ 그랩카 XL GrabCar XL
인원이 많을 때나 짐이 많을 때 이용하면 편리하다. 1~6인승 차량으로 운행한다.

TIP

발리 그랩의 특징

• 교통 체증이 심한 발리는 그랩 호출 시 보통 10분 이상 소요된다. 지역에 따라 기본요금이 다르기도 하고 이용 자체를 못 하는 경우도 있다.
• 노 쇼no show, 지연 등의 경우나 요금이 부당하다고 생각할 때 지원 센터에 컴플레인할 수 있다.

놓치지 마세요!

그랩 할인 쿠폰 활용하기

발리 여행 중 자주 사용하는 그랩 앱은 수시로 할인 프로모션과 쿠폰을 제공한다. 그랩 요청 시 'Offer(제안)'를 누르면 즉시 사용할 수 있는 쿠폰이 제공되고 'Use Now(지금 사용)'를 누르면 할인 적용된 최종 요금이 제시된다. 10~20% 할인 쿠폰이 많으니 단거리보다는 지역 간 이동이나 관광지 등 장거리 이동 시 이용하면 비용을 절약할 수 있다.

그랩푸드로 배달 음식 주문하기

그랩 접속 후 'Food'를 누르면 배달 업소들이 표시된다. 원하는 메뉴를 주문하고 배달을 요청하면 그랩 오토바이 기사가 배정되어 픽업 장소로 음식을 배달해준다. 숙소 밖으로 나가기 힘들거나 주변에 식당이 없는 경우 유용하게 이용할 수 있다. 결제는 사전에 등록한 신용카드로 자동 결제하거나 현금으로 지불할 수 있다. 숙소마다 배달 음식 반입 규정이 다르니 사전에 확인할 것!

그랩 접속 ▶ 메인 화면에서 'Food' 클릭 ▶ 메뉴 선택 ▶ 결제(현금은 오토바이 기사에게 직접 지불) ▶ 주문한 음식 수령

그랩과 비슷한 플랫폼, 고젝

고젝은 그랩과 동일한 서비스를 제공하는 플랫폼으로 이용 방법은 물론 로고와 색상까지 비슷하다. 앱 화면과 인터페이스가 동일하며 차량과 오토바이를 호출할 수 있고 음식 배달도 가능하다. 동일한 지역, 동일한 거리라 해도 두 회사 간에 요금 차이가 있으니 비교해보고 저렴한 곳을 이용한다.

✅ 동일한 서비스, 그러나 다른 용어

업체명	그랩 Grab	고젝 Gojek
차량 서비스	그랩카 GrabCar	고카 Gocar
오토바이 이동 서비스	그랩바이크 GrabBike	고바이크 GoBike
음식 배달 서비스	그랩푸드 GrabFood	고푸드 GoFood

알아두면 쓸모 있는
발리 여행 팁

발리 여행의 하루 예산은
얼마를 잡는 게 적당할까요?

➡ 평균 약 21만 7500원

발리는 한국보다 물가가 싸지만 항공권은 다른 동남아시아 국가보다 무척 비싸다. 개별적인 액티비티나 투어 등의 비용을 제외하면 입장료를 받는 곳도 적은 편이라 예산에 대한 부담이 크지 않다. 로컬 식당을 이용하면 한국의 3분의 1 가격에 식사할 수 있고 중저가 숙소도 다양해 숙박 요금도 많이 들지 않는다. 하지만 럭셔리한 리조트나 비치 클럽, 레스토랑, 스파 등 호화로운 여행을 즐긴다면 예산이 만만치 않다. 다음 예시(항공권과 쇼핑 비용 제외)를 통해 대략적인 경비를 알아보자.

여행 스타일에 따른 하루 예산(1인, 꾸따 & 스미냑 기준)

분류	기본형		요금	알뜰형		요금
	내용		요금	내용		요금
숙박료	4성급 리조트		10만 원	2~3성급 리조트		5만 원
식사비	아침	리조트 조식	0원	아침	리조트 조식	0원
	점심	대표 맛집	1만 원	점심	로컬 식당	5000원
	간식	인기 카페	1만 원	간식	로컬 카페	5000원
	저녁	대표 맛집	1만 5000원	저녁	로컬 식당	1만 원
액티비티	서핑 강습(정식 서핑 스쿨)		6만 원	서핑 강습(비치 서핑 스쿨)		2만 원
비치 클럽	입장료+식음료		5만 원	입장료+식음료		2만 원
교통비	그랩, 택시		2만 원	도보, 그랩		1만 원
스파	중급 스파		3만 원	저가		2만 원
하루 예산	29만 5000원			14만 원		

FAQ ❷

루피아 환전,
한국에서 가능한가요?

➡ 미국 달러 환전 후 현지에서 루피아로 재환전

한국에서 인도네시아 루피아로 환전하기는 어렵다. 미국 달러로 환전한 뒤 발리 현지에서 다시 루피아로 환전하는 것이 일반적이다. 발리 응우라라이 국제공항 내 은행 또는 시내 공식 환전소에서 환전할 수 있다. 현지에서 트레블월렛이나 트래블로그 같은 카드로 은행 ATM을 이용해 루피아를 인출하는 방법도 있다.
➡ 현지 환전소 정보 P.158

인도네시아 루피아 화폐 한눈에 파악하기

인도네시아의 화폐 단위는 루피아(rupiah, 기호 Rp)다. 인도네시아 지폐의 종류는 총 7종류이며 동전은 거의 사용하지 않는다. 2017년에 발행한 신권과 그 이전의 구권이 함께 통용되고 있어 지폐 사용 시 헷갈리지 않도록 잘 구분해야 한다. 원화와 비교하면 화폐 단위가 커서 초보 여행자는 혼란스러울 수 있다. 지불하기 전에 꼼꼼히 확인하고 '0'이 몇 개인지 잘 세어본다.
돈 계산을 할 때 가장 빠르게 이해하는 방법은 루피아 화폐 숫자에서 0을 하나 빼는 것이다. 그러면 정확한 환율로 계산한 것과 차이가 나긴 하지만 대략 비슷하게 환산된다.

인도네시아 화폐 종류(신권 기준)

1000루피아

2000루피아

5000루피아

1만 루피아

2만 루피아

5만 루피아

10만 루피아

FAQ 3

발리 입국 시 관광세 (관광 기여금)를 내야 하나요?

➡ **출국 전 온라인 사전 납부를 권장하지만 필수는 아니다**

2024년 2월 14일부터 발리에 입국하는 모든 외국인 관광객은 관광세(1인 15만 루피아)를 납부하도록 권장하고 있으나 현재 의무 사항은 아니다. 사전 납부하지 않아도 입국하는 데 문제 없으며, 응우라라이 국제공항에서 직원이 요청하는 경우 납부하면 된다.

FAQ 4

해외여행자 보험은 들어두는 게 좋을까요?

➡ **해외여행자 보험은 필수**

만약의 사고나 도난 등에 대비해 해외여행자 보험을 들어두는 것이 안전하다. 대부분의 보험 회사에 해외여행자 보험 상품이 있으며 여행 지역과 기간, 보상 금액을 선택할 수 있다. 해외여행자 보험에 가입하면 여행 중 병원에 가거나 상해를 입었을 경우, 도난 및 물품 파손 등 사고가 발생한 경우 보상받을 수 있다. 사고가 났을 때 현지 경찰서나 병원에서 사고를 증빙하는 서류나 진료 확인증, 영수증을 받아두어야 한다.

FAQ 5

발리의 치안은 어떤가요?

➡ **안전한 편**

발리의 치안은 주변 국가에 비해 안전한 편이며 휴양지답게 여행자를 상대로 한 강력 범죄는 잘 일어나지 않는다. 그러나 다양한 해양 스포츠를 즐기고 오토바이까지 빌려 여행하는 사람이 많아 교통사고 등 예기치 않은 돌발 사고가 일어나기도 한다. 여행자는 사전에 안전 대책을 숙지하고, 발리의 전통과 관습, 문화를 이해하며 현지 상황을 고려한다.

FAQ 6

발리에서 직접 운전할 수 있나요?

➡ **운전은 불법**

발리는 국제운전면허증이 인정되지 않아 직접 차량이나 오토바이를 렌트해 운전할 수 없다. 차량이 필요할 때는 면허증을 소지한 현지 가이드가 딸린 차량을 대절해야 한다. 다만 현실적으로 전기 오토바이나 일반 오토바이는 면허증 없이 대여하는 것을 눈감아주는 상황이다.

FAQ 7

발리를 대중교통으로 여행할 수 있나요?

➡ **대중교통 시설 No**

최근 노선버스가 시범 운행을 시작했지만 어디까지나 현지인을 위한 교통수단으로 여행자가 이용하기에는 무리다. 가장 유용한 교통수단은 택시를 대신하는 그랩·고젝과 클룩 프라이빗 차량 서비스 등이다. 택시와 그랩·고젝은 필요할 때 앱을 통해 바로 이용할 수 있지만 클룩 프라이빗 차량 서비스 등은 사전 예약이 필요하다.

FAQ ⑧

**아이와 함께하기 좋은
곳은 어디일까요?**

▶ ### 워터봄 발리, 하드 록 호텔, 동물원 리조트

아이와 함께라면 독립적인 풀이 있는 풀 빌라나 키즈 풀, 워터
슬라이드 등 충분한 시설을 갖춘 하드 록 호텔과 각종 동물을
관람할 수 있는 동물원이 인기 있다. 꾸따 시내 중심가에 있는
워터파크인 워터봄 발리는 아이와 함께 신나는 하루를 보낼 수
있는 다채로운 어트랙션을 갖추고 있다.

FAQ ⑨

**아이와 여행 시
예방접종이
필요한가요?**

▶ ### 예방접종을 하고 가는 것이 안전

한국에서 장티푸스, 파상풍, 홍역, A형 간염 등 필요한 예방접
종을 마치고 가는 것이 좋다. 더운 나라라 음식과 관련해 탈이
날 수 있으니 지사제, 소화제와 감기약, 모기 퇴치제 등도 가져
가면 좋다. 현지에서 약을 사야 할 때는 가까운 약국이나 병원
을 이용한다.

FAQ ⑩

**발리의 우기에
서핑이나 물놀이가
가능할까요?**

▶ ### 동부 해안에서는 물놀이 가능

우기에는 비가 많이 내리는데 서부의 꾸따, 스미냑, 짱구 등 인
기 지역은 서핑이나 수영, 물놀이를 하기에 좋지 않다. 이때는
발리 동부 해안이 상대적으로 깨끗해서 여행자들이 주로 찾는
다. 하지만 파도가 크고 조류도 강해 가능하면 숙소 내 수영장
을 이용하는 것이 좋다. 리조트 중에는 온수풀을 제공하는 곳도
있다. 비 오는 날은 쇼핑센터를 가거나 스파나 마사지를 받는
것도 방법이다.

FAQ ⑪

**수영을 못해도 서핑을
배울 수 있나요?**

▶ ### 수영 실력 불필요

서핑 강습을 주로 하는 꾸따 비치나 레기안 비치는 경사가 완만
해서 땅에 두 다리가 닿는 깊이에서 강습이 이루어진다. 따라서
수영을 못해도 서핑을 배우는 데는 아무 문제 없다. 다만 물 공
포증이 있어 물 자체를 무서워한다면 추천하지 않는다.

FAQ ⑫

**발리에는 팁 문화가
있나요?**

▶ ### 만족스러운 서비스를 받았을 때 지불

발리는 보통 고급 레스토랑이나 스파, 호텔 등 모든 업소 요금
에 봉사료와 세금이 포함되어 있어 따로 팁을 주지 않아도 된
다. 하지만 꼭 팁을 주고 싶을 정도의 충분한 서비스를 받았다
면 2만~10만 루피아 정도 주는 게 적당하다.

FAQ ⓭

발리에서 스파를 받으려면 미리 예약해야 하나요?

➡ 가능하면 예약하는 것이 유리

길거리 마사지나 저가 스파는 예외지만 유명 스파나 원하는 트리트먼트, 테라피스트가 있다면 예약이 필요하다. 발리의 중급 이상 스파는 보통 예약제로 운영해 사전에 인원과 스파 종류, 시간 등을 정한다.

발리 스파 종류 알아두기

❶ **발리니스 마사지** 아로마 오일을 이용해 발과 등, 어깨 등 몸 전체를 부드럽게 지압해주는 것이 특징이다.
❷ **선번 & 쿨링 마사지** 자외선에 지친 몸을 식혀주는 마사지로 주로 알로에 젤을 이용한다.
❸ **룰루 마사지** 인도네시아 전통 아로마테라피로 쌀, 허브, 소금 등 천연 스크럽제를 이용한다.
❹ **핫 스톤 마사지** 50℃ 내외의 따뜻한 온도로 달궈진 돌을 이용해 마사지한다.
❺ **스크럽 마사지** 생강, 강황, 진흙, 소금 등의 스크럽제로 몸의 각질을 제거하고 수분과 영양을 보충해준다.
❻ **플라워 배스** 욕조에 꽃, 과일, 입욕제, 오일 등을 넣고 즐기는 반신욕. 보통 스파 후 플라워 배스로 마무리한다.
❼ **포핸즈 마사지** 2명의 테라피스트가 동시에 두 곳 이상의 부위를 지압, 롤링해준다.
❽ **자무 스파** 인도네시아 전통 약재에서 추출해 만든 아로마 오일 또는 스크럽을 많이 이용한다.

FAQ ⓮

발리에서는 영어가 잘 통하나요?

➡ 관광객이 이용하는 시설에서는 OK

발리는 전 세계 여행자들이 찾는 휴양지이고 가까운 호주 여행자가 많아 원어민 수준의 영어를 구사하는 사람이 많다. 여행자들이 찾는 리조트, 레스토랑, 카페, 상점 등 대부분의 시설에서 영어로 소통이 가능하다. 번역 앱을 이용하면 소통에 장애 없이 여행할 수 있다.

FAQ ⓯

비치 클럽 입장 시 보안 검사는 필수인가요?

➡ Yes

발리의 모든 비치 클럽은 보안 검사를 하고 이용자는 모두 검색대를 통과해야 한다. 안전상의 이유도 있지만 반입 금지 물품(외부 음식, 음료)을 사전에 차단하기 위한 목적도 있다. 스마트폰을 제외한 일체의 카메라, 셀카봉, 우산 역시 반입할 수 없다. 필요 시 보관함에 보관했다가 돌아갈 때 찾아간다.

FAQ ⓰

현지에서 비자를 연장할 수 있나요?

➡ 비자 연장 1회 가능

비자 유효기간이 끝나기 전에 1회 연장할 수 있다. 본인이 직접 이민국에 가서 신청할 수도 있고 대행사에 맡길 수도 있다. 직접 신청하는 경우는 여권과 귀국 항공권, 필요 서류를 준비해 인도네시아 이민국을 찾아가 신청한다. 비자 발급까지는 최소 5~7일 정도 걸리므로 비자 유효기간이 지나지 않도록 미리 신청해야 한다.

여행자가 주의할 사항이 있다면?

➡ 몇 가지 사례를 파악하고, 조심하고 또 조심하자

발리 여행이 처음인 초보 여행자일수록 크고 작은 위험에 노출될 가능성이 크다. 아무리 조심하고 주의해도 자신도 모르는 사이에 위험에 빠질 수 있다. 발리 법은 우리가 생각하는 것 이상으로 처벌 수위가 높다. 불법 행위가 될 만한 일은 처음부터 멀리해야 한다. 즐거운 여행을 한순간에 망칠 수도 있다는 점을 꼭 기억할 것. 몇 가지 사례를 정리했다.

❶ 소매치기, 오토바이 날치기

발리 여행에서 종종 발생하는 사건 유형으로 사람이 많이 몰리는 쇼핑몰, 시장 등에서 잘 일어난다. 날치기의 경우 오토바이를 타고 지나가면서 여행자의 소지품을 절도하는 행위로, 특히 꾸따 지역에서 야간에 종종 발생하니 가급적 야간에는 통행을 자제하고 소지품을 철저히 관리한다.

❷ 환전 사기 주의 사항

1만 루피아권과 10만 루피아권은 지폐 색상과 크기가 비슷해 혼동하기 쉬운데 발리 여행에서 환전 사기가 종종 일어난다. 또한 구권과 신권이 함께 통용되고 있어 1만 루피아를 받을 때 신권 5000루피아와 구권 5000루피아로 받을 수도 있다.

❸ 불법 마약 금지

발리는 마약에 대한 처벌이 강력하다. 단순히 마약 또는 불법 약품을 소지하고 있는 것만으로도 교도소에 가거나 엄청난 벌금을 물 수 있다. 마약범이 주로 늦은 밤에 여행자에게 접근하는 경우가 많으니 특별히 주의해야 한다. 만약 늦은 시간에 누군가 다가와 말을 건다면 약을 판매하는 사람일 확률이 높다. 때로는 낯선 사람이 다가와 술을 권하기도 하는데 술에 약을 타는 경우가 종종 있으니 여행자에게 술과 약은 언제나 경계해야 할 대상이다.

❹ 성매매 및 매춘

발리에서는 매춘 역시 중대한 처벌을 받는다. 버터플라이butterflies라 불리는 여성 매춘부들은 대부분 인도네시아 외 지역에서 온 사람들이다. 주로 레기안 지역의 밤거리나 나이트클럽, 바 등에 상주하며 매춘 행위를 한다. 이러한 여성을 상대로 성매매 등 불법 행위를 하면 법에 따라 처벌되며 처벌 수위가 높다는 점을 기억하자.

❺ 여성 여행자를 유혹하는 로맨스 사기

혼자인 여성 여행자에게 접근하는 현지 남성을 흔히 '지골로gigolo'라 부르는데 이들은 다양한 업종에서 활동한다. 처음에는 친절과 환대로 시작하고 나중에는 사랑하는 것으로 착각하게 만든다. 이들은 룸 보이, 비치 보이, 서핑 강사, 가이드 등 다양한 얼굴을 하고 사랑을 가장해 여성 여행자의 마음을 빼앗는다. 어느 정도 친밀한 관계가 형성되면 본색을 드러내는데 돈이나 결혼을 요구하기도 한다. 이렇게 발리에는 지골로와 관련된 로맨스 사기가 많이 발생한다는 점을 기억할 것.

❻ 타투는 신중하게

발리에는 타투 숍이 많고 가격도 우리나라에 비해 저렴해 타투를 많이 한다. 이런 분위기에 휩쓸려 타투를 하는 경우가 많은데 후미진 골목의 위생 수준이 떨어지는 저가 숍은 피한다.

여권을 분실했다면?

➡ 여권 재발급에 필요한 절차를 진행한다

❶ 관할지 경찰서 방문
여권을 분실했을 경우 관할 경찰서를 방문해 분실신고 후 분실신고 접수증Surat Tanda Penerimaan Laporan Kehilangan을 발급받는다.

❷ 주발리 분관 방문 - 여권 재발급 신청
준비 서류 여권 발급 신청서, 여권 분실신고서(분관 영사과 비치), 경찰서 발행 분실신고 접수증, 여권용 사진 1매(3.5cm×4.5cm, 흰색 배경), 신분증(구 여권 사본)
비용 차세대 전자 여권(10년) 및 긴급 여권 81만 6200루피아(현금 결제만 가능)

❸ 관광 등 단기 방문 목적으로 체류하는 경우 출국 절차
출국 시간 최소 5시간 전에 공항 출국 심사대를 찾아가 아래 서류를 제출한 뒤 체류 자격 및 입국 사실 등을 확인하고 출국한다.
준비 서류 출국 항공권 및 입국 보딩패스, 구 여권 사본, 경찰서에서 발행한 분실신고 접수증, 재외공관 협조 공문, 긴급 여권

주인도네시아 대한민국 대사관 발리 분관
주소 Jl. Prof. Moh. Yamin No.8, Sumerta Kelod, Kec. Denpasar
문의 대표 전화(평일, 주간) 0361 445 5037 / 당직 전화(긴급, 24시간) 0811 1966 8387

주인도네시아 대한민국 대사관
주소 Jalan Jenderal Gatot Subroto Kav. 57 Jakarta Selatan
문의 대표 전화(평일, 주간) 021 2967 2580 / 당직 전화(긴급, 24시간) 0811 852 446

⭐ 긴급 상황 발생 시 대처법

외교부의 지원이 필요하면 영사콜센터 이용
영사콜센터는 해외에서 사건·사고 또는 긴급한 상황에 처했을 때 도움을 받을 수 있는 상담 서비스로 연중무휴 24시간 운영한다. 단, 개인적인 용무를 위한 통화는 불가능하며, 사건·사고와 해외 위난 상황, 긴급 의료 상황 발생 시 초기 대응에 필요한 통역을 지원한다.
무료 전화 앱 와이파이 환경에서 별도의 음성 통화료 부가 없이 무료로 영사콜센터 상담 전화를 사용할 수 있다. '카카오톡 상담 연결하기'(카카오톡 채널에서 '영사콜센터' 검색)를 통해서도 가능하다.
휴대폰 유료 통화 +82-2-3210-0404로 전화 연결한다. 발리 입국과 동시에 자동으로 수신되는 영사콜센터 안내 문자에서 통화 버튼을 누르면 바로 연결된다.
무료 연결 0018-0182 또는 007-801-82-70 + 5를 눌러 전화 연결한다.

현금이나 가방을
도난당했다면?

**대한민국 외교부의
신속 해외 송금 지원 제도 활용**

발리에서 종종 오토바이 날치기, 소매치기, 도난 사건이 일어나기도 한다. 주로 인파가 몰리는 쇼핑몰, 시장, 비치 클럽 등에서 발생하니 소지품을 도난당하지 않도록 가방이나 지갑 등의 관리에 각별히 주의해야 한다. 특히 발리에서는 해변에서 시간을 보내는 경우가 많은데 이때 귀중품이나 많은 현금은 소지하지 않는 것이 좋다. 돈을 분실하거나 도난당해 당장 사용할 경비가 없을 때는 신속 해외 송금 지원 제도를 이용하는 것도 방법이다.

TIP

카드 분실 시

발리 여행 중 신용카드 또는 체크카드를 분실했다면 해당 신용카드사 앱을 통해 분실신고 후 카드 사용을 정지시킨다. 본인이 결제하지 않은 금액이 결제되었을 때는 카드사 고객센터로 문의한다. 여행 전 신용카드사의 신고센터 전화번호나 고객센터 번호를 메모해두면 편리하다.

신속 해외 송금 지원 제도란?

해외에서 일시적으로 궁핍한 상황에 처한 대한민국 국민에게 1회 최대 미화 3000달러까지 지원해주는 제도. 지원 기준은 해외여행 중 현금, 신용카드 등을 분실, 도난당했거나 교통사고나 갑작스러운 질병을 앓게 된 경우, 자연재해 등으로 긴급 상황이 발생한 경우 등이다. 송금이 필요한 여행자가 재외공관에 방문해 신청서를 작성하면, 국내 연고자가 외교부 계좌로 입금하고 이를 확인 후 재외공관을 통해 긴급 경비를 지원해준다.
문의 주발리 분관 영사과 +62 361 445 5037,
　　 영사콜센터 +82 2 3210 0404

몸이 아파서 병원에
가야 한다면?

여행 중 몸에 이상 징후가 생기거나 예상치 못한 사고 등으로 증상이 심각해지면 호텔이나 리조트 직원, 가이드 등 주변에 증상을 알리는 것이 중요하다. 대형 리조트나 호텔에서는 24시간 메디컬 센터를 운영하기도 한다. 필요한 경우 가까운 국제 병원으로 가는 것을 추천한다. 외국인이 자주 이용해 영어 소통이 원활하다.

발리의 주요 국제 병원

• **Siloam Bali(꾸따)**
주소 Jl. Sunset Road No.818 Kuta
문의 0361 779 900

• **BIMC(꾸따)**
주소 Jl. Bypass Ngurah Rai
No.100X Kuta
문의 0361 761 263

• **BIMC(누사두아)**
주소 Kawasan ITDC Blok D,
Benoa, Nusa Dua
문의 0361 3000 911

• **BIMC(우붓)**
주소 Jl. Raya Sanggingan No.21,
Kedewatan, Ubud
문의 0361 2091 030

❶ **약국** 현지인이 이용하는 약국으로 아포테크Apotek 또는 아포티크Apotik라는 이름을 흔히 볼 수 있다. 약사와 의사가 상주하며 현지에서 걸린 향토병의 경우 간단한 약 처방으로 치료가 가능하다. 진통제, 두통약, 피부 질환제, 설사약, 발리벨리 등 증상에 따라 약을 처방해준다.

❷ **닥터콜** 호텔이나 리조트 등 중급 이상 숙소에는 의사와 간호사가 상주하거나 투숙객에게 왕진 서비스를 제공한다. 주변에 클리닉이나 약국이 없을 경우 가까운 지역의 중급 호텔에 가서 의료 서비스를 받을 수 있다. 비용은 유료이며 증상이 심각한 경우 바로 병원으로 후송 조치해준다.

❸ **병원** 'RS(Ruma Sakit)'라고 표시된 종합병원은 현지인이 많이 거주하는 발리의 대표 지역인 덴파사르에 집중되어 있다. 여행자가 많은 꾸따, 우붓 인근에도 병원이 있다.

발리 여행 준비물 체크 리스트

● 현지에서 요긴하게 사용할 준비물

☑ **신나는 물놀이를 위한 비치용품**

발리는 인기 가족 휴양지로 바다와 리조트 수영장에서 물놀이를 즐기는 여행자가 많다. **물놀이용 장난감, 튜브, 구명조끼** 등은 리조트에서 자체적으로 준비해 따로 가져갈 필요가 없지만 공용 장비 사용이 꺼려진다면 개인 장비를 챙겨 가는 것도 좋다.

☐ **무더위를 식혀줄 쿨링 제품**

발리는 연중 온화한 기온으로 한국보다 날씨가 더운 편이다. 더위에 약하다면 더위를 막아줄 아이템을 챙겨 가는 것도 좋다. 강한 햇볕을 차단하는 **선글라스, 모자, 자외선 차단제**는 물론이고 **휴대용 선풍기**나 **쿨 스카프, 쿨 토시** 등을 준비해 가면 도움이 된다.

☐ **소음과 방역을 대비한 휴대용품**

발리는 심각하지는 않지만 소음이 좀 있다. 번화가나 대로변에 위치한 숙소의 경우 늦은 밤까지 음악 소리, 차량 소음이 발생하니 소음에 민감하다면 **귀마개**를 챙겨 간다. 오토바이 매연도 많은 편이라 **마스크**나 **휴대용 물티슈** 등 방역을 대비한 물품도 챙겨 간다.

☐ **외국 음식에 예민한 경우**

아이 또는 부모님과 함께 하는 가족여행이라면 **고추장, 컵라면, 즉석 밥, 김치, 김** 등을 챙겨 간다. **일회용 숟가락과 젓가락**도 필수. 현지에서도 한국 식품을 구할 수 있지만 외곽 지역에 숙소를 잡을 경우 구하기 어려울 수 있다.

☐ **열대 과일 마니아를 위한 생활용품**

발리에서는 맛있는 열대 과일을 먹을 일이 많다. 숙소 내 반입이 가능한 과일을 미리 살펴보고 필요한 경우 작은 **휴대용 과도**를 챙긴다. 다만 과도는 기내 휴대는 안 되니 위탁 수하물로 보내야 한다. 현지에서 구입해도 된다.

☐ **비치백, 쇼핑백 또는 보조 가방**

물놀이나 쇼핑을 즐기기 좋은 발리에서 언제든 사용할 수 있는 **보조 가방**이 있으면 편리하다. 비치용품을 담거나 쇼핑 물품을 보관하기 좋다. 특히 슈퍼마켓 등에서는 일회용 봉투를 제공하지 않으니 여러모로 유용하다.

발리 여행 시 옷차림은 어떻게 해야 할까?

발리는 한국보다 기후가 따뜻하지만 우붓 같은 지역은 아침저녁으로 한국의 봄가을 날씨와 비슷한 경우도 많다. 또 비가 많이 내리는 날에는 쌀쌀하게 느껴질 수도 있다. 따라서 가볍고 시원한 여름옷을 챙겨야 하지만 얇은 점퍼나 긴소매 옷도 준비해 가는 것이 좋다.

● 꼭 챙겨야 하는 필수 준비물

항목	준비물	체크	항목	준비물	체크
필수품	여권	☑	의류 및 신발	잠옷	☐
	비자	☐		양말	☐
	전자 항공권(E-ticket)	☐		수영복	☐
	여행자 보험	☐		쿨 스카프, 쿨 토시	☐
	숙소 바우처	☐		모자	☐
	여권 사본(비상용)	☐		선글라스	☐
	여권용 사진 2매(비상용)	☐		실내용 슬리퍼	☐
	현금(미국 달러)	☐		신발(운동화, 샌들)	☐
	신용카드(해외 사용 가능)	☐	비상약	소화제	☐
	국제 학생증(26세 이하 학생)	☐		지사제	☐
전자 제품	휴대폰 충전기	☐		해열제	☐
	멀티 어댑터	☐		종합 감기약	☐
	멀티 플러그	☐		아쿠아 밴드	☐
	카메라	☐		연고류	☐
	카메라 충전기	☐		화상 크림	☐
	카메라 보조 메모리 카드	☐		모기 · 벌레 퇴치제	☐
	보조 배터리	☐	비상 식품	컵라면	☐
	휴대용 선풍기	☐		통조림류	☐
	이어폰	☐		김	☐
	손목시계	☐		즉석 밥	☐
	심 카드	☐		고추장	☐
	드라이기 또는 고데기	☐	기타	빨래집게, 접이식 옷걸이	☐
미용 용품	세면도구	☐		우산, 우비	☐
	화장품	☐		샤워기 필터	☐
	자외선 차단제	☐		자물쇠	☐
	여성용품	☐		물놀이용품	☐
	화장솜, 면봉, 머리끈	☐		지퍼백, 비닐봉지	☐
	손거울	☐		귀마개	☐
의류 및 신발	옷(상의, 하의)	☐		수면 안대	☐
	겉옷(얇은 긴소매 또는 점퍼)	☐		귀마개	☐
	속옷	☐		휴대용 물티슈	☐
				마스크	☐

2024–2025
NEW EDITION

팔로우 발리

팔로우 발리

1판 1쇄 인쇄   2024년 7월 11일
1판 1쇄 발행   2024년 7월 23일

지은이 | 김낙현
발행인 | 홍영태
발행처 | 트래블라이크
등 록 | 제2020-000176호(2020년 6월 24일)
주 소 | 03991 서울시 마포구 월드컵북로6길 3 이노베이스빌딩 7층
전 화 | (02)338-9449
팩 스 | (02)338-6543
대표메일 | bb@businessbooks.co.kr
홈페이지 | http://www.businessbooks.co.kr
블로그 | http://blog.naver.com/travelike1
ISBN   979-11-987272-3-7   14980
       979-11-982694-0-9   14980(세트)

비즈니스북스는 독자 여러분의 소중한 아이디어와 원고 투고를 기다리고 있습니다.
원고가 있으신 분은 ms3@businessbooks.co.kr로 간단한 개요와 취지, 연락처 등을 보내 주세요.

팔로우 발리

김낙현 지음

Travelike

《팔로우 발리》
지도 QR코드 활용법

QR코드를 스캔하세요.
구글맵 앱 '메뉴-저장됨-
지도'로 들어가면 언제든지
열어볼 수 있습니다.

스마트폰으로 오른쪽 상단의 QR코드를
스캔합니다. 연결된 페이지에서 원하는
지역을 선택합니다.

선택한 지역의 지도로 페이지가 이동됩
니다. 화면 우측 상단에 있는 아이콘
을 클릭합니다.

지도가 구글맵 앱으로 연동되고, 내 구
글 계정에 저장됩니다. 본문에 소개된
장소들의 위치를 확인할 수 있습니다.

《팔로우 발리》본문 보는 법

HOW TO FOLLOW BALI

발리의 핵심 여행지인 우붓, 스미냑 & 짱구, 꾸따 & 레기안, 울루와뚜 & 짐바란의 최신 정보를 중심으로 구성했습니다.

이 책에 실린 정보는 2024년 6월까지 수집한 자료를 바탕으로 하며 이후 변동될 가능성이 있습니다.

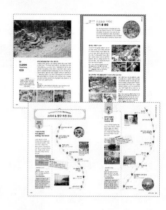

- **관광 명소의 효율적인 동선**
  핵심 관광 명소와 연계한 주변 명소를 여행자의 동선에 가까운 순서대로 안내했습니다. 핵심 볼거리는 '매력적인 테마 여행법'으로 세분화하고 풍부한 읽을 거리, 사진, 지도 등과 함께 소개해 알찬 여행이 가능하도록 했습니다.

- **일자별 · 테마별로 완벽한 추천 코스**
  추천 코스는 지역 특성에 맞게 일자별, 테마별로 다양하게 안내합니다. 평균 소요 시간은 물론, 아침부터 저녁까지의 동선과 추천 식당 및 카페, 예상 경비, 꼭 기억해야 할 여행 팁을 꼼꼼하게 기록했습니다. 어떻게 여행해야 할지 고민하는 초보 여행자를 위한 맞춤 일정으로 참고하기 좋으며 효율적인 여행이 가능하도록 도와줍니다.

- **실패 없는 현지 맛집 · 카페 정보**
  현지인의 단골 맛집부터 한국인의 입맛에 맞춘 대표 맛집, 인기 카페 정보와 이용법, 대표 메뉴, 장단점 등을 한눈에 알아보기 쉽게 정리했습니다. 발리의 식문화를 다채롭게 파악할 수 있는 특색 요리와 미식 정보도 실어 보는 재미가 있습니다.

  위치 해당 장소와 가까운 명소 또는 랜드마크
  유형 유명 맛집, 로컬 맛집, 신규 맛집 등으로 분류
  주메뉴 대표 메뉴나 인기 메뉴
  😊 😞 좋은 점과 아쉬운 점에 대한 견해

- **한눈에 파악하는 상세 지도**
  관광 명소와 맛집, 상점, 쇼핑 정보의 위치를 한눈에 파악할 수 있는 지역별 지도를 제공합니다. 작은 골목에 옹기종기 모여 있는 스폿까지도 놓치지 않도록 확대한 지도에 표기했습니다.
  지도 P.019는 해당 장소 확인이 가능한 지도 페이지입니다.

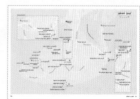

지도에 사용한 기호										
📍	Ⓑ	Ⓡ	Ⓒ	Ⓢ	Ⓝ	Ⓜ	Ⓨ	Ⓗ	✈	➕
관광 명소	비치 클럽	맛집	카페	쇼핑	나이트 라이프	마사지	요가	숙소	공항	병원

발리 입국하기

우리나라에서 출발한 비행기는 발리 응우라라이 국제공항에 도착한다. 응우라라이 국제공항은 투반
지역에 있으며, 꾸따·짐바란까지는 차로 약 15분, 스미냑·짱구까지는 30분, 우붓·울루와뚜까지는
1시간 거리다. 2020년에 현대적 시설로 새 단장해 다양한 국제선 노선을 운영하고 있다.

홈페이지 www.bali-airport.com

STEP ① 발리 도착 후 입국장으로 이동 →

비행기가 발리 응우라라이 국제공항에 도착하면 '국제선 도착International Arrivals' 표시를 따라 이민국Immigration 심사를 하는 입국장으로 이동한다.

STEP ② 도착 비자 발급 →

전자 도착 비자e-VOA를 미리 발급받았다면 입국 심사대로 이동하고, 도착 비자VOA를 발급받는 경우는 발급처에서 비자 비용을 현금 또는 신용 카드로 결제한다.

STEP ③ 입국 또는 자동 출입국 심사대 통과 →

전자 도착 비자가 있는 경우 입국 심사대를 통과하고, 현지에서 도착 비자를 발급 받은 경우에는 자동 입국 심사대를 통과한다.

STEP ④ 수하물 찾기 →

전광판에서 본인이 타고 온 항공편명이 표시된 수취대 번호 확인 후 '수하물 수취대Baggage Claim'로 이동한다. 자신의 수하물이 맞는지 잘 확인하고 찾아간다.

STEP ⑤ 세관 심사 통과 →

'세관Declaration' 심사대로 이동한 후 사전에 발급받은 전자 세관 신고서 QR코드를 세관원에게 제시한다. 랜덤으로 X-선 검사를 요구하는 경우도 있다.

STEP ⑥ 환전하기 →

세관 심사를 통과하고 '출구Exit'로 나오면 은행과 환전소가 보인다. 환율과 수수료를 비교해 필요한 만큼 환전하거나 ATM을 이용해 현지 화폐로 인출한다.

STEP ⑦ 심 카드 구입 →

은행을 지나면 심 카드 판매소가 나온다. 출국 전 미처 준비하지 못했다면 이곳에서 데이터, 기간, 요금 등을 비교해보고 심 카드를 구입한다.

STEP ⑧ 시내로 이동

픽업 서비스를 요청했다면 자신의 이름이 적힌 피켓을 들고 있는 직원을 찾는다. 그 외에는 그랩이나 고젝, 클룩 전세 차량, 공항 택시 등을 타고 이동한다.

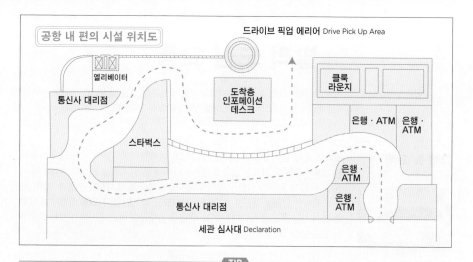

공항 내 편의 시설 위치도

드라이브 픽업 에리어 Drive Pick Up Area

엘리베이터

통신사 대리점

도착층 인포메이션 데스크

클룩 라운지

스타벅스

은행 · ATM   은행 · ATM

은행 · ATM

통신사 대리점

은행 · ATM

세관 심사대 Declaration

TIP

- 응우라라이 국제공항 내에서 운영하는 은행, 환전소, 심 카드, 차량 서비스 등의 이용 요금은 모두 비슷한 수준이며 온라인이나 공항 밖에서 이용하는 것보다는 비싼 편이다.
- 세관 심사대에서 짐 검사를 요구할 때는 직원의 지시에 따른다. 단, 1인당 담배, 술 등의 허용 범위를 넘었을 경우 세금이 부과될 수 있으니 주의한다.
- 공항 픽업 방법은 숙소 픽업, 그랩이나 고젝, 공항 택시, 클룩 전세 차량 서비스 등이 있는데 클룩 전세 차량이 가장 저렴해 이용률이 높다. 공항 내에 클룩 전용 라운지가 있어 찾기도 쉽다.

응우라라이 국제공항 내 주요 부대시설

은행 · ATM

세관 검사를 마치고 입국장 밖으로 나가는 길에 은행에서 운영하는 공식 환전소와 ATM이 있다. 늦은 밤이나 새벽이라도 비행기가 운행하는 시간에는 환전소를 운영해 안전한 환전과 현금 인출이 가능하다. 부스마다 환율은 거의 비슷하다. 미화는 US$100 이상 화폐로 환전할 때 더 유리한 환율이 적용된다.

통신사 대리점

환전소를 지나면 심 카드를 판매하는 통신사 대리점이 여러 곳 보인다. 심 카드 가격은 거의 비슷하다. 심 카드 구매 시 여권과 휴대폰을 제시하면 직원이 직접 심 카드를 교체해준다. 한국에서 사용하던 심 카드는 잃어버리지 않게 잘 보관해둔다.
운영 24시간 **요금** 20G/LTE 데이터 무제한 20만 루피아~

클룩 라운지

면세점과 스타벅스를 지나 입국장 밖으로 나오면 클룩 라운지가 보인다. 클룩을 통해 공항 픽업 서비스나 투어 등을 신청한 경우 담당 직원을 만나 이동하거나 각종 예약 관련 도움을 받을 수 있다.

그랩 · 고젝 라운지

그랩이나 고젝을 예약한 경우에는 드라이버 픽업 에리어Driver Pick Up Area를 지나 주차장 안쪽에 있는 전용 라운지를 찾아간다. 호출 확정 시 받은 예약 내역을 보여주면 라운지에서 배정된 차량과 드라이버를 만날 수 있다.

---≪ 🚗 ≫---

발리 도심 교통

발리의 주요 교통수단으로는 그랩 · 고젝, 클룩 공항 픽업 서비스, 숙소 픽업 & 드롭 서비스, 가이드 전세 차량 서비스 등이 있으니 예산과 여행 스타일에 맞춰 선택한다.

그랩 & 고젝

모바일 차량 공유 플랫폼 서비스인 그랩과 고젝은 여행자들이 가장 많이 이용하는 교통수단이다. 사용 방법과 요금은 비슷하며 둘 중 하나를 선택해 편리하게 이용할 수 있다. 내가 위치한 곳에서 목적지를 설정해 쉽게 차량을 부를 수 있고, 사전에 정확한 요금을 확인할 수 있어 바가지요금 걱정도 없다. 교통 상황이나 지역에 따라 요금에 조금 차이가 나기도 하니 두 플랫폼을 비교해 저렴한 것을 이용하는 것도 방법이다.

───── TIP ─────

울루와뚜와 짐바란에서는 그랩이나 고젝 이용이 불가능한 경우가 많다. 관광 명소로 이동하려고 할 때 호출해보고 안 되면 택시를 이용한다.

그랩 종류 파악하기

❶ 그랩바이크 GrabBike
승용차가 아닌 오토바이로 가장 저렴한 이동 수단이다. 그랩 로고가 박힌 티셔츠를 입은 오토바이 운전기사가 요청한 위치로 오면 그 뒤에 타고 이동한다. 헬멧을 제공하며 1인 탑승이 원칙이다.

❷ 그랩카 GrabCar
그랩 차종 중 가장 많이 이용하는 차량으로 1~4인승 일반 승용차다.

❸ 그랩카 XL GrabCar XL
인원이 많을 때 짐이 많을 때 이용하면 편리하다. 1~6인승 차량으로 운행한다.

그랩 & 고젝 예상 요금(루피아)

웅우라라이 국제공항 기준		꾸따 기준	
꾸따	15만~20만	레기안	3만~5만
레기안	20만~23만	스미냑	7만~10만
스미냑	25만~30만	짱구	13만~15만
짐바란	20만~25만	짐바란	10만~13만
우붓	45만~60만	우붓	25만~30만
우붓 기준		짐바란 기준	
우붓 시내	5만 5000~	짐바란 시내	3만~5만~
우붓 외곽	10만~	멜라스티 비치	8만~10만~
뜨갈랄랑	13만~15만	드림랜드 비치	10만~13만
알라스 하룸 발리 스윙	10만~13만	술루반 비치	10만~13만
꾸따	25만~30만	울루와뚜 사원	13만~15만

TRAVEL TALK

발리에서 차량 & 오토바이 운전은 불법

발리는 우리나라에서 발급한 국제운전면허증이 인정되지 않아 직접 차량이나 오토바이를 운전할 수 없어요. 면허증을 소지한 현지 기사를 대절해야 합니다. 다만 꾸따, 스미냑, 우붓 등 여행자들이 많이 찾는 지역에서는 국제운전면허증과 여권 확인 정도로 일반 오토바이를 대여해주기도 합니다. 불법임에도 눈감아주는 것이 현실이에요. 복잡하고 좁은 도로에서 오토바이는 늘 안전사고에 유의해야 합니다. 그랩과 고젝 등의 앱을 통해 기사가 딸린 오토바이를 이용할 수 있으니 법을 어기면서까지 직접 운전하지 않는 게 좋겠죠.

가이드 또는 클룩 전세 차량 서비스

발리의 경우 차량과 함께 가이드(드라이버)를 고용하는 것이 일반적이다. 보통 4~8시간 단위로 이용하며 가이드는 기본적으로 영어를 사용한다. 한국어가 가능한 경우도 있으며 사전 예약이 필수다. 대절한 시간만큼 원하는 곳을 자유롭게 오갈 수 있으며, 공항 픽업부터 시작해 관광지를 둘러본 후 체크인하는 숙소까지 드롭해주는 식으로 일정을 짤 수도 있다. 또한 마지막 날 숙소 체크아웃 후 반나절 혹은 데이 투어를 이용해 관광 명소와 식사, 쇼핑을 즐긴 후 스파까지 받고 편하게 공항으로 이동하기에도 유용하다. 예약은 온라인 여행 플랫폼 클룩이나 여행 관련 웹사이트를 통해 가능하며 차량 종류는 인원수에 따라 달라진다.

요금 4시간 US$20~25, 8시간 US$40~50

택시

발리에서 택시를 이용할 때는 신뢰도가 높은 블루버드를 이용하는 것이 좋다. 다만 블루버드와 색상, 로고까지 유사한 택시가 많으니 주의가 필요하다. 기본요금은 7000루피아에 미터 요금제를 사용하지만 상황에 따라 흥정하기도 한다. 꾸따와 레기안 지역은 일방통행로가 많기 때문에 가까운 거리라도 돌아가는 경우가 많다. 야간에는 할증 요금이 붙는다.

요금 응우라라이 국제공항 → 꾸따 시내 35만 루피아~

쁘라마

발리의 대표적 여행사로 발리 전역을 다니는 육상 · 해상 교통편을 연계한 투어 상품을 판매하며 공항 픽업 서비스를 제공한다. 꾸따와 우붓을 연결하는 셔틀버스도 1일 1~2회 운행한다. 이를 이용하려면 홈페이지에서 사전 예약해야 하며, 승하차는 정해진 사무실 앞 또는 정류장에서만 가능하다. 가격은 저렴한 편이지만 시간이 더 오래 걸리기 때문에 배낭여행자들이 주로 이용한다.

요금 꾸따 → 우붓 시내 편도 10만 루피아~

꾸라꾸라 버스
Kura-Kura Bus

꾸따와 사누르, 우붓을 오가는 셔틀버스로 1일 2회 운행한다. 전용 앱을 다운받으면 시간표와 정류장을 확인이 가능하다. 꾸따에서 우붓으로 가는 버스는 꾸따 비치워크 쇼핑센터에서 출발(08:00, 14:05)하며, 우붓에서 꾸따로 가는 버스는 뿌리 루키산 뮤지엄에서 출발(11:00, 17:00)한다. 예약은 홈페이지에서 가능하며 짐은 개당 2만 루피아로 1인 여행자들에게 유용하다.

트랜스 메트로 데타와
Trans Metro Detawa

인도네시아 정부에서 운영하는 공공 버스 서비스로 깔끔하고 쾌적하다. 저렴한 요금에 응우라라이 국제공항, 우붓, 사누르 등의 지역을 오갈 수 있지만, 여행자가 이용하기는 다소 번거롭다. 캐리어 등 대형 짐은 실을 수 없으며 요금은 전용 카드 또는 앱을 통한 결제만 가능하다.

요금 1인 4400루피아~

꾸라꾸라 버스

트랜스 메트로 데타와

우붓

UBUD

우붓

우붓은 인도네시아 전역에서 가장 독특한 분위기를 경험할 수 있는 여행지로 손꼽힌다. 발리의 예술적·문화적·종교적 중심지이자 스파·요가·명상 등 느림의 미학을 체험할 수 있는 슬로 시티로도 유명하다. 발리 중부 기아냐르 지방에 위치한 우붓은 오래전부터 울창한 정글과 계곡, 계단식 논이 많아 자연스레 오가닉 라이프가 발달했다. 천혜의 자연환경을 활용해 지은 열대 정글 속 리조트에서 자연의 아름다움을 느끼며 힐링하는 시간을 보내거나, 계단식 논길을 따라 트레킹하거나 정글 스윙을 체험하며 우붓의 잊지 못할 풍경 속으로 빠져보자.

정글 스윙

요가

예술

우붓 시장

우붓 왕궁

건강 요리

계단식 논

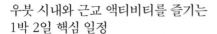

Ubud **Best Course**

우붓 추천 코스

우붓 시내와 근교 액티비티를 즐기는
1박 2일 핵심 일정

우붓은 시내 중심가에 도보로 둘러볼 만한 관광 명소와
지역을 대표하는 맛집, 카페, 상점, 미술관 등이 밀집되어
있어 시내를 먼저 둘러보고 시간 여유가 있다면 근교로
이동해 래프팅, 스윙, 일출 투어 등의 액티비티를 체험한다.

TRAVEL POINT

➥ **이런 사람 팔로우!**
- 우붓에서의 일정이 2박 이상이라면
- 우붓 여행이 처음이라면

➥ **여행 적정 일수** 최소 2일

➥ **여행 준비물과 팁** 가벼운 옷차림과 자외선 차단제,
래프팅이나 정글 스윙 참여 시 수영복과 신발

➥ **사전 예약 필수** 전세 차량, 래프팅, 일출 투어

우붓은 택시 이용이 불가하고 그랩이나
고젝, 전세 차량을 이용할 수 있어요.

	DAY 1	DAY 2
오전	**카페에서 커피 한잔** ☕ 밀크 & 마두 ▼ 도보 1분 **우붓 왕궁 관람** ▼ 도보 1분 **우붓 시장 쇼핑**	**카페에서 브런치** 🍴 피손 ▼ 차로 30분 **뜨갈랄랑 계단식 논 풍경 감상** ▼ 도보 3분 **알라스 하룸 발리에서 정글 스윙 체험**
오후	▼ 도보 4분 **우붓 명물 요리로 점심 식사** 🍴 와룽 바비 굴링 이부 오카 3 ▼ 도보 5분 **몽키 포레스트 거리 산책** ▼ 도보 3분 **우붓 시내 쇼핑** 🛍 코우 퀴진 ▼ 도보 20분 **몽키 포레스트 사원 관광**	▼ 차로 20분 **우붓 명물 요리로 점심 식사** 🍴 베벡 테피 사와 우붓 ▼ 차로 10분 **스파 & 마사지** 🛍 엔스 스파 센터 ▼ 차로 6분 **우붓 시내 쇼핑** 🛍 발리 티키 3
저녁	▼ 도보 3분 **우붓 인기 레스토랑에서 저녁 식사** 🍴 몽키 레전드 ▼ 차로 6분 **라이브 바에서 칵테일 한잔** 🍸 라핑 부다 바	▼ 도보 5분 **발리 와룽에서 저녁 식사** 🍴 선 선 와룽 ▼ 도보 8분 **우붓 왕궁에서 전통 공연 관람** ※매일 저녁 19:00
기억할 것!	우붓 모닝 마켓(05:00~08:00)은 이른 아침에만 운영한다.	근교를 둘러볼 때는 전세 차량을 원하는 시간만큼 대절하는 것이 편리하다.

특별한 하루 코스

1

전통문화와 예술 관람! 느긋하게 즐기는 우붓 아트 산책

우붓 지역은 발리에서도 전통문화와 예술을 가까이서 경험할 수 있는 곳이다. 시내 중심가에 있는 전통 시장과 뮤지엄, 갤러리 등을 둘러보고 저녁에는 왕궁과 사원에서 열리는 전통 춤 공연을 감상하며 하루를 마무리해보자.

FOLLOW

이런 사람 팔로우!
➡ 발리의 전통과 문화에 관심이 있다면
➡ 뮤지엄, 갤러리 관람을 좋아한다면
➡ 전통 시장 구경을 좋아한다면

➡ **소요 시간** 8시간

➡ **예상 경비**
뮤지엄 입장료 30만 루피아 +
교통비 10만 루피아 + 식비 30만
루피아 + 전통 공연 10만 루피아
= Total 80만 루피아~

기억할 것 우붓 모닝 마켓은 새벽 5시부터 열리며 뮤지엄 입장료에는 식사와 음료가 포함된 경우가 있다. 우붓 왕궁에서는 매일 저녁 공연이 열리며 현장에서 표를 구매할 수 있다.

우붓 모닝 마켓
P.052

도보 2분

카페에서 아침 식사
추천 바바 비스트로 우붓 P.045

우붓 모닝 마켓

도보 10분

뮤지엄 관람
추천 뿌리 루키산 뮤지엄 P.032

발리 회화 관람

도보 5분

우붓 왕궁과 타만 사라스와티 사원
P.020, 022

도보 20분

점심 식사
추천 메구나 레스토랑 P.039

도보 4분

몽키 포레스트 사원

몽키 포레스트 사원
P.021

도보 15분

아궁 라이 아트 뮤지엄 관람 또는 전통 공연 감상
P.033

저녁 식사
추천 시즈 이터리 P.035

도보 1분

우붓의 자연을 만끽할 수 있는 최고의 핫플

알라스 하룸 발리 Alas Harum Bali 추천

뜨갈랄랑의 계단식 논과 언덕, 자연환경을 그대로 살려 세상 어디에도 없는 천연 테마파크를 만들었다. 우붓에 스윙 붐을 일으킨 곳이자 규모도 풍경도 단연 압도적이다. 스윙 외에도 계단식 수영장, 댄싱 브리지, 대형 버드 네스트, 공중 자전거 등 즐길 거리가 넘쳐나고 곳곳에 레스토랑, 카페가 있어 먹고 마시며 즐길 수 있다. 크게 풀 사이드와 라이스필드 사이드로 나뉘는데 규모가 워낙 커서 제대로 즐기려면 최소 반나절은 잡아야 한다. 계단식 논 풍경과 곳곳에 포토존이 많아 굳이 정글 스윙을 타지 않더라도 논 풍경을 바라보며 산책하는 등 충분히 즐길 수 있다. 인피니티 풀에서 수영하려면 수영복을 준비해 가야 한다.

지도 P.018
가는 방법 우붓 왕궁에서 차량으로 약 25분
주소 Jl. Raya Tegallalang
문의 081 227 842 083
운영 07:00~19:00
요금 입장료 5만 루피아 ※유료 어트랙션 불포함, 야외 풀은 기본요금 있음
홈페이지 www.alasharum.com

TIP

• 이동은 개별적으로 해야 하며 외부 음식, 음료, 물 등은 반입 금지다.
• 입장료에는 기본 풀과 테마파크 내 기본 시설 이용료가 포함된다.
• 체험 액티비티 비용은 현장에서 결제한다.
• 입장료를 내면 손목에 입장권 팔찌를 채워준다.
• 풀장에서 시간을 보내는 것이 목적이라면 카바나 또는 가제보 자리를 잡는다.

POINT 01

알라스 하룸 발리 효율적으로 둘러보는 법

거대한 자연 테마파크 알라스 하룸 발리는 규모가 크고 가파른 언덕을 개발해 지어 효과적인 동선이 필요하다. 정상 부근에서 스윙을 즐기고 아래쪽 어트랙션으로 이동하는 것을 추천한다. 무료로 즐길 수 있는 공간과 유료 어트랙션이 있다. 더위가 강한 낮 시간에는 풀 사이드에서 수영을 즐기거나 냉방 시설을 갖춘 레스토랑이나 카페에서 시간을 보내는 것도 좋다. 온도가 조금 떨어지는 오전, 오후 시간에는 계단식 논길을 산책하거나 정글 스윙을 타며 특별한 경험을 해보자.

대표 어트랙션

● 포토 스폿 Photo Spot

입구 좌측으로 들어가면 커피 코너를 따라 아래로 내려갈 수 있는 코스가 나온다. 인기 액티비티인 스윙 외에도 계단식 논, 버드 네스트, 35m 댄싱 브리지 같은 포토 스폿을 즐길 수 있다. 사진을 찍거나 카페, 레스토랑 등에서 식사하며 여유를 누려본다.

● 정글 스윙 Jungle Swing

롱 드레스를 입고 즐기는 정글 스윙. 혼자 또는 둘이서 15m부터 28m까지 높낮이가 다른 다양한 스윙을 한자리에서 골라 탈 수 있다. 전문 사진작가가 상주해 퀄리티 좋은 사진과 영상을 촬영해준다. 스윙 요금과 드레스 대여비는 현장에서 따로 결제한다. 스윙은 17만 5000루피아부터, 드레스 대여는 1시간 기준 20만 루피아부터.

● 크레트야 우붓 Cretya Ubud

3개의 야외 풀이 우붓의 뜨갈랄랑 논처럼 계단식으로 이루어져 있다. 풀 사이드 주변에는 대여가 가능한 데이베드, 테라스 카바나 좌석이 마련되어 있으며, 맨 위쪽 풀에는 풀 바가 있다. 자리마다 기본요금이 정해져 있어 금액만큼 주문해야 한다. 기본요금은 2인 기준으로 해먹 200만 루피아, 테라스 카바나 250만 루피아 정도. 운영 시간은 오전 8시부터 저녁 9시까지.

정글 스윙업체 전격 비교

계단식 논을 감상하면서 식사나 커피를 즐기기 좋은 우붓 외곽 지역에 정글 스윙이 등장하면서 여행자는 물론 현지인에게도 큰 인기를 끌고 있다. 비슷비슷한 시설과 분위기의 스윙업체가 많으니 업체별 특징을 비교해보고 이용한다. 클룩 같은 여행 플랫폼을 통해 예약하면 훨씬 저렴하게 이용할 수 있다.

스윙업체 이용 전 체크 사항

☑ 전문 포토그래퍼 상주 및 촬영 가능 여부
☑ 드레스 종류와 대여 가능 여부(롱 드레스 종류와 컬러 등)
☑ 스윙 외에 포토 스폿과 교통편 제공 여부

스윙 체험 전 알아두면 좋은 팁

• 의학적 질환자(고혈압, 임산부, 간질, 고령자 등)는 스윙 체험 불가
• 동영상 라이브, 상업 촬영, 드론 촬영 금지
• 롱 드레스를 입은 경우 속바지 착용 필수
• 업체 직원이 본인 핸드폰을 대신 들고 열심히 사진을 찍어줄 경우 서비스 팁을 주는 것이 매너

❶ 피치븐 발리 스윙 Picheaven Bali Swing

울창한 정글과 하늘을 배경으로 멋진 인증샷을 찍을 수 있는 스윙업체로 비교적 사람이 적어 대기 시간이 짧은 편이다. 스윙 2개를 운영하며, 개별적으로 찾아가야 하지만 우붓 시내에서 그리 멀지 않다. 액티브 패키지는 입장료, 스윙 체험, 음료가 포함되며 사진 촬영까지 도와주어 편리하게 이용할 수 있다. 드레스 대여비(15만 루피아~)는 현장에서 결제한다.

가는 방법 우붓 왕궁에서 차량으로 약 30분
주소 Jl. Dewi Saraswati, Ubud
문의 081 1865 168
운영 08:00~18:00
요금 액티브 패키지 17만 5000루피아~
페이스북 @picheavenbali/photos

② 알로하 우붓 스윙 Aloha Ubud Swing

우붓 내 인기 스윙업체로 뜨갈랄랑 논 풍경를 바라보면 신나는 스윙을 즐길 수 있다. 패키지는 전문 사진가 촬영과 드레스 대여비를 제외한 모든 스윙 및 포토존 이용 요금이 포함되어 있다. 스윙 종류도 많고 래프팅 같은 액티비티 투어와 연계도 가능하다. 클룩 등 여행 플랫폼을 통해 패키지 형태로만 스윙 이용권을 판매하며 교통편이 포함된 패키지가 인기다.

가는 방법 우붓 왕궁에서 차량으로 약 20분
주소 Jl. Raya Tegallalang
문의 081 999 333 462
운영 08:00~17:00
요금 액티브 패키지 1인 40만 루피아~ **홈페이지** www.alohaubudswing.com

③ 리얼 발리 스윙 Real Bali Swing

사전 예약 없이 당일 방문도 가능하고 패키지 상품을 이용해 스윙을 즐길 수 있는 스윙업체. 스윙 5개와 다양한 포토 스폿이 마련되어 있으며 전문 사진작가 촬영(20만 루피아)과 드레스 대여(25만 루피아)도 가능하다. 정글을 감상하면서 혼자서도 즐겁게 스윙을 즐길 수 있다.

가는 방법 우붓 왕궁에서 차량으로 약 25분
주소 Jl. Dewi Saraswati, Ubud
문의 087 888 288 832
운영 08:00~17:00
요금 액티브 패키지 1인 30만 루피아~
홈페이지 www.realbaliswing.com

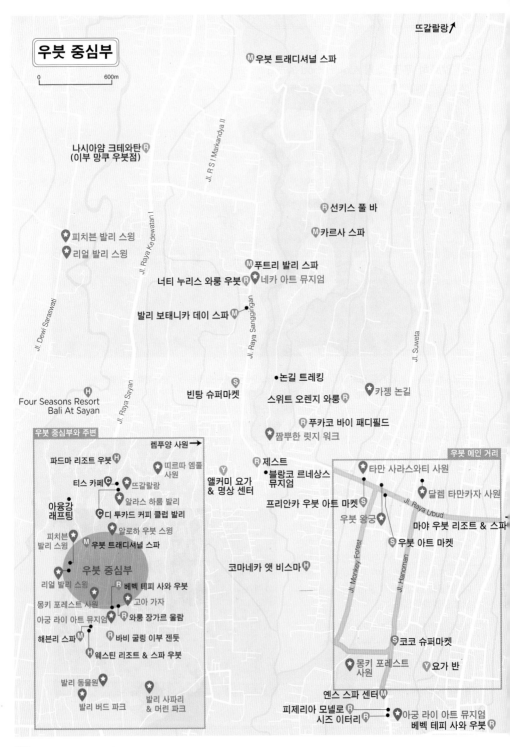

우붓 중심부

0 ─────── 600m

뜨갈랄랑 ↗

Ⓜ 우붓 트래디셔널 스파

나시아얌 크테와탄Ⓡ
(이부 망쿠 우붓점)

Jl. R S I Markandya II

Ⓡ 선키스 폴 바

Ⓜ 카르사 스파

🌟 피치븐 발리 스윙

🌟 리얼 발리 스윙

Jl. Raya Kedewatan I

Ⓜ 푸트리 발리 스파

너티 누리스 와룽 우붓 Ⓡ Ⓜ 네카 아트 뮤지엄

발리 보태니카 데이 스파 Ⓜ

Jl. Raya Sanggingan

Jl. Dewi Saraswati

● 논길 트레킹

🌟 카젱 논길

Ⓢ 빈탕 슈퍼마켓

스위트 오렌지 와룽 Ⓡ

Four Seasons Resort Ⓗ
Bali At Sayan

Jl. Raya Sayan

Ⓡ 푸카코 바이 패디필드

🌟 짬뿌한 릿지 워크

Jl. Suweta

우붓 중심부와 주변

렘푸양 사원 →

파드마 리조트 우붓 Ⓗ

🌟 띠르따 엠풀 사원

티스 카페 Ⓒ 🌟 뜨갈랄랑

아융강 🌟 알라스 하룸 발리
래프팅

Ⓒ 디 투카드 커피 클럽 발리

피치븐 🌟 알로하 우붓 스윙
발리 스윙

Ⓜ 우붓 트래디셔널 스파

우붓 중심부

🌟 리얼 발리 스윙

몽키 포레스트 사원 Ⓡ 베벡 테피 사와 우붓
🌟 고아 가자
아궁 라이 아트 뮤지엄 Ⓡ 와룽 장가르 울람

해브리 스파 Ⓜ Ⓡ 바비 굴링 이부 젠둣

Ⓗ 웨스틴 리조트 & 스파 우붓

🌟 발리 동물원

🌟 발리 버드 파크

🌟 발리 사파리 & 머린 파크

Ⓥ 앨커미 요가 & 명상 센터

Ⓡ 제스트

블랑코 르네상스 뮤지엄

프리안카 우붓 아트 마켓 Ⓢ

코마네카 앳 비스마 Ⓗ

피제리아 모넬로 Ⓡ
시즈 이터리 Ⓡ

● 아궁 라이 아트 뮤지엄
베벡 테피 사와 우붓

우붓 메인 거리

🌟 타만 사라스와티 사원

🌟 달렘 타만카자 사원

Jl. Raya Ubud

우붓 왕궁

마야 우붓 리조트 & 스파

Ⓢ 우붓 아트 마켓

Jl. Monkey Forest

Jl. Hanoman

Ⓢ 코코 슈퍼마켓

🌟 몽키 포레스트 사원

Ⓥ 요가 반

옌스 스파 센터 Ⓜ

018

와룽 마칸 부 루스 R

뿌리 루키산 뮤지엄

타만 사라스와티 사원

프리안카 우붓 아트 마켓 S

와룽 바비 굴링 이부 오카 3 R

티틱 테무 커피 C

밀크 & 마두 C

우붓 왕궁

달렘 타만카자 사원

세니만 커피 C

우붓 아트 마켓   우붓 모닝 마켓 S

우붓 골목 시장 S

센사티아 보태니컬 S

콩피튀르 드 발리 S

인 다 콤파운드 와룽 R

우타마 스파이스 S

코우 퀴진 S

발리 티키 3 S

바바 비스트로 우붓 C

공식 환전소

Delta Dewata Supermarket S

BRI 은행, ATM

발리 부다 우붓 S

선 선 와룽 R   래디언틀리 얼라이브 V   심카드 판매점

블루 스톤 보태니컬 S

숙스마 코피 우붓 C

차 차 숍

투키스 코코넛 숍   N CP 라운지

두니아 우부디 S

우붓 보디웍스 센터 M

우붓 커피 로스터리 C

상 스파 요가 센터 V

사투 망콕 R

엘오엘 바 &
레스토랑

요가 산티 S

카페 와얀
(쿠킹 클래스)   N 라핑 부다 바

N 포크 풀 & 가든스

아시타바 S

발리 요가 숍 R

우타마 스파이스 S

와룽 폰독 마두 R

몽키 레전드 R

메구나 레스토랑 R

심카드 판매점

코코 슈퍼마켓 C

피손 R

트로피컬 뷰 우붓

Alaya Resort Ubud R

Pura Dalem Agung
Padangtegal

몽키 포레스트 사원

발리 티키 1

요가 반 V

수카 에스프레소 C

소울 바이츠 C

아궁 라이 아트 뮤지엄 ↓

Peliatan Palace

0   200m

우붓 관광 명소

우붓 왕궁과 우붓 시장을 중심으로 형성된 시내 중심가에 관광 명소가 집중되어 있다. 특히 우붓은
뮤지엄과 갤러리, 카페가 많아 천천히 걷고 즐기는 여행이 가능하다. 우붓 외곽 지역에는 래프팅을
즐길 수 있는 아융강, 뜨갈랄랑 계단식 논, 스윙 등 액티비티를 체험할 수 있는 명소가 있다.

ⓞ¹ 우붓 왕궁
Ubud Palace

추천

우붓 왕궁에서 매일 저녁 열리는
전통 공연 티켓은 왕궁 입구와
거리 곳곳에서 판매한다. 다만,
왕궁 입구에서 판매하는 티켓을
구입하는 것을 추천한다. 공연
시작 20~30분 전에 도착하면
좋은 자리를 잡을 수 있다.

우붓의 랜드마크

공식 명칭은 '뿌리 사렌 아궁Puri Saren Agung'이다. 우붓의 랜드마크로
통하는 우붓 왕궁은 우붓의 마지막 왕인 수카와티Sukawati(1910-1978)가
살았던 곳이다. 왕궁이라고 하기에 규모는 작지만 발리의 전통 건축양
식이 잘 보존된 건축물로 가치가 높다. 우붓의 첫 번째 호텔로 이용하
기도 했으며 지역 모임 장소로도 사용했다. 우붓 왕궁을 관광객에게 무
료 개방하지만 왕의 후손들이 거주하는 일부 시설은 입장이 제한된다.
현재는 우붓의 문화예술을 위한 문화 공간 역할도 충실히 하고 있다.
과거 웅장했던 왕조 시대를 잠시나마 엿볼 수 있는 곳으로 매일 저녁
전통 춤 공연이 열리기도 한다.

◎
지도 P.018 **가는 방법** 우붓 아트 마켓 건너편, 도보 1분 **주소** Jl. Raya Ubud
No.8, Ubud **운영** 07:00~17:00 ※전통 공연 매일 19:30
요금 무료입장, 전통 공연 관람 10만 루피아

02

몽키 포레스트 사원
Sacred Monkey Forest Sanctuary

추천

원숭이는 야생동물로
행동을 예측하기가 어려워요.
장난기 많은 원숭이들이 있으니
선글라스, 카메라, 가방, 음료
등을 조심하고, 원숭이와
신체적 접촉이나 원숭이를
흥분시키는 장난이나
행동은 피하세요.

울창한 숲속의 원숭이 천국

파당테갈Padang Tegal 마을 중심부에 자리한 원숭이 보호구역으로 울
창한 숲과 다양한 식물로 둘러싸여 있다. '마카크 원숭이'라 불리는 발
리 긴꼬리 원숭이가 1260마리를 보호하고 있다. 원숭이들은 연령과 종
류에 따라 10개 그룹으로 나뉘며, 정해진 시간과 구역에 따라 각기 다
른 나이별(0~6살), 성별군의 원숭이들을 만나볼 수 있다. 숲 규모는
12만 5000m²에 이르며 개체 보호를 위해 지속적으로 노력하고 있다.
특히 사원 안에는 달렘 아궁 사원Pura Dalem Agung을 비롯해 북서쪽의
베지 사원Pura Beji, 프라자파티 사원Pura Prajapati 등 발리 사람들이 신
성하게 여기는 3개의 사원이 자리하고 있다. 단순한 관광지를 넘어 지
역사회에서 중요한 종교적 역할을 하는 신성한 공간이다.

♥
지도 P.018
가는 방법 우붓 코코 슈퍼마켓에서 도보 5분 **주소** Jl. Monkey Forest, Ubud
문의 0361 971 304 **운영** 09:00~18:00 ※매표소 17:00까지
요금 일반 8만(주말 10만) 루피아, 어린이 6만(주말 8만) 루피아
홈페이지 www.monkeyforestubud.com

⑬ 타만 사라스와티 사원
Pura Taman Saraswati

아담하지만 화려한 수상 정원

우붓 왕궁 인근의 수상 정원이 있는 사원으로 물을 상징하는 힌두신 사라스와티를 모신다. 연꽃이 피는 시기에는 매우 아름다운 풍경이 펼쳐져 '연꽃 사원'으로 불리기도 한다. 내부는 출입이 금지되어 있어 외관과 정원을 둘러보고 기념사진을 찍을 수 있는 정도다. 마주하고 있는 스타벅스나 로터스 카페Cafe Lotus에서 사원을 바라보며 차 한잔하기 좋다. 저녁에는 전통 공연이 열리지만 관람객은 적은 편이다.

TIP

무료입장이었다가 최근 대대적인 새 단장을 마친 뒤 유료로 바뀌었다. 단, 로터스 카페에서 음료나 식사를 주문하면 입장료 없이 사원에 들어갈 수 있다.

📍 **지도** P.018
가는 방법 우붓 왕궁에서 도보 3분
주소 Jl. Kajeng No.24, Ubud
운영 07:00~17:00 ※전통 공연 매일 19:30
요금 입장료 5만 루피아, 전통 공연 10만 루피아

⑭ 달렘 타만카자 사원
Pura Dalem Taman Kaja

사원에서 열리는 전통 공연이 인기

우붓 지역에서는 전통 춤 공연을 관람할 수 있는 사원 중 달렘 타만카자 사원에서 열리는 케착 댄스가 유명하다. 전통 춤 공연은 일주일에 1~2회 열리며 공연하는 요일이 정해져 있다. 보통 7시쯤 공연을 시작하는데 늦어도 20~30분 일찍 도착해 자리를 잡도록 한다. 공연 티켓은 사원 입구나 거리에서 쉽게 구입할 수 있다. 케착 댄스 공연은 1시간가량 진행하며 야외 공연이라 비가 오면 취소된다.

TIP

전통 공연이 열리는 요일이 별도의 공지 없이 변경되는 경우가 많으니 가능하면 우붓 현지에서 공연 당일 티켓을 구입하는 것을 추천한다.

📍 **지도** P.018
가는 방법 우붓 왕궁에서 도보 5분
주소 Jl. Sri Wedari No.12, Ubud
문의 0361 970 508 **공연** 수 · 일요일 19:00~21:00
요금 전통 공연 10만 루피아 **휴무** 공연 날 외

(05)

고아 가자
Goa Gajah

간혹 여행자에게
유료 투어를 권하는 경우가
있어요. 하지만 사원 규모가
작아 충분히 스스로 둘러볼 수
있답니다.

역사적 가치가 높은 힌두교 사원

고아 지역에 있는, 힌두교의 시바 신을 모시는 성스러운 사원으로 인도네시아 자바섬의 보로부두르Borobudur 사원과 같은 시대에 지은 것으로 추정한다. 사원 옆 동굴 입구에 새겨진 석조 조각은 문화적 가치가 높다. 동굴 안에는 코끼리 신을 모신 신전이 남아 있어 '코끼리 동굴'로도 불린다. 동굴 앞쪽에는 목욕 시설 Patirthaan이 있는데 건강을 기원하고 악한 기운을 쫓아내는 힌두교 전통 의식을 행하던 곳이다. 신비로운 성수는 7개 중 6개를 복원하고 나머지 하나는 여전히 발굴 작업 중이다. 사원 입구에서 사롱을 허리에 둘러 입어야 입장이 가능한데, 이는 종교적 의례를 따르는 것이다.

지도 P.018
가는 방법 우붓 왕궁에서 차량으로 약 15분 **주소** Bedulu, Blahbatuh, Gianyar
운영 08:00~18:00 **요금** 입장료 5만 루피아(사롱 대여 포함)

06
띠르따 엠풀 사원
Pura Tirta Empul

추천

성스러운 샘이 솟아오르는 사원

탐박시링 마을에 있어 '탐박시링 사원'이라고도 불린다. 띠르따 엠풀은 '솟아오르는 물'이라는 뜻이다. 사원은 크게 신성한 샘이 있는 안마당과 정화 의식이 이루어지는 중앙 마당, 그리고 앞마당으로 이루어져 있다. 샘에서 나온 성수가 정화 의식이 이루어지는 30개의 성수 줄기를 따라 두 공간으로 흘러내려간다. 신성한 샘물 정화 의식은 두 부분으로 이루어진 목욕 공간에서 정화 의식을 마친 뒤 기도를 드리는 것으로, 정화 의식 비용은 별도로 지불해야 한다. 사원에 입장할 때 사롱 착용은 필수다. 사원 뒤쪽 언덕에는 대통령의 여름 별장이 있다. 이곳은 2017년 버락 오바마 전 미국 대통령 가족이 방문한 뒤로 더욱 유명해졌다.

발리니스들은 현재까지도 띠르따 엠풀 사원의 성수로 제를 지내요. 전설에 따르면 이곳의 샘물은 신통력과 영력이 있어 몸과 마음의 병을 고치는 힘이 있대요.

🔾
지도 P.018
가는 방법 우붓 왕궁에서 차량으로 약 30분
주소 Tampaksiring, Gianyari **운영** 08:00~18:00
요금 입장료 5만 루피아(사롱 대여 포함), 정화 의식 5만 루피아+기부금
※종교 행사 시 힌두교 신자 외 출입 불가

⑦ 발리 버드 파크
Bali Bird Park

⑧ 발리 사파리 & 머린 파크
Bali Safari & Marine Park

발리 최대 규모의 새 공원

250여 종 1300여 마리의 다양한 조류를 직접 볼 수 있는 곳으로 아이를 동반한 여행자와 동물이나 조류에 관심 있는 여행자에게 추천한다. 발리뿐 아니라 남미, 호주, 아프리카 등의 국제적 희귀종과 이색 조류를 만나볼 수 있고 오전, 오후에 진행하는 먹이 주기 체험도 가능하다. 먹이 주기 체험은 오전 9시 30분부터 진행한다. 조류 개체별로 정해진 시간이 있으니 홈페이지나 입장 시 제공하는 스케줄 표를 참고한다. 올빼미를 구경할 수 있는 올빼미 하우스Owl House도 놓치지 말자. 조류 외에 코모도 드래건도 눈앞에서 생생하게 볼 수 있어 가족여행자들이 많이 찾는다.

♥
지도 P.018
가는 방법 우붓 왕궁에서 차량으로 약 35분
주소 Jl. Serma Cok Ngurah Gambir Singapadu, Sukawati
문의 0361 299 352 **운영** 09:00~17:30
요금 일반 38만 5000루피아, 어린이 19만 2500루피아
홈페이지 www.balibirdpark.com

다채로운 체험 프로그램이 가득한 동물원

발리에서 쉽게 볼 수 없는 사자, 호랑이, 코뿔소, 하마, 코모도 드래건, 오랑우탄 등 1000마리가 넘는 동물과 120여 종의 멸종 위기 종을 보호하고 있다. 단순한 관람이 아닌 정글 호퍼, 나이트 사파리, 지프 사파리, 먹이 주기, 동물 쇼, 발리 전통 공연까지 다채로운 방식의 즐길 거리가 가득하다. 사파리 이외에도 리조트와 레스토랑을 운영하며 머린 파크는 현재 오픈 준비 중이다.

♥
지도 P.018
가는 방법 우붓 왕궁에서 차량으로 약 35분
주소 Jl. Prof. Dr. Ida Bagus Mantra No.Km. 19, Serongga **문의** 0361 950 000 **운영** 동물원 09:00~17:30, 나이트 사파리 18:00~21:00
요금 정글 호퍼(1인) 65만 루피아, 나이트 사파리(1인) 110만 루피아
홈페이지 www.balisafarimarinepark.com

⑨
뜨갈랄랑
Tegallalang

추천

TIP

뜨갈랄랑 지역에는 비슷한 메뉴와
분위기의 레스토랑, 카페, 클럽이
아주 많다. 계단식 논 전망은 모두
똑같으니 이왕이면 산책로가 가까운
곳을 추천한다.

발리의 풍요로움을 엿볼 수 있는 계단식 논

뜨갈랄랑 지역은 발리에서 가장 역동적인 형태의 계단식 논을 구경할
수 있는 곳이다. 언덕 아래에 자리한 전통적인 계단 형태의 논은 흔히
'라이스 테라스rice terrace'라고 부른다. 여행자들은 경치 좋기로 유명
한 카페나 레스토랑에서 커피와 간단한 식사를 하면서 계단식 논을 감
상하거나 산책로를 따라 짧은 트레킹을 즐길 수도 있다. 최근에는 발리
스윙이라 불리는 대형 정글 스윙이 뜨갈랄랑 지역에서 꼭 해봐야 할 인
기 액티비티로 손꼽힌다. 또한 계단식 논을 배경으로 한 멋진 인피니티
풀을 갖춘 풀 클럽이 또 다른 즐길 거리로 인기를 끌고 있다. 뜨갈랄랑
으로 향하는 길목에는 현지인이 만든 목공예품과 소품, 잡화를 파는 작
은 가게가 많아 쇼핑하기도 좋다.

📍
지도 P.018
가는 방법 우붓 시내에서 차량으로 약 30분 **주소** Jl. Raya Tegallalang, Ubud
운영 08:00~18:00 ※벼 수확기에 따라 풍경이 달라질 수 있음

FOLLOW UP ➤➤➤➤

뜨갈랄랑 지역의
인기 풀 클럽

멋진 계단식 논을 바라보며 식사와 음료를 즐길 수 있는 카페가 많은 뜨갈랄랑 지역에 최근 규모가 큰 야외 풀을 갖춘 풀 클럽이 하나둘 등장하고 있다. 일정 금액 이상 식사하거나 풀 이용료를 내면 시원한 인피니티 풀에서 계단식 논을 바라보며 물놀이를 즐길 수 있다. 야외 풀에서 수영할 계획이라면 출발 전 수영복 챙기는 것을 잊지 말자.

❶ 티스 카페 Tis Cafe

식사하면서 야외 풀장을 이용할 수 있는 분위기 좋은 카페다. 규모는 작지만 우붓 감성이 가득하게 꾸며놓아 사진도 예쁘게 나오고 인기가 많은 편이다. 일정 금액 이상 주문 시 계단식 논처럼 설계한 인피니티 풀 이용이 가능하다. 규모는 그리 크지 않지만 뜨갈랄랑의 계단식 논 전망을 감상하며 시간을 보내기 좋다. 우붓 지역에 한해 무료 픽업 & 드롭 서비스도 제공한다.

주소 Jl. Raya Tegallalang **문의** 082 339 749 255 **운영** 08:00~21:00 **예산** 식사류 10만 루피아~, 커피 5만 루피아~ ※봉사료+세금 16% 추가 **기본요금** 풀장 이용(1인) 30만 루피아~ **홈페이지** www.tisrestaurant.com

❷ 디 투카드 커피 클럽 발리 D Tukad Coffee Club Bali

최근 새롭게 뜨고 있는 풀 클럽으로 선베드와 빈백을 갖추고 있으며 시원한 초록 풍경으로 둘러싸인 큼직한 인피니티 풀이 있다. 인피니티 풀에는 가제보와 빈백이 마련되어 있으며 정해진 금액 이상의 식사나 음료를 주문해야 이용할 수 있다. 인근 풀 클럽 중에서도 가격이 저렴한 편이고 간단한 식사 메뉴, 음료가 준비되어 있어 반나절 정도 즐기기 좋다.

주소 Jl. Raya Tegalalang **문의** 081 995 155 758 **운영** 07:00~20:00 **예산** 코코넛 4만 루피아, 나시 고렝 6만 5000루피아 ※봉사료+세금 15% 추가 **기본요금** 입장료 일반 2만 5000루피아(어린이 무료), 빈백(1인) 10만 루피아~, 가제보 50만 루피아~ **홈페이지** www.dtukad.com

⑩

바투르산
Mt. Batur

자연이 빚어낸 경이로운 풍광의 활화산

발리 북부 킨타마니 지역에 위치한 활화산으로 발리에서 세 번째로 높은 산(1717m)이다. 1800년 이후 현재까지 총 24차례 화산 폭발이 감지되었다. 바투르산에는 2만 9000년 전에 생성된 지름 약 13km에 달하는 칼데라호인 바투르 호수가 있다. 바투르산은 과거 트레킹의 성지로도 유명했으나, 길이 가파르고 험난해 최근에는 사륜구동 지프를 타고 올라가 일출을 보고 용암지대와 포토 스폿을 둘러본 뒤 돌아오는 일출 투어를 즐기기도 한다. 투어 시즌은 4월부터 10월까지 건기를 추천한다.

📍
가는 방법 우붓 왕궁에서 차량으로 약 60~80분
주소 South Batur, Kintamani, Bangli **운영** 09:00~17:00
요금 입장료 1인 5만 루피아 ※일출 투어 비용 별도

 바투르산을 즐기는 방법

❶ 뷰 카페 탐방
바투르산이 자리한 킨타마니 지역에는 호텔과 레스토랑, 카페 등 여행자를 위한 편의 시설이 잘 갖춰져 있다. 가이드가 포함된 전세 차량을 이용하고 경치 좋은 레스토랑에서 장엄한 풍경을 감상하며 식사를 즐기거나 따뜻한 차와 커피를 마시며 시간을 보내기 좋다.

❷ 바투르산 일출 지프 투어
왕복 교통편과 사륜구동 지프 차량을 타고 새벽 일출을 감상한 뒤 인생 사진을 찍고 가까운 카페나 레스토랑에서 아침 식사를 하고 숙소로 돌아오는 일출 투어에 참여해보자. 여행 플랫폼 클룩이나 전문 업체를 통해 신청할 수 있다.
클룩 www.klook.com **발리 볼케노 지프** www.balivolcanojeep.com

《TIP》 일출 투어는 새벽에 출발해 다소 쌀쌀하므로 경량 패딩과 마스크, 핫팩 등을 준비하면 유용하다.

울창한 정글에서 스릴을 만끽하는 방법
아융강 래프팅 Ayung River Rafting

우붓 근교에는 래프팅을 즐길 수 있는 아융강이 흐른다. 발리만의 풍요로운 자연을 배경으로 빠른 급류를 타며 짜릿한 스릴을 만끽할 수 있는 래프팅은 여행자들에게 인기 있는 액티비티다. 대부분의 래프팅 전문 업체는 여행자 편의를 위해 우붓 내 숙소까지 픽업과 드롭 서비스를 무료로 제공한다. 일정은 보통 오전과 오후 두 차례로 나뉘는데 오전 코스는 점심 식사가 포함되어 있다. 예약은 개별적으로 하거나 여행 플랫폼 클룩을 통해 비교해보고 원하는 업체를 선택한다.

TIP

래프팅업체를 선택할 때는 안전 보험, 픽업 & 드롭 서비스 여부, 리뷰, 가격 등을 비교해본다. 안전이 매우 중요한 액티비티인 만큼 너무 저렴한 요금을 내세우는 업체는 피하는 것이 좋다.

준비물
- 수영복 또는 반바지
- 갈아입을 여분의 옷
- 선크림
- 아쿠아 슈즈 또는 고정 가능한 샌들
- 방수 카메라
- 현금 약간

지도 P.018
주소 (출발 지점) Jl. Begawan Giri, Melinggih Kelod, Begawan Payangan, Kabupaten Gianyar
운영 09:00~17:00
요금 일반 79달러~, 어린이 52달러~
홈페이지 balisobek.com

우붓 3대 뮤지엄 산책

예로부터 우붓은 발리를 대표하는 화가, 조각가 등 예술가가 많이 탄생하고 거주한 지역이다.
우붓 시내에는 크고 작은 뮤지엄과 갤러리가 많으니 무더운 낮 시간에는 야외보다는 냉방 시설을 갖춘
뮤지엄으로 가볍게 예술 산책을 떠나보자.

발리 회화의 특징

발리에서 20세기 전까지는 '상깅sangging'이라 불리는 사람들이 주로 회화를 그렸다. 모든 그림은 다양한 소품과 함께 표현했으며 20세기에 들어오면서 독일 화가 월터 슐츠, 루돌프 보닛에 의해 새로운 화풍이 탄생했다.

● 우붓 스타일 Ubud Style
발리의 전통 화법과 서양의 원근법을 이용해 음영을 표현하며, 존재하는 거의 모든 사물과 생명체가 주제가 된다. 표현주의적 회화로 통한다.

● 바투안 스타일 Batuan Style
우붓 외곽 바투안 지역에서 시작된 화풍으로 복잡하고 정교한 솜씨가 일품이며 발리 사람들의 생활을 표현한 것이 특징이다. 오랜 시간의 노력과 인내가 필요한 그림이다.

● 켈리키 스타일 Keliki Style
작품 크기가 20cm×15cm 내외로 보통 신화적인 캐릭터를 그리며 악마, 전쟁, 익살맞은 표정과 행동을 표현하는 게 특징이다.

● 펭고세칸 스타일 Pengosekan Style
1970년대에 우붓 외곽 지역에서 시작된 스타일로 주로 꽃, 새, 곤충, 나비 등 자연을 주제로 한다. 비교적 표현 방법이 단순해 입문 단계에 많이 그린다.

TIP
- 뮤지엄에서 카페, 리조트 같은 부대시설도 운영한다.
- 입장권에 식사와 음료 쿠폰이 포함되기도 한다.
- 정해진 요일과 시간에 전통 공연이 열리기도 한다.
- 다양한 예술 체험 활동이 가능하다.

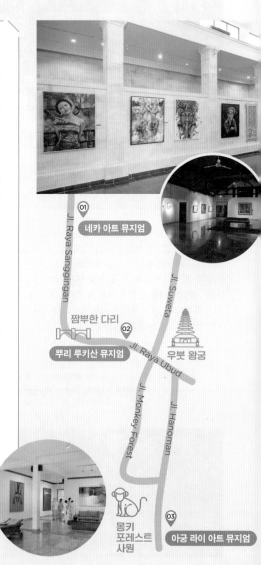

01 네카 아트 뮤지엄
Jl. Raya Sanggingan
Jl. Suweta
짬뿌한 다리
02 뿌리 루키산 뮤지엄
Jl. Raya Ubud
우붓 왕궁
Jl. Monkey Forest
Jl. Hanoman
몽키 포레스트 사원
03 아궁 라이 아트 뮤지엄

• MUSEUM •
01

공간이 아름다운 전시관
네카 아트 뮤지엄 Neka Art Museum

다양한 스타일의 작품을 전시하는 뮤지엄으로 7개의 전시
실로 구성되어 있다. 각각의 전시실은 연대별로 대표적인
발리 작가들의 작품이 주를 이룬다. 발리와 우붓을 주제로
한 회화 외에도 목각 조각품, 수공예품 등 다양한 예술품을
전시하고 있다. 뮤지엄을 개관한 스테자네카의 아버지는
발리 최고의 목공예 조각가다.

지도 P.018 **가는 방법** 우붓 왕궁에서 차량으로 10분
주소 Jalan Raya Sanggingan Campuhan, Ubud
문의 0361 975 074
운영 09:00~17:00
요금 15만 루피아
홈페이지 www.nekaartmuseum.com

> **대표 작품**

<Temple Celebration> 1968년, Wayan Pugur
발리의 사원에서 진행하는 의식을 표현한 작품

<Harvest Time> 1973년, Wayan Atjin Tisna
발리의 수확기 풍경을 묘사한 작품

<Procession> 1987년, I Ketut Tagen
사원으로 이동하는 행렬을 표현한 작품

<Mutral Attraction> 1997년, Abdul Aziz
각기 다른 남녀의 모습

MUSEUM
02

가장 오래된 뮤지엄
뿌리 루키산 뮤지엄
Museum Puri Lukisan

발리에서 가장 오래된 뮤지엄으로 1956년에 개관했다. 동서남북의 4개 전시관으로 이루어져 있으며 1관은 발리의 고전 작품, 2관은 현대 회화를 선보이고 3관에서는 특별전이 열린다. 발리의 삶의 풍경을 담은 작품과 워크숍 체험 등을 통해 우붓의 예술을 보다 가까이 만나볼 수 있다. 아름답게 꾸민 관내를 산책하듯 한 바퀴 돌아보는 것도 좋다.

지도 P.019 **가는 방법** 우붓 왕궁에서 도보 4분
주소 Jl. Raya Ubud
문의 0361 971 159
운영 09:00~17:00 ※1관(동관) 사진 촬영 금지
요금 14만 5000루피아(점심과 음료 포함)
홈페이지 www.museumpurilukisan.com

대표 작품

<Calon Arang Dance> 1931년, Ida Bagus Made
발리 전통 가면극의 칼론 아랑 댄스를 표현한 작품

<Dharmaswami> 2013년, Ketut Madra
발리의 전설과 설화를 내용으로 한 작품

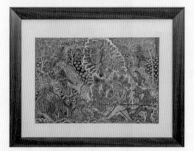

<Garuda Yang Lapar> 1938년, Ida Bagus Made
굶주린 가루다 새를 표현한 작품

<Berbagai Jenis Binatang> 1916년, I Gusti Ketut Rundu
발리의 동물들을 그린 작품

MUSEUM
03 유명 컬렉터의 수집품을 한자리에
아궁 라이 아트 뮤지엄
Agung Rai Museum of Art

독일 화가 월터 슐츠의 작품을 폭넓게 전시하는 뮤지엄으로, 발리 최고의 미술품 수집가 아궁 라이가 운영하는 개인 뮤지엄이다. 아르마 리조트 내에 있는 발리 전통 건축양식의 웅장한 3층 건물에 자리한다. 아름다운 정원이 있고 전통 공연을 관람할 수 있는 공연장과 카페, 리조트 등 부대시설도 운영한다.

지도 P.018 **가는 방법** 코코 슈퍼마켓에서 도보 8분
주소 Jl. Raya Pengosekan Ubud
문의 0361 976 659(왓츠앱 87 746 982 992)
운영 09:00~18:00 ※전통 공연: 수 · 토 · 일요일 19:00
요금 15만 루피아 **홈페이지** www.armabali.com

매주 수요일(레공 댄스),
토요일(케착 댄스), 일요일(바롱 댄스),
저녁 7시에는 전통 공연을 관람할
수 있으며 커피나 차를 마실 수 있는
아르마 카페도 있어요.

대표 작품

<Farmer's Life> 1948년, I Nyoman Londo
농부의 삶을 표현한 작품

<Rajapala> 1980년, Ida Bagus Nyoman Rai
목욕 중인 7명의 여신과 사냥꾼을 표현한 작품

<Baris Dancer> 1980년, Anak Agung Gde Sobrat
바리스 댄서의 젊은 시절을 표현한 작품

<Sanghyang Dharma>
1979년, I Made Sukada
천국을 즐기는 신들의 시간을
묘사한 작품

우붓 맛집

우붓은 돼지와 오리 등을 이용한 발리의 전통 요리를 내는 로컬 식당부터 힙한 브런치 카페,
건강한 유기농 요리를 선보이는 비건 식당이 많다. 가성비가 좋으면서도 맛있는 요리에 분위기까지
만족스러운 곳이 곳곳에 있으니 식도락의 즐거움을 만끽해보자. ▶ 지도 P.018~019

베벡 테피 사와 우붓
Bebek Tepi Sawah Ubud

위치 고아 가자 거리
유형 대표 맛집
주메뉴 크리스피 덕

☺ → 논 풍경이 매력적인 가든 분위기
☻ → 벼 수확 시기에 따라 풍경이 다름

오랜 역사를 자랑하는 맛집으로 맛도 분위기도 일품으로 우붓을
대표하는 요리 중 하나인 오리 요리를 낸다. 인도네시아 조코위
대통령도 이곳을 찾아와 식사할 정도니 발리에서는 가장 유명한
곳이라 해도 무방하다. 시그너처 메뉴인 테피 사와 크리스피 덕
Tepi Sawah crispy duck은 발리 전통 방식으로 튀겨내며 흰밥과 발
리식 반찬, 매콤한 삼발 소스와 함께 먹는다. 가든 형태의 실내
좌석과 야외의 독립된 좌석으로 나뉜다. 발리에 5개 매장을 운
영하며 우붓점은 벼가 올라오는 시기에 따라 풍경이 달라진다.
특히 우붓점은 우붓 특유의 아름다운 논 전망을 즐길 수 있다.

📍
가는 방법 코코 슈퍼마켓에서 차량으로 13분
주소 Jl. Raya Goa Gajah, Peliatan, Ubud
문의 081 558 070 210 **운영** 10:00~22:00
예산 테피 사와 크리스피 덕 13만 8000루피아 ※봉사료+세금 16.6%
추가

와룽 폰독 마두
Warung Pondok Madu

위치	자타유 거리
유형	신규 맛집
주메뉴	스모크 바비큐 포크립

☺ → 다양한 조리법으로 구워내는 포크립
☹ → 조리법에 따라 호불호가 갈림

마성의 포크립 맛으로 인기몰이 중인 맛집으로 다양한 소스와 요리 방법으로 포크립을 즐길 수 있다. 대표 메뉴인 바비큐 포크립은 1인 메뉴와 2인 메뉴로 구성되며, 2인 메뉴는 동일한 요리 방식에 한해 두 가지 맛을 선택할 수 있다. 매콤 달콤한 맛(pedas manis)과 매운맛(spicy BBQ) 반반씩 주문할 것을 추천한다. 부드러운 육질과 훈제 향이 가득한 포크립에 흰쌀밥과 사이드 메뉴를 곁들여 먹는다.

가는 방법 코코 슈퍼마켓에서 도보 6분
주소 Jl. Jatayu Tebesaya, Peliatan, Ubud
문의 081 916 363 602 **운영** 08:00~23:00
예산 포크립(2인) 19만 5000루피아~, 음료 2만
루피아~ ※봉사료+세금 15% 추가
홈페이지 warungpondokmadu.com

시즈 이터리
Seeds Eatery

위치	펭고세칸 거리
유형	신규 맛집
주메뉴	타이 요리

☺ → 합리적 가격대에 수준 높은 맛
☹ → 높아진 인기만큼 대기 시간도 길어짐

타이 요리를 바탕으로 한 다채로운 아시아 퓨전 요리를 선보이는 레스토랑. 새롭게 확장 이전해 보다 넓고 쾌적한 곳에서 식사할 수 있다. 타이 드레싱을 이용한 굴 요리를 비롯해 샐러드, 똠얌꿍, 생선찜, 팟타이 등 메뉴가 다양하고 식사 후 즐기는 커피와 음료, 디저트 종류도 다양하다. 훌륭한 맛에 비해 가격이 합리적인 편이라 현지인들에게도 핫한 맛집으로 웨이팅을 해야 할 정도로 인기가 높다.

가는 방법 코코 슈퍼마켓에서 도보 8분
주소 Jl. Raya Pengosekan Ubud
문의 081 339 339 928
운영 12:00~21:00
예산 똠얌꿍 6만 5000루피아~, 타이 오믈렛 9만
루피아~ ※봉사료+세금 15% 추가

바비 굴링 이부 젠둣
Babi Guling Ibu Gendut

위치	펭고세칸 거리
유형	인기 맛집
주메뉴	바비 굴링

☺ → 가성비 좋은 바비 굴링 맛집
😖 → 다소 호불호가 나뉘는 바비 굴링 맛

우붓의 별미인 바비 굴링 맛집으로 사테와 바비큐 포크립까지 갖췄다. 부위마다 가격이 다른데 여러 부위를 맛볼 수 있는 바비 굴링 풀 포션이 대표 메뉴다. 바삭하게 구운 돼지 껍질과 살코기, 나물 등을 한 접시에 담아준다. 매콤한 삼발 소스와 함께 먹으면 한국인 입맛에도 제격이다. 단, 현지인들이 무척 좋아하는 구운 돼지 껍질은 금방 소진되므로 이른 시간에 가는 것이 좋다. 내부는 일반 로컬 식당보다 넓고 깨끗한 편이다.

📍
가는 방법 코코 슈퍼마켓에서 도보 8분
주소 MAS, Kecamatan Ubud
문의 087 803 435 056
운영 09:00~21:00
예산 바비 굴링 풀 포션 5만 5000루피아~
※봉사료+세금 포함

와룽 마칸 부 루스
Warung Makan Bu Rus

위치	쿠타마 거리
유형	로컬 맛집
주메뉴	발리 전통 요리

☺ → 놀랄 만큼 저렴한 가격
😖 → 주문과 조리가 오래 걸리는 편

우붓 시내에서 멀지 않은 스웨타 거리에 있는 로컬 식당으로 현지식 메뉴를 선보인다. 특별한 맛은 아니지만 발리 가정집에서 조용하게 집밥을 먹는 듯이 식사할 수 있어 인기가 많다. 좁은 입구를 따라 안쪽으로 들어가면 현지인이 거주하는 집 안에 식당이 자리한 점도 독특하다. 특제 소스를 바른 포크립이나 사테가 평이 좋고 통코코넛을 그대로 갈아주는 음료도 인기다. 신용카드 결제 시 수수료가 붙으니 가능하면 현금으로 결제한다.

📍
가는 방법 우붓 왕궁에서 도보 2분
주소 Jl. Suweta No.9, Ubud
문의 0361 971 225
운영 11:00~22:00
예산 치킨 사테 4만 6000루피아~, 음료 3만 루피아~
※봉사료+세금 포함

인 다 콤파운드 와룽
In Da Compound Warung

위치 구타마 거리
유형 로컬 맛집
주메뉴 전통 요리

☺ → 예쁜 플레이팅과 저렴한 가격
☹ → 자리가 많지 않고 조리 시간이 오래 걸림

작은 골목 안에 있는 소박한 식당으로 홈스테이와 함께 운영한다. 특별한 맛은 아니지만 평범한 발리의 가정식 요리를 비교적 합리적인 가격에 맛볼 수 있으며, 공간이 발리 전통 가옥 형태라 이색적이다. 흰쌀밥과 옥수수, 콩튀김, 나물, 땅콩, 닭고기무침, 삼발 소스 등을 한 접시에 담아 제공하는 인도네시아 전통 메뉴인 나시 짬뿌르가 특히 인기다. 가격이 저렴한 만큼 다채로운 요리를 주문해 푸짐한 식사를 즐기기 좋은 곳이다.

📍
가는 방법 우붓 왕궁에서 도보 2분
주소 Jl. Gootama No.6, Ubud
문의 081 239 012 189
운영 11:00~22:00
예산 나시 짬뿌르 3만 5000루피아~, 사테 3만 루피아~
※신용카드 결제 시 3% 수수료 추가

선 선 와룽
Sun Sun Warung

위치 젬바완 거리
유형 로컬 맛집
주메뉴 나시 고렝, 나시 짬뿌르

☺ → 가격에 비해 만족스러운 퀄리티
☹ → 인기가 많아 웨이팅을 해야 할 수도 있음

발리 전통 가옥에 초대된 듯한 기분을 느낄 수 있는 식당으로 정성스러운 요리와 저렴한 가격으로 인기가 많다. 우붓에서 생산한 신선한 재료와 MSG를 넣지 않은 건강한 요리를 낸다. 인기 메뉴는 나시 고렝, 른당과 나시 짬뿌르이며 수제 쿠키도 만들어 판매한다. 채식주의자를 위한 나시 짬뿌르도 주문이 가능해 찾는 이가 많다. 발리의 전통주 아락을 이용한 칵테일과 삼발 소스, 그리고 자체 제작한 소소한 기념품도 판매한다.

📍
가는 방법 우붓 왕궁에서 도보 7분
주소 Jl. Jembawan No.2, Ubud
문의 08 353 187 457
운영 11:00~21:00
예산 나시 짬뿌르 4만 8000루피아~, 맥주 3만 루피아~
※봉사료+세금 포함

몽키 레전드
Monkey Legend

위치 몽키 포레스트 거리
유형 인기 맛집
주메뉴 리스타펠, 나시 짬뿌르

☺ → 관광객을 위한 맞춤식 레스토랑
☹ → 대로변이라 소음이 많음

관광객이 많이 찾는 몽키 포레스트 사원 인근에 있어 관광 전후에 들르기 좋은 인기 레스토랑이다. 발리나 우붓에서 꼭 맛봐야 하는 인기 메뉴가 모두 있으며 발리풍으로 꾸민 레스토랑 분위기도 좋다. 저녁 시간에는 해피 아워를 운영해 저렴하게 맥주나 칵테일을 마실 수 있고 로컬 밴드의 라이브 공연도 열린다. 인기 메뉴로는 리스타펠, 나시 짬뿌르가 있고 파스타와 스테이크 등도 취급한다.

📍
가는 방법 코코 슈퍼마켓에서 도보 4분
주소 Jl. Monkey Forest No. 8, Ubud
문의 082 236 646 128
운영 08:00~23:00
예산 리스타펠(2인) 30만 루피아~ ※봉사료+세금 15% 추가

와룽 장가르 울람
Warung Janggar Ulam

위치 고아 가자 거리
유형 대표 맛집
주메뉴 해산물 직화 구이

☺ → 특제 양념과 불 맛이 나는 해산물
☹ → 오픈된 구조라 벌레, 모기 조심

해산물 요리를 전문으로 하는 인기 레스토랑으로 짐바란 스타일의 매콤한 양념으로 구워내는 해산물구이를 추천한다. 야외 가든에서 식사할 수 있으며 인기 메뉴로는 조개에 특제 양념을 발라 구운 케랑 바카르kerang bakar와 닭, 그리고 생선구이 ikan laut bakar가 있다. 현지인들은 생선구이보다 튀긴 생선guramu goreng을 더 선호하며 밥과 함께 먹으면 좋다. 목가적 분위기의 레스토랑을 즐기려면 어두운 밤보다는 낮에 가는 것을 추천한다.

📍
가는 방법 코코 슈퍼마켓에서 차량으로 10분
주소 Jl. Raya Teges kangin, Peliatan, Ubud
문의 0361 972 092
운영 12:00~22:00
예산 아얌 바카르 2만 4000루피아~, 케랑 바카르 4만 5000루피아~ ※봉사료+세금 15% 추가

메구나 레스토랑
Meguna Restaurant

위치 몽키 포레스트 거리
유형 신규 맛집
주메뉴 퓨전 요리, 브런치

😊→ 가성비 좋은 메뉴
😣→ 찾지 못하고 지나치기 쉬움

몽키 포레스트 거리에 있는 복합 공간으로 가성비 좋은 브런치를 맛볼 수 있으며, 분위기 맛집으로 입소문 나고 있다. 아시아 요리는 물론 창의적인 퓨전 요리, 디저트 등을 선보인다. 가볍게 먹기 좋은 토스트, 타코, 브리토를 비롯해 완탕, 락사 등 국물 요리도 평이 좋다. 3층 선 데크 다이닝은 우붓의 멋진 선셋을 감상하며 식사할 수 있는 비밀스러운 공간이다. 요가, 코워킹 스페이스, 카페를 별도로 운영하며 각종 의류와 에센스 오일도 판매한다.

📍
가는 방법 몽키 포레스트 사원에서 도보 2분
주소 Jl. Monkey Forest, Padang Tegal Kelod, Ubud
문의 085 163 500 890 **운영** 07:00~22:00
예산 아보카도 토스트 4만 7000루피아~, 나시 고렝 3만 루피아~ ※봉사료+세금 15% 추가
홈페이지 www.megunaubud.com

트로피컬 뷰 우붓
Tropical View Ubud

위치 몽키 포레스트 거리
유형 대표 맛집
주메뉴 브런치, 바비큐 포크립

😊→ 논 전망과 전통 공연 관람도 가능
😣→ 수확 시기에 따라 전망이 다름

우붓에서 오랫동안 사랑받고 있는 레스토랑으로 초록의 논 전망을 갖추고 있다. 인기 메뉴는 온종일 주문 가능한 브런치 메뉴와 바비큐 포크립이다. 특히 바비큐 포크립은 세트 구성으로 양이 푸짐해 인기가 많다. 식사가 가능한 것은 물론 낮시간에는 시원한 과일 주스나 커피를 마시며 여유 있게 시간을 보내기도 좋다. 저녁 시간에는 라이브 공연을 진행하고 매주 수요일에는 전통 댄스 공연도 열린다.

📍
가는 방법 코코 슈퍼마켓에서 도보 3분
주소 Jl. Monkey Forest, Ubud
문의 081 338 774 969
운영 07:00~22:30(금요일은 02:00까지)
예산 브런치 메뉴 7만 루피아~, 바비큐 포크립 11만 루피아~ ※봉사료+세금 15% 추가

스위트 오렌지 와룽
Sweet Orange Warung

위치	카젱 거리
유형	로컬 맛집
주메뉴	샌드위치, 나시 고렝, 커리

☺ → 목가적 풍경에서 즐기는 식사
☹ → 일부러 찾아가기에 먼 거리

한적한 우붓 외곽에 있어 접근성이 다소 떨어지지만 카젱 거리를 따라 산책하듯 찾아가는 재미가 있으니 여유가 있을 때 다녀오기 좋다. 풍요로운 논 풍경이 펼쳐진 야외 좌석은 우붓 감성이 가득하며 메뉴는 발리식이 주를 이룬다. 가격도 그리 비싸지 않아 부담 없이 즐길 수 있다. 해가 진 후에는 이동하기 어려우니 가급적 어두워지기 전에 다녀올 것을 추천한다. 숙소와 스파도 함께 운영한다.

📍 **가는 방법** 우붓 왕궁에서 도보 12분
주소 Jl. Kajeng, Ubud, Kecamatan Ubud
문의 081 338 778 689
운영 09:00~21:00
예산 인도네시아 메뉴 6만 루피아~, 베지테리언 메뉴 4만 루피아~ ※봉사료+세금 포함

제스트
Zest

위치	페네스타난 거리
유형	신규 맛집
주메뉴	비건 푸드

☺ → 비건을 위한 다양한 메뉴
☹ → 예약과 대기는 필수

동양적 분위기와 감성이 느껴지는 곳으로 손님 대부분이 동물성 식품을 섭취하지 않는 비건이다. 스시 롤, 스무디 볼, 브런치 외에도 간단히 먹을 수 있는 다양한 메뉴와 음료가 준비되어 있다. 신선한 식재료로 만든 비건 푸드를 제공하지만 비건 메뉴가 낯선 여행자는 호불호가 갈릴 수 있다. 비건을 위한 네트워킹, 정보 공유 등 아지트 역할도 하는 곳이다. 단, 사전 예약제로 운영하니 미리 예약하고 가야 헛걸음하지 않는다.

📍 **가는 방법** 빈탕 슈퍼마켓에서 도보 7분
주소 Jl. Penestanan No.7, Sayan, Kecamatan Ubud
문의 082 240 065 048 **운영** 08:00~22:00
※사전 예약 필수 **예산** 스무디 볼 7만 5000루피아~, 콤부차 6만 루피아~ ※봉사료+세금 15% 추가
홈페이지 www.zestubud.com

와룽 바비 굴링 이부 오카 3
Warung Babi Guling Ibu Oka 3

사투 망콕
Satu Mangkok

피제리아 모넬로
Pizzeria Monello

위치	테갈 사리 거리
유형	대표 맛집
주메뉴	바비 굴링

☺ → 정통 바비 굴링 맛 경험
☹ → 예전만은 못하다는 평

위치	수크마 케수마 거리
유형	신규 맛집
주메뉴	한식

☺ → 가성비 좋은 한식 메뉴
☹ → 냉방 시설이 있지만 더운 편

위치	펭고세칸 거리
유형	신규 맛집
주메뉴	피자, 파스타

☺ → 화덕에 구운 정통 이탈리아 메뉴
☹ → 파스타의 양이 다소 적은 편

우붓에서 가장 유명한 맛집이었으며 지금도 여전히 필수 코스로 통하는 곳이다. 바비 굴링은 어린 돼지를 통으로 장작불에 굽는 전통 요리로, 잘 구워진 돼지고기를 부위별로 조금씩 한 그릇에 담아 먹는다. 바삭한 껍질과 각종 부위가 생각보다 맛있고 매콤한 수제 삼발 소스를 곁들이면 더욱 풍미가 살아난다. 우붓 왕궁 앞 1호점은 공간이 협소해 3호점을 추천한다. 재료가 빠르게 소진되니 서둘러 방문하는 것이 좋다.

작은 로컬 식당으로 한식이 주메뉴다. 수크마 케수마 대로변에 위치하지만 간판이 작아 그냥 지나치기 쉽다. 저렴한 가격에 맛도 좋은 편이라 일부러 찾아오는 손님이 많다. 얼큰한 짬뽕, 김치볶음밥, 어묵탕, 잡채, 제육볶음 같은 메인 메뉴부터 떡볶이, 김치비빔국수 등 분식 종류도 다양해 선택의 폭이 넓다. 에어컨이 나오는 1층과 좌식인 2층으로 이루어진 복층 구조이다. 배달 주문도 가능하다.

펭코세칸 지역에 새롭게 문을 연 이탈리아 레스토랑으로 화덕에 구운 정통 이탈리아 피자 맛이 탁월하다. 피자 외에도 파스타, 리소토 등 다양한 이탈리아 요리를 맛볼 수 있고 비건 메뉴도 있다. 냉방 시설과 야외 테라스 좌석을 갖추었으며 간단히 칵테일이나 맥주를 마실 수 있는 바도 운영한다. 분위기만큼 맛도 수준급이고 가격도 적당하다. 저녁 시간에 진행하는 맥주, 칵테일 해피 아워 이벤트를 적극 활용하자.

가는 방법 우붓 왕궁에서 도보 4분
주소 Jl. Tegal Sari No.2, Ubud
문의 0361 976 345
운영 11:00~18:00
예산 바비 굴링 7만 5000루피아~
※봉사료+세금 10% 추가

가는 방법 우붓 왕궁에서 도보 15분
주소 Jl. Sukma Kesuma Kabupaten No.17, Peliatan, Ubud **문의** 081 917 718 867 **운영** 11:00~22:00
예산 짬뽕 7만 5000루피아~
※봉사료+세금 포함

가는 방법 코코 슈퍼마켓에서 도보 7분 **주소** Jl. Raya Pengosekan Ubud No.108, Ubud **문의** 0813 3758 6790 **운영** 12:00~24:00
예산 피자 8만 9000루피아~
※봉사료+세금 16% 추가

☕

우붓 카페

우붓에는 커피에 진심인 카페가 많다. 인도네시아에서 생산한 최상급 원두를 이용하거나
스페셜티 원두로 블렌딩하며 최상의 커피 맛을 선사하는 곳이다. 커피 외에 식사나 다양한
디저트를 제공하는 곳도 있고 커피만 취급하는 곳도 있다. ▶ 지도 P.018~019

피손
Pison

위치 하노만 거리
유형 인기 카페
주메뉴 커피, 브런치

☺ → 싱그러운 논 풍경과 맛있는 요리
☹ → 전망 좋은 야외 자리는 붐비는 편

우붓 내 인기 리조트인 알라야에서 운영하는 레스토랑 겸 카페
다. 우붓 중심에 있음에도 초록의 논 풍경이 펼쳐져 손님이 끊이
지 않는다. 냉방 시설을 갖춘 쾌적한 실내 공간과 야외 테라스 좌
석이 있다. 이른 아침부터 늦은 저녁까지 온종일 식사가 가능한
브런치는 물론 다양한 메뉴를 선보인다. 기본적인 식사 메뉴와
커피, 음료, 달콤한 디저트 그리고 칵테일 바까지 한자리에서 모
든 것을 해결할 수 있다. 음식 맛도 좋지만 커피나 음료를 마시며
목가적 풍경을 감상하기 좋은 곳이다.

📍
가는 방법 코코 슈퍼마켓에서 도보 1분
주소 Jl. Hanoman No.10X, Ubud
문의 081 337 749 328 **운영** 07:00~23:00
예산 식사 10만 루피아~, 커피 3만 루피아~ ※봉사료+세금 15% 추가

수카 에스프레소
Suka Espresso

위치	펭고세칸 거리
유형	인기 카페
주메뉴	커피, 조식

- ☺→ 우붓에서 인기 있는 카페
- ☹→ 자리가 만석일 때가 많음

커피는 물론 다양한 브런치 메뉴를 즐길 수 있는 곳으로 이 일대에서 손님이 가장 많은 카페 중 하나다. 현지에서 생산한 신선한 식재료를 바탕으로 메뉴를 구성하며 5만 5000루피아에 맛볼 수 있는 스페셜 조식이 인기다. 1층과 2층으로 이루어져 있는데 2층은 에어컨이 없어 다소 흠이지만 거리 풍경을 감상하며 커피를 마시기에 좋다.

🔴 가는 방법 코코 슈퍼마켓에서 도보 5분 **주소** Jl. Raya Pengosekan Ubud No.108, Ubud **문의** 081 338 692 319 **운영** 07:30~21:30 **예산** 에스프레소 2만 9000루피아~, 조식 5만 5000루피아~
※봉사료+세금 16% 추가 **홈페이지** www.sukaespresso.com

우붓 커피 로스터리
Ubud Coffee Roastery

위치	구타마 거리
유형	신규 카페
주메뉴	커피, 크루아상

- ☺→ 저렴한 커피 가격
- ☹→ 냉방 시설이 있지만 더운 편

우붓에서 제대로 된 커피를 즐기고 싶다면 이곳으로 가자. 발리에서 생산하는 원두를 사용하며 커피 맛이 좋기로 유명하다. 바리스타들이 직접 응대하며 커피에 대한 설명은 물론 추천도 해준다. 크루아상도 맛이 좋아 일부러 찾는 단골손님도 있으며 원두를 소량 포장해 판매하기도 한다. 2층에 콘센트가 많아 노트북을 하기 좋은 환경이다.

🔴 가는 방법 우붓 왕궁에서 도보 9분 **주소** Jl. Goutama Sel. Ubud **문의** 081 138 008 001 **운영** 07:00~18:00 **예산** 에스프레소 2만 5000루피아~
※봉사료+세금 16% 추가 **홈페이지** www.ubudcoffeeroastery.com

세니만 커피
Seniman Coffee

위치	스리 웨다리 거리
유형	인기 카페
주메뉴	커피, 브런치

- ☺→ 커피 마니아를 위한 공간
- ☹→ 손님이 많아 늘 붐비는 편

우붓에서 가장 손님이 많은 카페 중 하나로 인도네시아 전역에서 들어오는 스페셜 원두로 다양한 방법으로 커피를 내려준다. 커피 맛과 퀄리티가 좋은 것은 물론 리사이클링을 이용한 독특한 디자인의 의자와 다양한 아이템으로도 유명하다. 카페에서 레스토랑, 로스터리, 베이커리, 굿즈 숍까지 분야를 넓혀가며 사업을 확장 중이라 많은 사람이 찾는다.

🔴 가는 방법 우붓 왕궁에서 도보 5분 **주소** Jl. Sri Wedari No.5, Banjar Taman Kelod, Ubud **문의** 081 283 386 641 **운영** 07:30~22:00 **예산** 커피 3만 8000루피아~, 베이커리 2만 루피아~
※봉사료+세금 16% 추가 **홈페이지** www.senimancoffee.com

티틱 테무 커피
Titik Temu Coffee

위치	스웨타 거리
유형	신규 카페
주메뉴	커피, 스무디, 브런치

☺ → 왕궁 옆에 있어 찾아가기 편리
😓 → 2층은 에어컨이 없어 더운 편

자카르타에서의 성공을 시작으로 발리까지 진출한 인도네시아 로스팅 그룹에서 운영하는 카페. 2층으로 이루어져 있으며 1층 테이블석은 에어컨이 있어 쾌적한 반면 2층은 좌식형으로 보다 자유로운 환경에서 작업하거나 식사 또는 커피를 즐길 수 있다. 발리의 오래된 건물을 현대적 인테리어로 꾸민 특유의 분위기가 특징이다. 대표 메뉴는 브런치와 베이커리, 디저트, 커피다.

📍 **가는 방법** 우붓 왕궁에서 도보 2분
주소 Jl. Suweta No.6, Ubud
문의 0811 937 690
운영 08:00~22:00 **예산** 아보카도 토스트 5만 5000루피아~
※봉사료+세금 16% 추가
홈페이지 www.titiktemu.cafe

투키스 코코넛 숍
Tukies Coconut Shop

위치	몽키 포레스트 거리
유형	로컬 카페
주메뉴	코코넛 아이스크림

☺ → 한국인이 좋아하는 맛과 분위기
😓 → 손님 수에 비해 가게가 작은 편

우붓에 몇 개의 매장이 있는 아이스크림 가게로 코코넛을 이용한 아이스크림이 시그너처다. 코코넛 반 통을 자른 뒤 아이스크림과 말린 코코넛 칩, 견과류 등의 토핑을 얹어 내는데 맛도 비주얼도 탁월하다. 아이스크림은 물론 음료와 코코넛 버터, 말린 코코넛 등 코코넛을 이용한 제품을 판매한다. 냉방 시설을 갖춰 더위에 지쳤을 때 더위도 식히며 달콤한 휴식을 취할 수 있다.

📍 **가는 방법** 우붓 왕궁에서 도보 6분
주소 Jl. Monkey Forest No.15, Ubud **문의** 081 239 363 395
운영 09:00~23:00
예산 하프 코코넛 아이스크림 3만 8000루피아~
※봉사료+세금 15% 추가

밀크 & 마두
Milk & Madu

위치	테갈 사리 거리
유형	신규 카페
주메뉴	브런치

☺ → 접근성이 뛰어난 카페
😓 → 관광 명소 앞이라 항상 분주함

우붓 왕궁 앞, 목 좋은 곳에 자리한 카페로 품질 좋은 원두를 사용해 커피 맛이 좋기 때문에 커피 마니아들이 즐겨 찾는다. 뮤즐리와 토스트, 스무디 볼 등 아침 메뉴부터 각종 토핑을 추가해 푸짐한 브런치 메뉴, 피자 · 파스타 · 버거 등 캐주얼한 메뉴까지 다양하다. 음식 퀄리티와 시설에 비해 가격대가 저렴해 인기가 많다. 발리 스미냑에도 매장이 있다. 발리의 인기 카페로 손꼽힌다.

📍 **가는 방법** 우붓 왕궁에서 도보 1분
주소 Jl. Suweta No.3, Ubud, Kecamatan Ubud **문의** 0361 976 345 **운영** 11:00~18:00 **예산** 빅 브레키 10만 루피아~, 커피 3만 루피아~ ※봉사료+세금 16% 추가
홈페이지 www.milkandmadu.com

소울 바이츠
Soul Bites

위치	펭고세칸 거리
유형	신규 카페
주메뉴	조식, 스무디 볼

☺ → 착한 가격으로 즐기는 조식
☹ → 대로변이라 소음이 있음

펭고세칸 대로변에 있어 찾기 쉬우며 이른 조식부터 브런치, 런치, 디너까지 가성비 좋은 식사와 커피를 하루 종일 제공한다. 넓은 공간은 깔끔하고 냉방 시설도 갖추었다. 아침 식사 시 메인 요리를 주문하면 할인된 금액으로 커피를 마실 수 있다. 햄버거와 타코, 스무디 볼 등 웨스턴 메뉴가 주를 이루며 플랫 화이트, 카푸치노, 아메리카노 등의 커피 맛도 준수한 편이다.

🚩 **가는 방법** 코코 슈퍼마켓에서 도보 5분 **주소** Jl. Raya Pengosekan, Ubud **문의** 082 114 440 734 **운영** 08:00~22:00 **예산** 빅 소울 브레키 6만 5000루피아~, 스무디 볼 5만 5000루피아 ※봉사료+세금 15.5% 추가

바바 비스트로 우붓
Baba Bistro Ubud

위치	구타마 거리
유형	인기 카페
주메뉴	브런치, 커피

☺ → 바리스타가 만들어주는 커피
☹ → 오픈된 구조라 더위에 노출

메인 거리에서 구타마 골목으로 들어가는 자리에 위치해 접근성이 좋은 카페다. 간단한 브런치부터 이국적인 메인 메뉴도 다양해 하루 중 언제 들러도 좋은 곳이다. 원하는 대로 토핑을 주문해 자신만의 특별한 조식을 만들어 먹을 수 있는 BYO 브렉퍼스트와 가볍게 먹기 좋은 타코 같은 핑거 푸드 등을 합리적인 가격에 즐길 수 있다. 실력 좋은 바리스타가 뽑아주는 커피 맛도 탁월하다.

🚩 **가는 방법** 우붓 왕궁에서 도보 4분 **주소** Jl. Gootama No.1, Ubud **문의** 082 340 779 695 **운영** 08:00~22:30 **예산** 타코 3만 5000루피아~, 브런치 5만 5000루피아~ ※봉사료+세금 16% 추가

숙스마 코피 우붓
Suksma Kopi Ubud

위치	수크마 케수마 거리
유형	로컬 카페
주메뉴	커피, 디저트

☺ → 발리 분위기 물씬 나는 커피 맛집
☹ → 애매한 위치라 접근성이 떨어짐

발리 전통 가옥을 꾸며 만든 이색적 분위기의 카페로 발리에서 생산한 원두로 다양한 커피를 선보인다. 다소 협소한 규모지만 조용한 분위기에서 커피 한잔의 여유를 만끽할 수 있다. 사테, 스무디 볼, 나시 짬뿌르 등 간단한 인도네시아 식사 메뉴와 커피, 스무디, 발리 디저트 등이 전체적으로 만족스러운 편이다. 오붓하게 시간을 보내기 좋은 중앙 정원의 가제보 자리가 인기가 높다.

🚩 **가는 방법** 우붓 왕궁에서 도보 13분 **주소** Jl. Sukma Kesuma No.1, Peliatan, Ubud **문의** 0819 1614 3022 **운영** 07:30~20:00 **예산** 식사 4만 5000루피아~, 커피 3만 루피아~ ※봉사료+세금 10% 추가

웰니스의 성지에서 즐기는

우붓 요가 스쿨

우붓 지역은 요가의 성지답게 시내 중심지와 외곽 지역에 요가를 배우고 수련할 수 있는
전문 스쿨과 센터가 많다. 1회 체험 클래스부터 정기 클래스까지 선택의 폭이 넓고 요가 종류도 다양하다.
여행 일정이 짧다면 우붓 내 숙소에서 진행하는 요가 클래스에 참여해본다.

① 요가 반 Yoga Barn

자연 친화적 분위기의 대규모 요가 센터
로 숙소, 스파, 요가 숍, 카페 등으로 이루
어져 있어 장기간 머물며 전문적으로 배
워볼 수도 있는 곳이다. 오전 이른 시간부
터 저녁까지 요가, 명상, 필라테스 등의
프로그램을 운영하며 전문 강사의 체계
적인 커리큘럼으로 진행한다.

가는 방법 코코 슈퍼마켓에서 도보 11분
주소 Jl. Sukma Kesuma, Peliatan, Ubud
문의 0361 971 236 **운영** 07:00~21:00
예산 1회 요가 클래스 15만 루피아~
홈페이지 www.theyogabarn.com

② 앨커미 요가 & 명상 센터 Alchemy Yoga & Meditation Center

넓은 정원과 전용 요가 공간은 물론 상점,
카페 등의 부대시설을 갖춘 우붓을 대표하
는 요가 센터다. 이곳에서 진행하는 요가
클래스는 서 있는 자세, 바닥 자세, 호흡,
명상, 강도 등을 바탕으로 11가지 종류로
구분된다. 자신의 레벨과 요가 종류별 특
징을 고려해 클래스를 선택하면 된다. 요
가 클래스 외에도 요일별, 시간대별로 다
양한 프로그램을 운영한다. 수업은 대부분
영어로 진행하며 홈페이지를 통해 사전 예
약해야 이용할 수 있다. 고요하고 평화로
운 분위기에서 요가와 명상을 즐겨보자.

가는 방법 빈탕 슈퍼마켓에서 도보 11분
주소 Jl. Penestanan, Sayan, Ubud
문의 0812 2837 5036 **운영** 07:00~20:00
예산 1회 요가 클래스 15만 루피아~
홈페이지 alchemyyogacenter.com

❸ 래디언틀리 얼라이브 Radiantly Alive

우붓 중심가에서 멀지 않은 곳에 위치
해 접근성이 뛰어나다. 우붓의 유명 요
가 센터답게 초보 클래스부터 전문가
클래스까지 수준 높은 커리큘럼의 요
가 프로그램이 마련되어 있으며, 현대
적 시설을 갖추고 있다. 다양한 국적의
요가 애호가들을 만나 교류하고 친목을
나눌 수 있는 사교장 역할도 한다. 레슨
이용권은 1일권부터 한 달 정기권까지
다양하다. 요가 센터 주변으로 로컬 식
당과 카페 등이 많아 가볍게 즐기면서
할 수 있는 요가 스쿨로 인기다.

가는 방법 우붓 왕궁에서 도보 8분
주소 Jl. Jembawan No.3, Ubud
문의 0361 978 055
운영 07:00~19:00
예산 1일 요가 클래스 15만 루피아~
홈페이지 www.radiantlyalive.com

❹ 상 스파 요가 센터 Sang Spa Yoga Centre

여행자를 대상으로 한 장기 숙소가 많
이 모여 있는 젬바완 거리에 위치한 스
파 & 요가 센터로 요가 클래스도 운영
한다. 스파를 이용하기 전후에 요가를
배워보는 것도 좋다. 규모는 작지만 단
일 프로그램으로 알차게 운영해 이용
자가 늘고 있다. 발리 하타 요가 클래
스는 매일 오전 10시에 75분간 진행
하며 사전 예약해야 참가할 수 있다.
심신 안정과 근육 이완을 통해 지친 몸
과 마음을 회복시키는 데 도움이 된다.
우붓 인기 스파 & 마사지 숍도 함께 운
영해 요가 후 스파와 마사지를 받으며
진정한 힐링을 만끽할 수 있다.

가는 방법 우붓 왕궁에서 도보 13분
주소 Jl. Jembawan No. 13B, Ubud
문의 0812 4611 3339
운영 09:00~22:00
예산 1회 요가 클래스 18만 5000루피아~
홈페이지 www.sangspaubud.com

우붓 나이트라이프

우붓 지역은 나이트라이프를 즐길 수 있는 곳이 그리 많지 않다. 우붓 시내 중심가에 라이브 바와
클럽 몇 곳을 운영하는 정도. 라이브 바는 요일마다 각기 다른 테마의 로컬 밴드가 공연한다.
보통 밤 9시 이후에 본격적인 공연이 시작되며 자정까지 분위기가 이어진다. ▶ 지도 P.018~019

엘오엘 바 & 레스토랑
L.O.L Bar & Restaurant

위치 몽키 포레스트 거리
유형 라이브 바
주메뉴 칵테일, 맥주

☺ → 부담 없는 가격과 분위기
☹ → 실내 흡연

매일 저녁 라이브 공연을 감상할 수 있는 우붓의
인기 바. 레게 음악이 주로 흘러나오며 비교적 저
렴하게 술과 요리를 즐길 수 있다는 점이 인기 요
인이다. 인도네시아의 인기 요리와 피자, 파스타
등 서양식 식사 메뉴도 가능하다. 본격적으로 분
위기가 무르익는 것은 저녁 8시 30분 이후이니
저녁 식사를 하고 조금 늦게 가서 가볍게 맥주 한
잔하며 즐기는 것이 좋다. 젊은 여행자들이 많이
찾는 것도 특징이다.

𝗚 가는 방법 우붓 왕궁에서 도보 8분
주소 Jl. Monkey Forest, Ubud
문의 0361 973 398
운영 11:00~01:00
예산 맥주 3만 5000루피아~, 피자 10만 루피아~
※봉사료+세금 15% 추가

CP 라운지
CP Lounge

위치 몽키 포레스트 거리
유형 나이트클럽
주메뉴 칵테일, 맥주

☺ → 신나는 DJ 음악
☹ → 평일에는 다소 썰렁한 분위기

이 일대에서 가장 큰 규모를 자랑하는 클럽으로
새벽까지 술을 마시며 시간을 보내기 좋은 곳이
다. 신나는 디제잉 음악(평일 밤 11시 이후)에 맞
춰 춤을 출 수 있는 공간이 안쪽에, 라이브 무대는
입구 쪽에 있다. 레게, 라틴 살사, 팝 등 다양한 장
르의 음악을 들려주는 라이브 밴드 공연도 열린
다. 시샤(물담배)를 피우거나 칵테일 또는 맥주를
마시며 춤과 음악을 즐길 수 있다.

𝗚 가는 방법 우붓 왕궁에서 도보 7분
주소 Jl. Monkey Forest, Ubud
문의 0361 978 954
운영 13:00~04:00
예산 모히토 8만 9000루피아~, 맥주(스몰) 4만
루피아~ ※봉사료+세금 15% 추가

라핑 부다 바
Laughing Buddha Bar

위치 몽키 포레스트 거리
유형 라이브 바
주메뉴 맥주, 칵테일

☺ → 라이브 밴드의 신나는 공연
☹ → 인기가 많아 자리가 부족

오랜 시간 한자리를 지키며 우붓의 밤을 책임져 온 곳이다. 일주일 내내 어쿠스틱, 라틴 살사, 펑키, 블루스, 로큰롤 등 각기 다른 매력을 발산하는 라이브 밴드의 공연이 매일 밤 열린다. 월요일 어쿠스틱(Akustika), 화요일 로큰롤(The Lighthouse), 수요일 라틴 소울(Trio Arms), 목요일 펑키(Un'brocken), 금요일 라틴 살사(Latiinesia), 토요일 로큰롤(Cooltones), 일요일 블루스(Barama Music) 공연이 있다. 본격적인 공연 전에 1+1 해피 아워 이벤트를 진행하니 공연을 시작하기 최소 30분에서 1시간 전에 자리를 잡고 신나게 나이트라이프를 즐겨보자. 생생하게 수준 높은 공연을 즐길 수 있는 이곳의 중앙 홀은 언제나 춤추는 사람들로 붐빈다. 흥겨운 노래에 취해 우붓의 밤을 만끽하고 싶은 사람들에게 추천한다.

가는 방법 우붓 왕궁에서 도보 9분
주소 Jl. Monkey Forest, Ubud
문의 0361 970 928
운영 16:00~24:00
예산 타파스 4만 5000루피아~, 맥주(스몰) 3만 5000루피아 ※봉사료+세금 16% 추가
홈페이지 www.laughingbuddhabali.com

포크 풀 & 가든스
Folk Pool & Gardens

위치 몽키 포레스트 거리
유형 풀 클럽
주메뉴 칵테일

☺ → 시원한 야외 풀과 푸른 정원을 만끽
☹ → 풀 사이드 자리는 기본요금 적용

좁은 골목 끝에 위치한 특별한 공간으로, 녹음이 우거진 조용한 공간에서 가벼운 식사와 칵테일을 즐기기 좋은 곳이다. 선베드와 풀 바가 딸린 야외 풀이 있어 이국적 분위기를 풍긴다. 오전과 낮 시간에는 풀(1인 7만 5000루피아)에서 더위를 식히며 식사나 음료를 즐기고 저녁에는 인기 영화를 관람하며 칵테일이나 맥주를 마시기 좋다. 데이 베드(기본요금 25만 루피아), 선베드(10만 루피아), 풀 사이드 좌석은 홈페이지나 왓츠앱을 통한 예약이 필수다. 좌석은 최대 4시간까지 이용할 수 있으며 오전, 오후로 나누어 예약 가능하다. 매일 오후 3시부터 7시까지는 해피 아워로 시원한 발리 맥주나 칵테일을 저렴하게 즐길 수 있다.

가는 방법 우붓 왕궁에서 도보 9분
주소 Jl. Monkey Forest, Ubud
문의 0361 9090 888
운영 10:00~22:00
예산 식사 10만 루피아~, 칵테일 12만 루피아~
※봉사료+세금 15% 추가
홈페이지 www.folkubud.com

우붓 쇼핑

우붓 시내 중심가는 우붓 아트 마켓을 중심으로 편집숍, 로컬 상점이 이어진다. 발리를 기념할 수 있는 작은 기념품부터 의류, 인테리어용품, 미술품 등 상품 종류도 다양하다. 거리 곳곳의 상점과 편집숍을 구경하며 우붓에서만 즐길 수 있는 쇼핑 매력에 빠져보자. ➡ 지도 P.018~019

우붓 아트 마켓
Ubud Art Market

위치 우붓 왕궁 인근
유형 아트 마켓
특징 현대식으로 새 단장

우붓의 필수 코스로 통하는 마켓으로 우붓 중심가인 라야 우붓 대로변에 있어 오전부터 늦은 저녁까지 이곳을 찾는 여행자들로 언제나 활기가 넘친다. 오랜 공사 끝에 과거의 낡은 재래시장 분위기를 버리고 2023년 4월 새롭게 개장했다. 현대식 2층 건물로 전보다 훨씬 쾌적해졌다. 1층에는 주로 잡화와 발리 기념품을 판매하는 작은 상점들이 입점해 있고 2층에는 의류와 사롱, 바틱, 가방, 패브릭 상점들이 자리를 잡았다. 상점마다 다르지만 터무니없이 비싼 가격을 부르기도 한다. 따라서 물건을 구입할 때는 시세 파악과 흥정은 필수이며 보통 현금으로 지불한다. 두 건물 사이, 상점이 늘어서 있는 우붓 골목 시장을 함께 둘러봐도 좋다.

가는 방법 우붓 왕궁에서 도보 1분 **주소** Jl. Raya Ubud No.35, Ubud
운영 10:00~17:00 ※상점마다 조금씩 다름

우붓 골목 시장 *Ubud Street Market*

지금의 신축 건물들이 생기기 전부터 있던 골목
시장으로 좁은 골목길 사이로 작은 상점들이 빼곡
하게 자리하고 있다. 상점 수는 많지만 판매하는
상품 종류는 대동소이하다. 새로 생긴 우붓 아트
마켓보다는 저렴한 편이지만 그래도 흥정이 필요
하니 시세를 잘 파악해두고 있어야 한다. 보통 가
방, 의류 등은 20만~35만 루피아 내외로 값을 부
르지만 실제로 구매할 때는 훨씬 저렴하다.

 바가지를 피하는 팁

☑ 우붓 시내 기념품 매장에서 정찰제로 판매하는 가격을 알아두면 흥정에 도움이 된다.
☑ 처음 제시하는 가격은 3~5배까지 비싸게 부를 수 있으니 최대한 낮은 가격으로 흥정을 시작한다.
☑ 어느 정도 흥정을 하고 나면 물건을 구입하는 것이 매너다.
☑ 가격이 마음에 들지 않는다면 마지막 흥정 전에 과감히 자리를 뜬다.

알고 가면 도움 되는 시세표

트레이 세트	라탄 가방	마그넷	사롱
25만 루피아~	10만 루피아~	2만 루피아~	5만 루피아~
인센스 홀더	병따개	세라믹 코스터	나무 그릇
5만 루피아~	5만 루피아~	2만 루피아~	7만 루피아~
드림캐처	휴양지풍 셔츠	원피스	포스터 그림
5만 루피아~	7만 루피아~	10만 루피아~	10만 루피아~

프리안카 우붓 아트 마켓
Prianka Ubud Art Market

위치 카젱 거리
유형 아트 마켓
특징 기념품, 잡화 가게로 구성

스타벅스 옆 골목으로 이어지는 프리안카 우붓 아트 마켓도 여행자들이 자주 찾는 관광 명소다. 우붓 아트 마켓 공사로 잠시 자리를 옮겨 운영하고 있다. 차량 진입이 불가한 카젱 거리Jl Kajeng를 따라 500m가량 아트 마켓이 이어진다. 길 끝에는 우붓의 한적한 논길과 마을이 자리해 산책 겸 구경 오는 사람이 늘고 있다. 입구부터 작은 이동식 숍이 옹기종기 자리하고 있으며 숍마다 상품 구성이나 가격은 대동소이하다. 길 반대쪽으로는 로컬 상점과 편의점, 카페 등이 있어 쇼핑 중 잠시 쉬어가기도 좋다. 단, 대부분 소규모 이동식 상점들이라 현금 결제만 가능하다.

가는 방법 우붓 왕궁에서 도보 1분
주소 Jl. Kajeng, Ubud
운영 09:00~20:00 ※상점마다 조금씩 다름

우붓 모닝 마켓
Ubud Morning Market

위치 우붓 아트 마켓 지하
유형 시장
특징 새벽부터 오전까지만 운영

과거 거리에서 열렸던 우붓 모닝 마켓이 이제는 새로 지은 우붓 아트 마켓 건물 지하에서 새벽부터 아침까지 열린다. 아침에 여는 시장이니만큼 서둘러 가야 활기찬 분위기를 느낄 수 있다. 또 늦게 가면 상품이 다 팔려 문을 닫는 곳이 많다. 내부는 깔끔한 편이며 작은 가게와 부스 형태로 이루어져 있고 육류, 해산물, 채소, 과일을 비롯한 식재료와 현지에서 많이 사용하는 말린 꽃, 바나나잎 등 상품이 다양하다. 현지인이 주로 이용하는 곳이라 영어가 통하지 않는 경우가 많지만 어느 정도 흥정이 가능하고 가격도 저렴한 편이다. 결제는 현금으로만 할 수 있다.

가는 방법 우붓 왕궁에서 도보 2분
주소 Jl. Raya Ubud, Ubud
운영 05:00~08:00 ※상점마다 조금씩 다름

빈탕 슈퍼마켓
Bintang Supermarket

위치	짬뿌한 다리 인근
유형	슈퍼마켓
특징	저렴하고 다양한 상품

우붓을 대표하는 슈퍼마켓으로 오랜 시간 한자리를 지켜오며 성업 중이다. 최근 리모델링을 마치고 보다 깔끔한 모습으로 변신했다. 1~2층으로 이루어져 있으며 1층은 식료품과 각종 생활용품, 2층은 여행자를 대상으로 한 기념품 등을 판매한다. 다른 곳보다 가격이 저렴하며, 우붓 여행 중 필요한 물건이 있을 때나 우붓 외곽 숙소로 이동할 때 들러 장을 보거나 귀국 전에 기념품 쇼핑을 하기 좋다. 슈퍼마켓 주변에 ATM, 환전소, 비자 사무소, 우체국 등이 있어 편리하게 이용할 수 있다. 단, 슈퍼마켓 주차장에 있는 ATM은 가급적 이용하지 않도록 한다.

가는 방법 우붓 왕궁에서 차량으로 6분
주소 Jl. Raya Sanggingan No.45, Sayan, Ubud
문의 0361 972 972
운영 08:00~22:00
홈페이지 www.bintangsupermarket.com

코코 슈퍼마켓
Coco Supermarket

위치	펭고세칸 거리
유형	슈퍼마켓
특징	식재료, 생활용품, 잡화, 기념품까지 취급

펭고세칸, 몽키 포레스트, 하노만 거리가 연결되는 삼거리에 위치한 대형 슈퍼마켓으로 여행자는 물론 현지인의 이용률도 높다. 냉방 시설과 쾌적한 환경이 갖춰져 여행 중 필요한 물품을 구입하기 좋다. 1층에는 각종 식품과 주류, 과일, 음료 등이 있고 2층에서는 발리와 우붓 기념품을 판매한다. 정찰제로 운영해 바가지 쓸 염려가 없고 신선 식품의 질과 가격 모두 좋은 편이다. 우붓 시내 쇼핑을 하기 전 2층 아트 마켓에 들러 기념품 시세를 파악해두면 좋다. 대형 주차장과 ATM 등이 있어 우붓 외곽에 위치한 숙소에서 픽업 & 드롭 장소도 활용하기도 한다.

가는 방법 우붓 왕궁에서 차량으로 7분
주소 Jl. Raya Pengosekan, Ubud
문의 062 361 972 744
운영 07:00~23:00
홈페이지 www.cocogroupbali.com

코우 퀴진
Kou Cuisine

위치	몽키 포레스트 거리
유형	잼 · 소금 · 비누 가게
특징	선물용으로 인기 있는 패키지 상품

일본인이 운영하는 상점으로 가장 인기 있는 밀크캐러멜 잼을 비롯해 망고, 딸기, 패션프루트 등 과일을 이용한 수제 잼(5만 5000루피아~), 발리 동부 쿠삼바 지역에서 생산한 시 솔트, 허브 솔트 등을 주로 판매한다. 우붓에 두 곳의 매장을 운영하는데 몽키 포레스트 거리의 매장은 잼과 소금을 판매하고 데위시타 거리의 매장은 비누를 전문적으로 판매한다. 디자인과 패키지가 예쁘고 에코백도 있어 선물용으로도 인기가 높다. 두 곳의 매장이 멀지 않으니 함께 둘러볼 것을 추천한다.

📍 **가는 방법** 우붓 왕궁에서 도보 3분
주소 Jl. Monkey Forest, Ubud
문의 082 145 569 664
운영 09:45~18:45
인스타그램 @koubali_official

발리 티키 3
Bali Teaky 3

위치	우붓 왕궁 인근
유형	티크 우드 소품 가게
특징	한국인 여행자들에게 인기

아기자기한 우드 소품 숍으로 한국인 여행자들에게 특히 인기가 많다. 티크 우드로 제작한 도마(10만 루피아~), 컵 & 찻잔 세트(15만 루피아), 트레이(3만 루피아~), 그릇(5만 루피아~), 숟가락이나 젓가락(4만 루피아~) 등의 우드 제품을 판매한다. 제품의 퀄리티가 좋고 가격도 정찰제라 흥정이 필요 없다는 게 큰 장점이다. 우붓에 세 곳의 매장을 운영하며 신용카드 결제도 가능하다. 일정 금액 이상 주문 시 우붓 시내에 한해 무료 배송도 해준다.

📍 **가는 방법** 우붓 왕궁에서 도보 1분
주소 Jl. Raya Ubud No.35, Ubud
문의 081 239 905 092
운영 08:30~22:00

콩피튀르 드 발리
Confiture de Bali

위치	구타마 거리
유형	잼 가게
특징	과육이 살아 있는 수제 잼

소박하면서도 사랑스러움이 가득한 작은 잼 가게로 꾸준히 인기가 많은 곳이다. 각종 열대 과일로 만든 수제 과일 잼(4만 루피아~)을 선보인다. 유통기간은 짧지만 한국에서 구입하기 어려운 열대 과일로 만든 수제 잼으로 맛도 좋고 패키지도 귀여워 인기가 뜨겁다. 과일 종류도 많고 사이즈도 다양하며 가격대도 합리적인 편이라 선물용으로 제격이다. 구입 전 시식을 할 수도 있으며 간단한 음료를 마실 수 있는 공간도 마련되어 있다. 응우라라이 국제공항에서도 구입할 수 있지만 이곳이 좀 더 싼 편이다.

🔍 **가는 방법** 우붓 왕궁에서 도보 6분
주소 Jl. Gootama No.4, Ubud, Kecamatan Ubud
문의 085 238 841 684
운영 09:00~22:00
홈페이지 www.confituredebali.net

차 차 숍
Cha Cha Shop

위치	몽키 포레스트 거리
유형	고양이 아이템 가게
특징	정찰제로 판매하는 고양이 아이템

귀여운 고양이를 테마로 한 다채로운 목각 제품을 판매하는 상점. 오랫동안 사랑받고 있는 곳으로 상품마다 가격표가 붙어 있어 흥정할 필요가 없다는 것도 장점이다. 로컬 상점과 비교했을 때 저렴한 편은 아니지만 다른 가게에서는 볼 수 없는 독특한 모양의 제품이 많아 희귀템을 고르는 재미가 있다. 고양이 달력·액자·캔들 홀더 등 발리 여행을 추억하기에 좋고 선물용으로도 만족스러운 귀여운 목각 제품이 다양하다. 작은 목각 고양이 제품은 3만 루피아부터. 카드 결제도 가능하지만 수수료가 추가된다.

🔍 **가는 방법** 우붓 왕궁에서 도보 5분
주소 Jl. Monkey Forest, Ubud
문의 085 738 930 130
운영 09:00~21:00

센사티아 보태니컬
Sensatia Botanicals

위치	우붓 왕궁 인근
유형	천연 화장품 가게
특징	인기 있는 코스메틱 브랜드

발리 동부 카랑가셈에서 코코넛 오일 비누를 만들어 판매하기 시작한 로컬 브랜드로 현재는 발리를 대표하는 천연 화장품 브랜드로 성장했다. 페이셜 & 보디 케어용품, 목욕용품 등 종류가 다양하며 모든 제품에 화학물질이나 합성 · 인공 물질을 사용하지 않는다. 발리 내 고급 리조트의 어메니티로도 사용할 정도로 발리에서 인지도가 높다. 발리 전역에 매장이 있다.

🜚
가는 방법 우붓 왕궁에서 도보 1분
주소 Jl. Monkey Forest No.64, Ubud
문의 0361 9081 562
운영 09:00~22:00
홈페이지 www.sensatia.com

블루 스톤 보태니컬
Blue Stone Botanicals

위치	하노만 거리
유형	아로마 제품 가게
특징	천연 에센스 오일이 유명

레몬그라스, 일랑일랑, 라벤더, 민트 등 발리의 천연 재료를 이용해 만든 아로마 제품을 판매하는 곳으로 우붓에 두 곳의 매장을 운영한다. 에센셜, 보디 오일을 비롯해 립밤, 모기 퇴치제, 수제 비누 등도 판매한다. 베스트셀러는 더운 날씨에 효과적인 발리 레인 미스트로, 보습 효과가 탁월하고 향이 좋다. 가격이 조금 비싸지만 품질이 좋은 편이며 포장도 예뻐 선물용 아이템으로도 인기다.

🜚
가는 방법 우붓 왕궁에서 도보 1분
주소 Jl. Dewisita No.1, Ubud
문의 085 205 517 097
운영 월~금요일 09:00~21:00,
토~일요일 11:00~21:00
홈페이지 bluestonebotanicals.com

아시타바
Ashitaba

위치	몽키 포레스트 거리
유형	라탄 가방, 라탄 소품
특징	라탄 제품으로 유명

가방, 인테리어 소품, 바구니 등 퀄리티 좋은 라탄 제품과 아시타바에서만 제작하는 제품도 취급한다. 우붓 외에 사누르와 스미냑에도 매장이 있다. 정찰제라 흥정할 필요가 없으며 신용카드 결제도 가능하다. 우붓 시장이나 길거리에서 판매하는 상품보다 조금 비싸지만 퀄리티가 좋은 편이다. 라탄 제품의 경우 마감 처리가 중요하므로 구입 전 상태를 잘 살펴보자.

🜚
가는 방법 우붓 왕궁에서 도보 11분
주소 Jl. Monkey Forest No.92, Ubud
문의 0361 971 922
운영 09:00~21:00
홈페이지 www.ashitababali.com

발리 부다 우붓
Bali Buda Ubud

위치	라야 우붓 거리
유형	식료품 가게
특징	비건을 위한 각종 제품 취급

우붓에 거주하거나 장기 체류하는 비건에게 필요한 각종 유기농 식재료와 생활용품을 판매한다. 오트밀, 귀리 등 곡물을 비롯해 신선한 유기농 과일과 채소, 건과일, 잼, 시리얼, 조미료, 커피, 음료, 초콜릿 등의 식품과 건강 보조제, 비누, 샴푸, 영양제, 친환경 모기 퇴치제 같은 생필품까지 다양하게 갖추고 있다. 같은 건물 2층에 비건 식사 메뉴와 디저트를 파는 베이커리 카페도 운영한다. 비건을 위한 다양한 상품을 갖추고 있어 지역 단골손님이 많다. 판매하는 모든 유기농, 친환경 제품에 대해 성분과 가공 방식 등을 자세하게 안내하고 있다.

가는 방법 우붓 왕궁에서 도보 7분
주소 Jl. Raya Ubud, Ubud
문의 0811 3831 1877
운영 07:00~22:00
홈페이지 www.balibuda.com

우브디
Ubdy

위치	하노만 거리
유형	티크 우드 소품 가게
특징	고급스러운 티크 우드 제품

하노만 거리에 자리한 티크 우드 소품만 취급하는 가게로 인도네시아에서 생산한 티크 우드로 만든 다양한 주방용품을 판매한다. 여행자의 구매욕을 자극하는 우드 그릇, 손잡이가 달린 사각 도마, 스푼, 포크, 찻잔, 컵, 트레이, 커틀러리 등 퀄리티 좋은 아이템이 가득하다. 거리의 일반 매장과 달리 최상급 제품만 셀렉트해 판매하는데 화학 페인트가 아닌 천연 올리브 오일로 마무리해 가격은 조금 비싼 편이다. 본점은 일본 오사카에 있으며 발리 우붓에 글로벌 분점이 있는 것도 특이한 점이다. 우붓 시내에서 판매하는 일반 티크 상품과 비교할 때 디자인과 마감 처리가 좋다.

가는 방법 우붓 왕궁에서 도보 9분
주소 Jl. Hanoman, Ubud
문의 0897 0960 709
운영 10:00~21:00
홈페이지 www.ubdy.jp

우붓 스파 · 마사지

우붓에는 조용하고 아름다운 환경에서 스파를 받을 수 있는 곳이 많다. 중급 이상의 리조트에서는
자체적으로 수준급 스파를 운영하며 시내 중심가에는 여행자를 위한 중저가 스파도 많다. 우붓의 스파는
보통 천연 재료로 만든 스파 제품을 사용하며, 왕복 교통편을 제공하는 곳도 많다. ▶ 지도 P.018~019

해븐리 스파
Heavenly Spa

위치   웨스틴 리조트 & 스파 우붓
유형   고급 스파

☺ → 전문적인 케어와 탁월한 실력
😖 → 우붓 외곽에 위치

가는 방법 우붓 왕궁에서 차량으로 25분
주소 Jl. Lod Tunduh, Singakerta, Ubud
문의 0361 8018 989
운영 10:00~22:00 ※사전 예약 필수
예산 해븐리 시그너처 마사지(60분) 100만
루피아~ ※ 봉사료+세금 21% 추가
홈페이지 www.marriott.com

웨스틴 리조트 & 스파 우붓 안에 있는 고급 스파로 투숙객은 물
론 외부에서도 찾아올 정도로 인지도가 높다. 수준 높은 테라피
스트들로 구성되어 있어 체계적이고 만족스러운 스파를 경험할
수 있다. 5개의 트리트먼트 룸, 가든에서 즐길 수 있는 야외 베
드, 월풀 등 최신 스파 시설을 자랑한다. 60분 코스로 진행하는
해븐리 시그너처 마사지는 커플과 신혼부부에게 특히 평이 좋다.

우붓 트래디셔널 스파
Ubud Traditional Spa

위치	파요간 지역
유형	중급 로컬 스파

☺ → 탁월한 실력으로 무장한 테라피스트
☹ → 개별적으로 이동하기엔 먼 거리

우붓과 잘 어울리는 목가적 분위기의 스파로 체계적인 시스템을 갖추었으며 실력 좋은 테라피스트들로 구성되어 있다. 우붓 로열 마사지와 코코넛 오일, 천연 시 솔트를 이용하는 라이스 파머 마사지가 시그너처다. 제대로 된 스파 서비스를 체험할 수 있는 곳으로 다소 외진 곳에 있는데도 여행자들에게 인기가 많다. 우붓 지역 내에서 2명 이상 예약하면 무료로 왕복 교통편을 제공해준다.

가는 방법 빈탕 슈퍼마켓에서 차량으로 3분
주소 Jl. Rsi Markandya, Payogan, Kedewatan, Ubud
문의 0877 6158 4407
운영 10:00~22:00 ※사전 예약 필수
예산 우붓 로열 마사지(60분) 48만 2000루피아~,
라이스 파머 마사지(60분) 26만 9000루피아
※봉사료+세금 10% 추가
홈페이지 www.ubudtraditionalspa.com

카르사 스파
Karsa Spa

위치	켈리키 지역
유형	로컬 스파

☺ → 아름다운 초록 풍경과 퀄리티 높은 마사지
☹ → 찾아가기 힘든 위치

우붓 시내에서 조금 떨어진 한적한 마을에 위치한 곳으로, 작은 규모지만 자연에 둘러싸여 스파를 받을 수 있다는 특별함 덕분에 인기가 높다. 조용하고 아름다운 우붓의 자연 속에서 디프 티슈 마사지, 타이 요가 마사지, 발리 마사지 등을 받을 수 있으며 키즈 마사지 프로그램도 운영한다. 다만 트리트먼트 룸이 단지 3개뿐이어서 사전 예약은 필수다.

가는 방법 우붓 왕궁에서 도보 40분
주소 Keliki, Jl. Markandia Jl. Bangkiang Sidem,
Ubud **문의** 081 353 392 013
운영 09:00~19:00 ※사전 예약 필수
예산 카르사 시그너처 마사지(60분) 26만 루피아,
타이 요가 마사지(90분) 40만 루피아
※봉사료+세금 포함, 카드 결제 시 3% 수수료 추가
홈페이지 www.karsaspa.com

푸트리 발리 스파
Putri Bali Spa

위치 상잉안 거리
유형 중급 로컬 스파

☺ → 가성비 좋은 중급 스파
☹ → 테라피스트들의 실력 차가 큼

여행 가이드 출신의 한국어가 가능한 남편과 실력 좋은 테라피스트 아내가 운영하는 인기 스파다. 작은 규모로 시작해 이제는 우붓에 세 곳, 꾸따에도 한 곳의 매장을 운영할 정도로 성장했다. 상잉안 지점은 네카 아트 뮤지엄과 가까워 뮤지엄 관람 후 방문하기도 좋다. 깔끔한 시설은 물론 테라피스트들의 실력과 서비스도 합격점이다. 시아추, 아로마, 핫 스톤, 밤부 마사지가 평이 좋다. 2인 이상 이용 시 픽업 서비스를 제공한다(편도만 가능).

가는 방법 빈탕 슈퍼마켓에서 차량으로 3분
주소 Jl. Raya Sanggingan, Kedewatan, Ubud
문의 081 936 318 394 **운영** 09:00~21:00
예산 핫 스톤 마사지(90분) 35만 루피아~, 시아추 마사지(60분) 25만 루피아
※봉사료+세금 포함, 카드 결제 시 3% 수수료 추가
홈페이지 www.putribalispa.com

발리 보태니카 데이 스파
Bali Botanica Day Spa

위치 네카 아트 뮤지엄 인근
유형 중급 로컬 스파

☺ → 가격 대비 만족도 높은 마사지
☹ → 다소 오래된 시설

우붓 스파 하면 빼놓을 수 없는 곳으로 오랜 시간 동안 마니아층을 형성한 스파. 여행자들 사이에서는 발리 전통 마사지가 평이 좋고, 몸의 균형을 잡아주는 데 도움을 주는 아유르베다 마사지와 차크라 마사지도 유명하다. 따뜻한 오일을 이용해 혈액순환에 도움이 되고 여행 중 쌓인 근육의 피로를 풀어주는 데 효과가 좋다. 전신을 비롯해 손, 발 등 원하는 부위를 집중적으로 케어해주는 마사지 프로그램도 있다.

가는 방법 우붓 왕궁에서 차량으로 25분
주소 Jl. Raya Sanggingan, Kedewatan, Ubud
문의 0821 4717 5150
운영 09:00~21:00 ※사전 예약 필수
예산 발리 마사지(60분) 19만 루피아~, 발 마사지(45분) 15만 루피아~ ※봉사료+세금 21% 추가
홈페이지 www.balibotanica.com

엔스 스파 센터
Jaens Spa Center

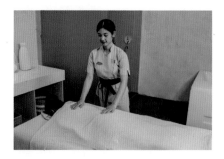

위치 네카 아트 뮤지엄 인근
유형 중급 로컬 스파

😊 → 고급스러운 분위기와 세심한 서비스
😣 → 현지 물가 대비 비싼 요금

화사한 외관과 고급스러운 분위기의 스파로 우붓에 두 곳의 매장을 운영한다. 발 마사지, 전신 마사지, 헤어 케어 등의 서비스를 제공한다. 마사지 전 시향을 통한 오일 선택과 개별적으로 집중하고자 하는 부위와 강도를 정할 수 있다. 대표 메뉴는 손바닥과 손가락 힘으로 누르며 뭉친 근육을 풀어주는 발리 전통 마사지다. 펭고세칸 지점에서는 스파용품을 판매하기도 한다. 우붓 시내 중심가에 있어 접근성도 뛰어나다.

📍
가는 방법 코코 슈퍼마켓에서 도보 6분
주소 Jl. Raya Pengosekan, Ubud
문의 0361 971 312 **운영** 09:00~21:00 ※사전 예약 필수 **예산** 발리 전통 마사지(120분) 78만 5000루피아~, 발 마사지(60분) 28만 5000루피아~
※봉사료+세금 17.5% 추가
홈페이지 www.jaensspa.com

우붓 보디웍스 센터
Ubud Bodyworks Center

위치 하노만 거리
유형 중급 로컬 스파

😊 → 가격 대비 만족도 높은 스파
😣 → 테라피스트들의 실력 차가 큼

1987년부터 운영하고 있는 역사 깊은 테라피 센터로 발리 전통 민간 치료법과 재활 운동을 통한 회복에 집중하는 곳이다. 여행자가 이용할 수 있는 서비스는 페이셜 케어와 보디 케어인데, 가장 인기 있는 보디 케어는 부드러운 지압으로 긴장을 완화시키고 혈액순환에 도움을 주는 릴랙싱 테라피다. 일반적인 스파 마사지와 달리 60분 이내의 짧은 코스가 특징이다. 전반적으로 가격도 합리적이라 이용자들의 만족도가 높다.

📍
가는 방법 우붓 왕궁에서 도보 9분
주소 Jl. Hanoman No.25, Ubud
문의 0361 971 393
운영 11:00~20:00 ※사전 예약 필수
예산 페이셜 케어(60분) 32만 5000루피아~, 릴랙싱 테라피(60분) 25만 5000루피아~ ※봉사료+세금 포함
홈페이지 ubudbodyworks.com

스미냑 & 짱구

SEMINYAK & CANGGU

스미냑 & 짱구

발리에서 가장 트렌디하고 힙한 동네로 통하는 곳이 바로 스미냑과 짱구다. 스미냑 비치에서 짱구 비치까지 연결되는 발리 서부 해안 풍경이 매우 아름답고 해변을 따라 발리에서 가장 핫한 비치 클럽이 줄줄이 이어져 있다. 작은 골목 깊숙한 곳에 숨겨진 풀 빌라와 발리 감성이 가득한 소품으로 꾸민 편집숍, 세련된 브런치 카페와 파인다이닝 레스토랑까지 모여 있어 쇼핑과 미식을 즐기기에 완벽한 곳이다. 발리의 트렌드와 라이프스타일을 선도하는 스미냑 & 짱구의 매력에 폭 빠져보자.

따나롯 사원

디지털 노매드

스미냑 비치

서핑의 성지

발리의 청담동

인기 비치 클럽

브런치

스미냑 & 짱구 추천 코스

스미냑 비치와 비치 클럽에서 만끽하는 비치 라이프

선셋이 아름다운 스미냑과 짱구에는 유독 비치 클럽이 많아 하루 종일 해변 일대에서 시간을 보내기 좋다. 대부분의 비치 클럽이 입장료나 기본요금을 내야 하는 만큼 신나게 놀아야 아쉬움이 없다. 저녁에는 근사한 다이닝과 빈탕 맥주로 하루를 마무리하는 것도 좋다.

➡ **소요 시간** 8~9시간

➡ **예상 경비**
교통비 20만 루피아 + 식비 50만 루피아 + 비치 클럽 50만 루피아 + 마사지 40만 루피아
= Total 160만 루피아~

➡ **기억할 것** 비치 클럽마다 좋은 자리일수록 기본요금이 있으니 비교는 필수. 보통 낮부터 선셋까지 즐기거나 늦은 오후부터 밤까지 이용한다. 스미냑의 선셋은 해변이나 비치 클럽, 비치 바 등에서 감상할 것을 추천한다.

F❤LLOW
이런 사람 팔로우!
➡ 신나는 서핑과 물놀이를 좋아한다면
➡ 발리의 비치 클럽을 만끽하고 싶다면
➡ 바다에서 느긋하게 여유를 즐기고 싶다면

📍 스미냑 비치 아침 산책
P.072

도보
이동

📍 스미냑 비치에서 서핑 또는 해변 즐기기
P.073

도보
이동

📍🍴 푸짐한 브런치
추천 리블버 스미냑 P.085

도보
5분

📍 스미냑 빌리지에서 쇼핑
P.090

라 브리사 발리

차로
10분

📍 비치 클럽
추천 라 브리사 발리 P.077

도보
이동

📍 비치 클럽에서 선셋 감상

도보
10분

아름다운 선셋

📍🍴 저녁 식사
추천 페니 레인 P.082

도보
2분

📍 스파 & 마사지
추천 에스파스 스파 P.097

특별한
하루 코스

2

짱구의 핫플과
따나롯 사원을
다녀오는 하루

스미냑 & 짱구에서 대표적인 관광
명소는 따나롯 사원이다. 이곳에서
바라보는 일몰이 매우 아름답기
때문에 오후에 다녀오는 게 좋다.
짱구 지역에는 힙한 카페와 상점이
많아 따나롯 사원을 오가는 길에
들르기 좋다.

FOLLOW
이런 사람 팔로우!
➥ 관광 명소 방문을 좋아한다면
➥ 소소한 쇼핑 재미를 느끼고 싶다면
➥ 인생 사진을 남기고 싶다면

➥ **소요 시간** 8~9시간

➥ **예상 경비**
따나롯 사원 입장료 6만 루피아 +
교통비 50만 루피아 + 식비 30만
루피아 + 비치 클럽 100만 루피아 +
마사지 40만 루피아
= Total 226만 루피아~

➥ **기억할 것** 짱구 지역은 도보로
이동하기 어렵고 명소가 넓게
분포해 있어 차량으로 다니는
것이 좋다. 알록달록한 빈백에서
여유롭게 즐기기 좋은 스미냑 비치
바에서 선셋을 감상해도 좋다.

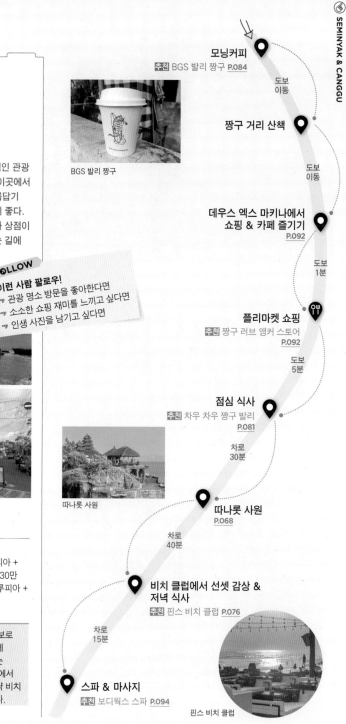

모닝커피
추천 BGS 발리 짱구 P.084

도보 이동

BGS 발리 짱구

짱구 거리 산책

도보 이동

데우스 엑스 마키나에서 쇼핑 & 카페 즐기기 P.092

도보 1분

플리마켓 쇼핑
추천 짱구 러브 앵커 스토어 P.092

도보 5분

점심 식사
추천 차우 차우 짱구 발리 P.081

차로 30분

따나롯 사원

따나롯 사원 P.068

차로 40분

비치 클럽에서 선셋 감상 & 저녁 식사
추천 핀스 비치 클럽 P.076

차로 15분

스파 & 마사지
추천 보디웍스 스파 P.094

핀스 비치 클럽

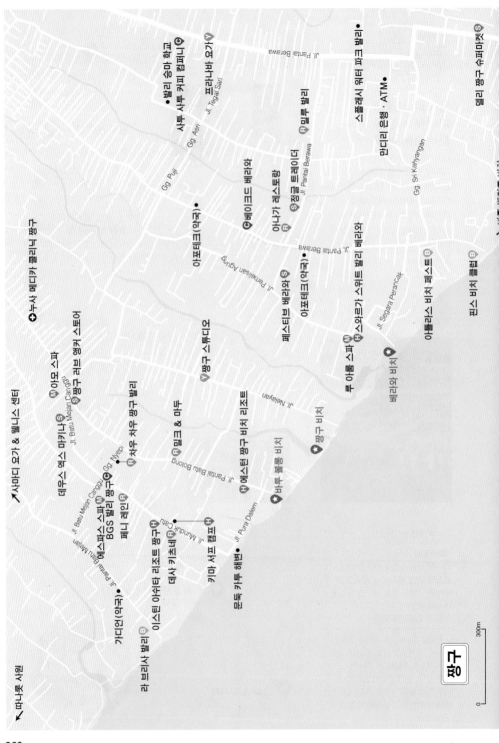

짱구

따나롯 사원 ↖

사마디 요가 & 웰니스 센터 ↗

✚ 누사 메디카 클리닉 짱구

데우스 엑스 마키나 S

Jl. Batu Mejan Canggu

M 아몬 스파

S 짱구 러브 앵거 스토어

에스파소 스파 M

BGS 발리 짱구 R

Gg. Nyepi

페니 레인 R

R 차우 차우 짱구 발리

Jl. Batu Bolong

Jl. Pantai Batu Bolong

Jl. Panba Batu Mejan

가든인 (약국) B

이스틴 아쉬타 리조트 짱구 H

데사 키친H

Jl. Munduk Catu

R 밀크 & 마두

R 밀크 & 마두

Jl. Mundu Catu

키마 서프 캠프 H

운둑 카루 헤븐 ✿

Jl. Pura Dalem

마투 볼롱 비치

V 짱구 스튜디오

밀크 & 마두

Jl. Nelayan

✿ 짱구 비치

라 브리사 발리

300m

0

발리 승마 학교 •

사투 사투 커피 컴파니 C

Jl. Tegal Sari

Gg. Asri

Gg. Puji

아포테크 (약국) •

Jl. Penelisan Agung

C 베이크드 베리와

아나가 레스토랑

S 짱구 트레이더

R 페스티브 베리와

아포테크 (약국) •

Jl. Pantai Berawa

S 페스티브 베리와

H 스와르가 스위트 발리 베라와

Jl. Segara Perancak

✿ 베라와 비치

M 루 아틀 스파

Jl. Pantai Berawa

발리 승마 학교 •

B 믈루 발리

스플래시 워터바 파크 발리 •

만디리 은행 · ATM •

Gg. Sri Kahyangan

B 핀스 비치 클럽

B 아틀라시스 비치 페스트

S 델리 짱구 슈퍼마켓

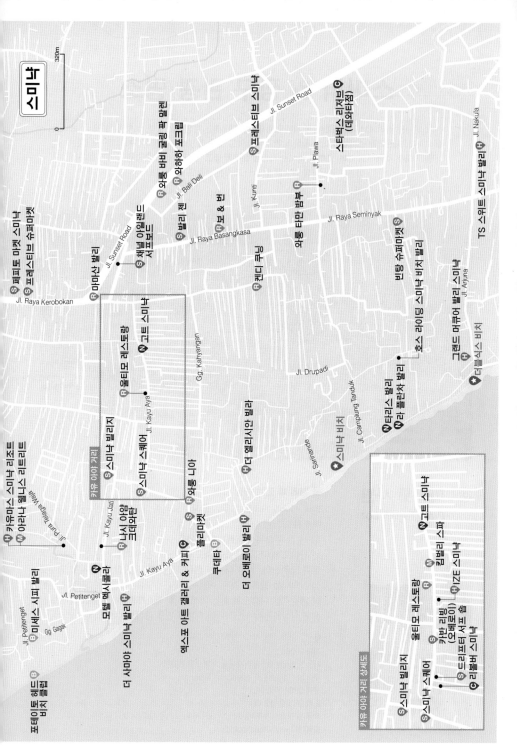

스미냑 & 짱구 관광 명소

스미냑은 발리에서 가장 트렌디한 지역으로 발리를 대표하는 유명 레스토랑, 비치 클럽, 숍이
즐비하다. 최근에는 스미냑에 이어 북쪽의 짱구 지역에도 핫 플레이스가 생겨나기 시작하면서 많은
여행자들이 주목하고 있다. 스미냑 비치는 서핑을 배우기 좋고, 짱구는 비치 클럽을 즐기기 좋다.
아름다운 선셋을 감상할 수 있는 따나롯 사원도 둘러보자.

ⓞ 따나롯 사원
Pura Tanah Lot

물 위에 떠 있는 해상 사원

발리 서부에 자리한 힌두 사원이자 발리를 대표하는 해상 사원. 바다와
마주하고 있는 풍경이 그림 같아 발리의 인기 관광 명소로 꼽힌다. 특
히 해 질 무렵에는 아름다운 일몰을 감상할 수 있어 시간 맞춰 방문하
는 사람도 많다. 다만 물이 차고 빠지는 시간에 따라 사원 방문 가능 여
부가 달라진다. 사원 내부는 힌두교 신자만 입장할 수 있지만 힌두교
성수 의식을 행하는 경우 사원 뒤쪽 계단까지는 입장이 허용된다. 주변
에 관광객을 대상으로 하는 아트 마켓, 레스토랑, 카페 등이 자리해 선
셋을 감상하면서 식사하거나 전통 공연을 감상할 수도 있다.

⊙
지도 P.066
가는 방법 스미냑 빌리지에서 차량으로 60분
주소 Jl. Tanah Lot, Beraban, Tabanan
문의 0361 880 361
운영 06:00~19:00
요금 일반 6만 루피아, 어린이 3만 루피아 ※주차비 5000루피아~
홈페이지 www.tanahlot.id

성수

발리 사람들은 성수가 따나롯 사원을 통해 들어온다고 믿으며 성수를 마시거나 뿌리는 세정 의식을 하기도 한다. 이렇게 하면 악한 기운을 쫓아내고 병을 치료하며 몸과 마음을 깨끗하게 해준다고 믿는다. 여행자도 의식에 참여할 수 있다.

뷰 카페

발리 수공예품과 각종 기념품을 판매하는 상점이 늘어선 아트마켓 뒤쪽으로 따나롯 사원을 바라보며 식사를 하거나 커피, 차 등을 마실 수 있는 뷰 카페가 많다. 사원까지 걸어가기 어려운 경우 이곳에서 풍경을 감상하기 좋다.

선셋 포인트

새롭게 정비한 뷰포인트로 힌두교 사원인 바투 볼롱 사원과 따나롯 사원 중간쯤에 자리한다. 현지인들의 휴식처이자 멋진 선셋을 감상할 수 있는 장소다. 간식거리와 음료 등을 파는 상점도 있다.

거대한 바위섬 위에 지은 따나롯 사원은 물이 빠지는 간조 시간에만 길이 생겨 사원으로 걸어갈 수 있어요. 물이 차는 만조 시간에는 보통 선셋을 감상할 수 있는 사원 주변의 뷰 카페에서 시간을 보내세요.

(02)

바투 볼롱 비치
Batu Bolong Beach

가장 인기 있는 서핑 성지

바투 볼롱 비치는 짱구를 대표하는 해변으로 발리섬 서북쪽에 위치한다. 발리의 핫 플레이스로 수준급 서퍼들이 모여드는 서핑 포인트이자 발리를 대표하는 비치 클럽들이 모여 있다. 파도가 크고 세기 때문에 수영이나 물놀이는 위험하지만 회색빛을 띠는 모래사장이 다른 해변보다 단단해 러닝이나 산책을 즐기기에 제격이다. 서핑을 즐기거나 멋진 서퍼들을 구경할 수 있기 때문에 항상 많은 사람이 찾아온다. 해변 인근에는 서핑 장비를 대여하거나 수리해주는 서프 숍과 맛있는 요리와 음료를 파는 카페, 상점이 있다.

지도 P.066
가는 방법 빈탕 슈퍼마켓에서 차량으로 7분 **주소** Jl. Pantai Batu Bolong, Canggu

(03) 짱구 비치
Canggu Beach

현지인과 짱구에 거주하는 외국인들이 즐겨 찾는 해변으로 파도가 커서 서핑 포인트로도 인기 있다. 해변 주변에 서핑 스쿨과 로컬 카페가 줄지어 있다.

지도 P.066
가는 방법 바투 볼롱 비치에서 도보 3분
주소 Jl. Pantai Canggu

(04) 베라와 비치
Berawa Beach

현지인들이 사랑하는 해변으로 모래가 곱고 깨끗해 주말이면 이곳에서 시간을 보내는 발리 사람들을 쉽게 볼 수 있다. 유명한 핀스 비치 클럽과 아틀라스 비치 클럽까지 걸어서 갈 수 있다.

지도 P.066
가는 방법 핀스 비치 클럽에서 도보 2분
주소 Pantai Berawa

(05) 바투 벨리그 비치
Batu Belig Beach

주변에 대형 리조트와 레스토랑, 카페 등이 밀집해 있어 언제나 여행자들로 붐비는 회색빛 해변이다. 산책을 즐기기 좋고 가까이에 마리 비치 클럽이 있다.

지도 P.066
가는 방법 마리 비치 클럽에서 도보 1분
주소 Pantai Batu Belig

(06)

스미냑 비치
Seminyak Beach

프라이빗 공간과 비치 클럽이 즐비한 인기 해변

쿠데타 비치 클럽과 라 플란차 발리 같은 비치 바까지 스타일리시한 분위기의 핫 플레이스가 즐비한 발리의 인기 해변이다. 모래사장이 넓고 경사가 완만한 편이며 다른 해변에 비해 깨끗하게 관리되어 있어 쾌적한 환경에서 서핑이나 수영, 물놀이를 즐길 수 있다. 해 지는 시간에는 해변에 가득한 빈백이 눈길을 사로잡는다. 다양한 컬러와 조명이 해변과 어우러져 특별한 풍경을 연출한다. 스미냑 비치에서 본격적인 시간은 해가 저물기 시작할 때부터. 로맨틱한 선셋을 감상하면서 신나는 디제잉 음악과 맛있는 음식, 음료를 즐기며 행복한 순간을 만끽해보자.

📍
지도 P.067
가는 방법 빈탕 슈퍼마켓에서 차량으로 7분
주소 Pantai Seminyak

─────────── 〉 스미냑 비치 주변 해변 〈 ───────────

페티텐젯 비치 *Petitenget Beach*

스미냑에서 인기 있는 해변으로 발리의 인기 비치 클럽인 쿠데타, 포테이토 헤드 비치 클럽, 미세스 시피 발리 등이 가까이 있어 많은 여행자들이 찾는다. ➡ 비치 클럽 정보 P.074

페티텐젯 비치

더블 식스 비치 *Double Six Beach*

스미냑 비치와 마주하고 있는 유명 리조트들과 일몰 시간에 펼쳐지는 빈백 행렬로 유명한 라 플란차 발리, 타리스 발리Taris Bali 비치 바가 자리한 해변이다.

타리스 발리

FOLLOW UP

알고 가면 더 제대로!
스미냑 비치에서 즐길 거리

스미냑 비치에서는 다른 해변에서 볼 수 없는 빈백이 깔린 비치프런트 바에서 선셋을 감상할 수 있다. 대부분의 비치 바에서 라이브 음악을 들려주거나 디제이 공연이 열려 파티 분위기가 물씬 난다. 물이 빠지는 오후 무렵에는 넓은 해변을 따라 승마를 즐길 수도 있다. 시원한 바닷바람과 함께 멋진 선셋을 만나보는 특별한 경험을 선사한다.

01 빈백에 누워 망중한 즐기기

스미냑에서 놓치지 말아야 할 즐거움 중 하나를 꼽으라면 단연 알록달록한 빈백이 깔린 비치프런트 바에서 시원한 맥주와 맛있는 음식을 먹으며 선셋을 감상하는 것이다. 가장 저렴하게 비치 라이프를 만끽할 수 있는 방법이기도 하다. 스미냑 비치에서는 오후가 되면 몇몇 비치프런트 바에서 해변에 선셋 관람과 식사를 위한 특별한 자리를 마련한다. 보통 2~4명, 최대 6명까지 이용할 수 있는 공간으로 파라솔과 빈백, 테이블, 캔들 등으로 꾸민다. 마음에 드는 곳을 골라 자리를 잡고 낭만 가득한 스미냑의 선셋을 즐겨보자.

• 타리스 발리 Taris Bali
가는 방법 빈탕 슈퍼마켓에서 차량으로 7분
주소 Jl. Camplung Tanduk, Seminyak
운영 16:00~24:00
요금 빈백 기본요금 15만 루피아~

02 스미냑 비치에서 즐기는 해변 승마

스미냑에는 승마를 체험할 수 있는 승마장이 있다. 장기 체류 여행자를 위한 전문적인 승마 강습과 어린이를 대상으로 하는 포니 캠프도 운영한다. 여행자들이 많이 이용하는 해변 승마 투어는 60분, 90분 코스로 나뉜다. 해변을 따라 선셋 라이딩을 즐기거나 무리를 지어 좀 더 긴 코스로 승마를 즐기기도 한다. 왓츠앱 또는 홈페이지를 통해 예약할 수 있다.

• 호스 라이딩 스미냑 비치 발리 Horse Riding Seminyak Beach Bali
가는 방법 빈탕 슈퍼마켓에서 차로 7분
주소 Seminyak, Kec. Kuta, Kabupaten Badung
문의 082 236 004 611 **운영** 07:30~19:00
요금 해변 승마(60분) 60만 루피아~ ※사전 예약 필수

'핫'하기로 소문난

스미냑 & 짱구의 비치 클럽 BEST 7

비치 클럽은 발리만의 특별한 문화로 일반 클럽과 달리 야외 풀장과 빈백, 선베드,
카바나 등을 갖추고 있다. 해변 바로 앞 또는 근처에 위치해 낮 시간에는 수영과
물놀이를 하며 식사나 음료를 즐기고 저녁에는 디제잉 음악을 배경으로 칵테일이나
맥주를 마시며 즐길 수 있는 멀티 플레이스다. ▶ 지도 P.066~067

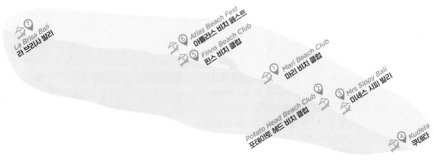

⑦ La Brisa Bali 라 브리사 발리

⑥ Atlas Beach Fest 아틀라스 비치 페스트

⑤ Finns Beach Club 핀스 비치 클럽

① Mari Beach Club 마리 비치 클럽

③ Mrs Sippy Bali 미세스 시피 발리

② Potato Head Beach Club 포테이토 헤드 비치 클럽

④ Kudeta 쿠데타

① 마리 비치 클럽 Mari Beach Club

대나무를 이용한 발리 전통 건축양식
의 건물에 이국적인 열대 분위기가 물
씬 풍기는 비치 클럽이다. 규모가 크고
각 공간이 여유롭게 배치되어 있어 다
른 비치 클럽에 비해 조금 덜 붐빈다는
것이 장점이다. 느긋하면서도 한가로
운 분위기라 아이들과 함께 즐기기에
도 부담이 없다. 바 자리는 기본요금이
없으며 그 외 자리는 각각 기본요금이
정해져 있다. 원하는 자리가 있는 경우
홈페이지를 통한 사전 예약을 추천한
다. 카메라, 셀카봉 등은 가지고 입장
하지 못한다.

가는 방법 바투 벨리그 비치에서 도보 1분
주소 Jl. Batu Belig No.66, Kerobokan
Kelod
문의 0361 9347 766
운영 12:00~22:00(금~일요일은
23:00까지)
예산 식사 15만 루피아~, 맥주 6만
루피아~ ※봉사료+세금 17% 추가
홈페이지 www.maribeachclub.com

② 포테이토 헤드 비치 클럽 Potato Head Beach Club

발리 비치 클럽 붐의 시작이 된 곳이다. 최근 더욱 거대한 규모로 업그레이드했다. 비치 클럽은 물론 호텔도 운영하며 환경을 위한 업사이클링 아이템을 판매하는 매장도 있다. 입장료는 없지만 메인 풀을 기준으로 풀사이드와 가든, 데이베드 등 좋은 자리는 대부분 기본요금이 있다. 평일과 주말, 오전과 오후, 비수기와 성수기 등에 따라 요금이 달라지므로 방문 전 홈페이지에서 확인하고 사전 예약하는 것을 추천한다. 페티텐젯 비치와 마주하고 있어 물놀이를 즐긴 후 방문해도 좋다.

가는 방법 스미냑 빌리지에서 차량으로 8분
주소 Jl. Petitenget No.51B, Seminyak
문의 0361 6207 979
운영 09:00~24:00(금 · 토요일은 02:00까지)
예산 피자 13만 루피아~, 맥주 6만 5000루피아~ ※봉사료+세금 20% 추가
홈페이지 seminyak.potatohead.co

③ 미세스 시피 발리 Mrs Sippy Bali

호주인 오너가 운영하는 비치 클럽으로 주로 서양인 여행자들이 찾는다. 바다가 보이지는 않지만 풀사이드에 데이베드와 카바나, 테이블 등으로 잘 꾸며놓았다. 평일과 주말에는 기본요금이 있으며, 특히 토요일에 가장 비싸다. 토요일을 제외한 저녁 시간에는 짐바란 해산물 요리를 내기도 한다. 입장료와 별도로 최소 주문 금액이 있으니 사전 예약 시 확인할 것. 1인 여행자를 위한 싱글 데이베드가 마련되어 있는 점도 특징이다.

가는 방법 스미냑 빌리지에서 차량으로 7분
주소 Jl. Taman Ganesha, Gang Gagak 8 Kerobokan, Seminyak
문의 082 145 001 007
운영 10:00~21:00 **예산** 햄버거 14만 루피아, 브런치 8만 루피아~
※봉사료+세금 17% 추가
홈페이지 www.mrssippybali.com

④ 쿠데타 Kudeta

스미냑에서 가장 오래된 비치 클럽이자 레전드 같은 곳으로 오랜 시간 한자리를 지키며 명성을 이어오고 있다. 풀사이드 주변의 데이베드는 별도의 기본요금이 있다. 아침부터 점심때까지 바다와 풀에서 시간을 보내며 즐기거나 멋진 선셋 타임에 방문해 근사한 다이닝 또는 칵테일을 즐기며 여유롭게 시간을 보내기도 좋다. 비치 클럽치고는 기본요금이 비교적 저렴하고 매주 일요일은 아이들과 함께할 수 있는 각종 이벤트가 열린다.

가는 방법 스미냑 빌리지에서 차량으로 4분
주소 Jl. Kayu Aya No.9, Seminyak
문의 0361 736 969 **운영** 08:00~24:00(금 · 토요일은 01:00까지) **예산** 스테이크 38만 루피아, 칵테일 12만 루피아~ ※봉사료+세금 18% 추가
홈페이지 www.kudeta.com

⑤ 핀스 비치 클럽 Finns Beach Club

스미냑과 짱구 중간에 위치한 비치 클럽으로 가장 손님이 많은 곳 중 하나다. 입장료는 없지만 구역과 베드 등 종류마다 기본요금이 달라진다. 원하는 자리가 있을 경우 홈페이지에서 사전 예약할 수도 있고 현장에서 바로 안내받아 이용할 수도 있다. 오후 3시 전에 입장 시 50% 할인해주며 VIP 존은 성인만 입장 가능하다. 알뜰하게 즐기고 싶다면 선셋 타임에 예약 없이 가서 기본요금이 없는 바 구역에서 해피 아워를 즐겨도 좋다. 성인만 이용 가능한 VIP 비치 클럽도 운영한다. 음료나 음식 반입은 금지이며 따로 소지품을 체크하니 유의할 것.

가는 방법 스미냑 빌리지에서 차량으로 30분
주소 Jl. Pantai Berawa No.99, Canggu
문의 0361 8446 327 **운영** 10:00~24:00
예산 칵테일 13만 5000루피아, 커피 3만 루피아~ ※봉사료+세금 18% 추가
홈페이지 www.finnsbeachclub.com

⑥ 아틀라스 비치 페스트 Atlas Beach Fest

발리에서 가장 규모가 큰 비치 클럽으로 새롭게 문을 열자마자 뜨거운 인기를 얻고 있다. 레스토랑도 운영해 아이를 데리고 가도 좋은 가족 친화적인 곳이다. 비치 클럽 안에 인기 레스토랑과 카페, 바 등이 있으며 자리에 따라 기본요금이 달라진다. 풀장을 이용하는 경우에는 별도로 테이블을 예약해야 하며 간단히 술을 마시는 정도라면 추가 요금이 없는 바 자리에 앉아도 좋다. 입장료에는 칵테일, 맥주, 논알코올 음료 중 하나를 선택할 수 있는 음료 쿠폰과 타월 교환권이 포함되어 있다. 어린이는 오후 7시부터 일부 구역은 입장하지 못한다.

가는 방법 스미냑 빌리지에서 차량으로 30분
주소 Jl. Pantai Berawa No.88, Tibubeneng
문의 0361 3007 222 **운영** 10:00~24:00
예산 입장료 25만 루피아 ※봉사료+세금 16% 추가
홈페이지 www.atlasbeachfest.com

⑦ 라 브리사 발리 La Brisa Bali

숲속 오두막 느낌의 아일랜드 감성이 매력적인 비치 클럽. 좁은 골목을 따라 들어가면 마치 히피들의 아지트처럼 자연 친화적인 건물들이 나타나고 야자수 사이로 숨어 있는 비치 클럽이 보인다. 에메랄드빛 풀장과 해변이 바로 보이는 주변의 세련된 비치 클럽과는 달리 내추럴한 분위기를 풍긴다. 짱구 지역에서도 전망 좋은 비치 클럽으로 손꼽히며 2층 테이블과 일부 바 자리는 기본요금도 없어 가볍게 음료나 칵테일을 즐길 수 있다. 비치 클럽 중에서는 비교적 가성비가 좋은 곳이며 매주 일요일에 플리마켓도 열린다. 해변에 있는 빈백 자리는 특히 선셋을 감상하기 좋아 일몰 시간에 사람이 몰린다.

가는 방법 빈탕 슈퍼마켓에서 차량으로 35분
주소 Jl. Pantai Batu Mejan, Canggu **문의** 0811 3946 666 **운영** 10:00~23:00 **예산** 식사 10만 루피아, 빈탕 맥주 4만 5000루피아~ ※봉사료+세금 17% 추가
홈페이지 www.labrisa-bali.com

스미냑 & 짱구 맛집

스미냑은 메인 거리인 카유 스미냑 거리Jl. Kayu Seminyak와 카유 아야 거리Jl. Kayu Aya를 중심으로 다양한 식당이 자리하고 있으며 짱구 지역은 골목 깊숙이 새로운 식당이 생겨나고 있다. 세련된 레스토랑과 목가적인 논 풍경을 바라보며 식사할 수 있는 곳이 많은 지역이다. ➡ 지도 P.066~067

누크
Nook

위치 우말라스 거리
유형 대표 맛집
주메뉴 샐러드 볼, 인도네시아 요리

☺ → 훌륭한 식사와 멋진 전망
☹ → 오픈 형태의 구조라 다소 더울 수 있음

스미냑의 한적한 우말라스 거리 1Jl. Umalas 1에 자리한 인기 레스토랑으로 파노라마로 펼쳐지는 푸른 논 풍경을 바라보며 식사할 수 있는 곳이다. 발리와 인도네시아의 인기 있는 요리와 서양 요리까지 두루 맛볼 수 있어 현지인은 물론 여행자들 사이에서도 유명해 언제나 분주하다. 한 접시에 제공하는 나시 짬뿌르와 샐러드 볼, 햄버거 등이 대표 메뉴다. 논이 바라보이는 자리도 있고 안쪽에도 자리가 있다.

가는 방법 포테이토 헤드 비치 클럽에서 차량으로 10분 **주소** Jl. Umalas 1 No.3, Seminyak **문의** 0361 8475 625 **운영** 08:00~23:00 **예산** 믹스 프루트 샐러드 5만 5000루피아~, 커피 3만 5000루피아~ ※봉사료+세금 16% 추가 **홈페이지** www.nookrestaurantbali.com

와룽 이탈리아 발리
Warung Italia Bali

위치 우말라스 거리
유형 대표 맛집
주메뉴 이탈리아 피자 · 파스타

☺ → 가성비 좋은 피자와 파스타 메뉴
☹ → 오픈된 공간이라 다소 더움

오랫동안 발리에서 꾸준히 사랑받고 있는 이탈리아 레스토랑으로 가격 대비 맛있는 이탈리아 요리를 즐길 수 있다. 골목 안에 있던 매장에서 초록의 논 풍경이 펼쳐진, 더욱 쾌적하고 넓은 지금의 자리로 옮겨왔다. 인기 메뉴는 역시 피자와 스파게티다. 기본 사이즈도 혼자서 먹기 힘들 정도로 양이 많다. 간단하게 먹기 좋은 라사냐, 메시 포테이토, 수프 등의 사이드 메뉴를 골라 먹을 수 있도록 샐러드 바처럼 운영한다.

📍 **가는 방법** 포테이토 헤드 비치 클럽에서 차량으로 9분
주소 Jl. Umalas 1 No.3 Kerobokan
문의 081 236 036 992
운영 10:30~23:00
예산 하와이안 피자 9만 루피아~, 음료 1만 6000루피아~ ※봉사료+세금 10% 추가

보 & 번
Bo & Bun

위치 라야 바상카사 거리
유형 신규 맛집
주메뉴 베트남 쌀국수, 타이 커리

☺ → 이국적인 아시아 요리 집합
☹ → 현지 물가 대비 약간 비싼 편

트렌디한 인테리어가 돋보이는 아시아 퓨전 레스토랑으로 베트남뿐 아니라 타이, 한국 요리도 선보인다. 시그너처 메뉴인 베트남 쌀국수는 12시간 끓인 육수 특유의 진한 국물 맛이 일품이다. 고수는 주문 시 넣거나 빼달라고 요청한다. 타이 그린 커리와 스프링 롤, 한국식 치킨 윙 등 술에 곁들이기 좋은 캐주얼한 단품 메뉴도 있다. 맛은 물론 플레이팅도 상당히 신경 쓰는 곳이다. 개방된 구조라 실내가 약간 더운 편이다.

📍 **가는 방법** 빈탕 슈퍼마켓에서 차량으로 3분
주소 Jl. Raya Basangkasa No.26, Seminyak
문의 085 935 493 484
운영 10:00~23:00
예산 쌀국수 11만 5000루피아~ ※봉사료+세금 15.5% 추가 **홈페이지** www.eatcompany.co

와룽 타만 밤부
Warung Taman Bambu

위치 프라와 거리
유형 로컬 맛집
주메뉴 나시 짬뿌르, 소토 아얌

☺ → 다양한 반찬을 조금씩 맛보기 좋음
☹ → 반찬 가격이 표시되어 있지 않음

스미냑의 인기 나시 짬푸르집으로 매일 달라지는 반찬을 골라 밥과 함께 먹는다. 생선튀김, 오징어 볶음, 그리고 나물과 비슷한 채소 반찬 등 인도네시아 가정식 스타일로 반찬 종류가 무척 많고 반찬에 따라 가격이 달라진다. 현지인에게는 소토 아얌 맛집으로 유명하다. 식당 안쪽에 편안하게 식사할 수 있는 공간도 있다. 반찬은 주인아주머니가 적당한 양을 덜어주며 가격은 표시되어 있지 않지만 그리 비싸지 않다. 밥과 반찬 3~5가지를 담으면 대략 4만 루피아 정도 나오며 현금 결제만 가능하다.

🚩 **가는 방법** 빈탕 슈퍼마켓에서 도보 7분
주소 Jl. Plawa No.10, Seminyak
문의 0361 8881 567
운영 09:00~20:00 **휴무** 일요일
예산 나시 짬뿌르 4만 루피아~ ※봉사료+세금 포함

와룽 니아
Warung Nia

위치 카유 아야 스퀘어
유형 대표 맛집
주메뉴 포크립, 사테

☺ → 푸짐한 양, 매운맛 조절 가능
☹ → 오픈된 공간이라 저녁 시간에는 모기 조심

카유 아야 스퀘어 안쪽에 복합 건물 형태로 이루어진 곳에 자리하고 있다. 대표 메뉴는 발리 스타일의 바비큐 양념으로 구워내는 포크립. 한국인 입맛에 잘 맞고 가격도 합리적이라 인기 있다. 매운맛을 단계별로 조절할 수 있는데 5~7단계 정도가 무난하다. 포크립 400g은 2명이 먹을 수 있는 양이며 사이드 메뉴를 곁들여도 좋다. 여행자를 대상으로 쿠킹 클래스도 진행한다. 다만 냉방 시설이 없어 낮 시간보다는 선선한 저녁 시간에 방문하는 것이 낫다.

🚩 **가는 방법** 스미냑 스퀘어에서 도보 5분 **주소** Jl. Kayu Aya No.19-21, Seminyak **문의** 087 761 556 688
운영 11:00~22:00 **예산** 포크립(400g) 15만 루피아~, 사테 세트 10만 루피아 ※봉사료+세금 16.6% 추가
홈페이지 www.warungnia.com

밀루 발리
Milu Bali

위치	판타이 베라와 거리
유형	대표 맛집
주메뉴	파스타, 햄버거

☺ → 논 전망으로 유명한 브런치 카페
☹ → 현지 물가 대비 비싼 가격

싱그러운 초록의 논 풍경이 펼쳐지는 카페 겸 레스토랑으로 아일랜드 감성이 가득한 인테리어로 꾸며져 있다. 아침 메뉴는 오전 8시부터 시작해 오후 3시까지 주문 가능하다. 브런치와 매콤한 알리오 올리오를 비롯해 파스타, 햄버거, 샌드위치 등 가벼운 메뉴부터 스테이크와 해산물 요리까지 메뉴 선택이 폭넓다. 서양식 메뉴가 많고 어린이 메뉴도 있어 아이와 함께 가기 좋은 식당으로 인기다. 현지 요리를 조금씩 맛볼 수 있는 나시 짬뿌르도 평이 좋다.

📍 **가는 방법** 아틀라스 비치 페스트에서 차량으로 4분
주소 Jl. Pantai Berawa No. 90 XO, Canggu
문의 082 247 114 441 **운영** 08:00~23:00
예산 파스타 9만 5000루피아~, 커피 3만 5000루피아~
※봉사료+세금 16% 추가

차우 차우 짱구 발리
Chow Chow Canggu Bali

위치	판타이 바투 볼롱 거리
유형	신규 맛집
주메뉴	포케, 퓨전 일식

☺ → 대중적이고 간단한 아시아 요리
☹ → 정통 일식을 기대한다면 패스

오리엔탈 분위기가 물씬 풍기는 아시아 퓨전 레스토랑으로 골목 안쪽에 자리하고 있음에도 꾸준히 찾는 이가 많다. 낮 시간에는 음료와 인기 메뉴 한 가지가 포함된 런치 세트가 가성비가 좋은 편이다. 포케·마키·스시 롤 같은 일본 단품 요리와 타이식 샐러드·커리, 최근에는 한국 요리도 몇 가지 선보이고 있다. 저녁에는 간단한 메뉴를 곁들여 칵테일, 와인을 즐기기에도 좋은 분위기다. 비건·베지테리언 메뉴가 다양한 것도 특징이다.

📍 **가는 방법** 라 브리사 발리에서 차량으로 4분 **주소** Jl. Pantai Batu Bolong Gg. Nyepi No.22, Canggu
문의 11:00~24:00 **운영** 081 7606 5633 **예산** 런치 세트 8만 루피아, 칵테일 10만 루피아~ ※봉사료+세금 15% 추가 **홈페이지** www.chowchowbali.com

울티모 레스토랑
Ultimo Restaurant

위치 카유 아야 거리
유형 대표 맛집
주메뉴 파스타

☺→ 찾기 쉬운 위치, 맛있는 요리
☹→ 다소 어두운 조명

야외 계단식 좌석과 루프톱 테라스까지 확장해 새로운 모습으로 문을 열었다. 시그니처 메뉴는 드라이 에이징 스테이크. 하지만 스테이크보다 캐주얼한 이탈리아 요리가 더 평이 좋다. 가벼운 런치 메뉴부터 저녁 식사로는 스테이크와 해산물 요리까지 취향에 따라 즐길 수 있다. 단, 주말 저녁에 식사하려면 예약해야 한다. 오후 5~7시 사이에 방문하는 것을 추천한다.

📍
가는 방법 스미냑 빌리지에서 도보 9분
주소 Jl. Kayu Aya No.78, Seminyak
문의 16:00~23:00 **운영** 081 3734 9771 **예산** 부라타 샐러드 17만 루피아, 파스타 16만 루피아~
※봉사료+세금 15% 추가
홈페이지 ultimorestaurant.com

페니 레인
Penny Lane

위치 판타이 바투 볼롱 거리
유형 대표 맛집
주메뉴 브런치, 로컬 요리

☺→ 이국적인 분위기가 매력적
☹→ 인기가 많아 대기는 필수

이 일대에서 가장 많은 손님들이 몰리는 핫 플레이스이자 인스타 감성 가득한 레스토랑. 마치 숲속에 온 듯한 착각이 들만큼 무성하게 피어난 열대 식물과 나무들 사이에서 식사나 음료를 마실 수 있다. 브런치를 맛볼 수 있는 오전과 오후에는 더위를 식히기 좋고, 해가 질 무렵이면 로맨틱한 분위기를 만끽하며 다이닝을 즐길 수 있다. 제공하는 요리 종류도 다양하고 주류 선택도 폭넓다.

📍
가는 방법 라 브리사 발리에서 차량으로 4분 **주소** Jl. Munduk Catu No.9, Canggu **문의** 085 174 427 085 **운영** 08:00~24:00(브런치 15:00까지) **예산** 브런치 9만 루피아~, 단품 요리 7만 루피아~
※봉사료+세금 16% 추가
홈페이지 www.pennylanebali.com

와룽 바비 굴링 팍 말렌
Warung Babi Guling Pak Malen

위치 선셋 로드 거리
유형 로컬 맛집
주메뉴 바비 굴링

☺→ 제대로 된 바비 굴링 맛집
☹→ 부위에 따라 호불호가 갈림

발리의 별미 요리로 통하는 통돼지구이, 바비 굴링으로 유명한 곳이다. 이 일대에서 현지인이 가장 많이 찾는 곳으로 저렴하게 맛있는 한 끼를 해결할 수 있다. 제대로 구운 통돼지구이를 부위별로 한 그릇에 담아준다. 곁들여내는 매콤한 삼발 소스도 중독성이 강하다. 돼지 껍질은 금방 동이 나서 이른 시간에 서둘러 가야 제대로 된 구성의 바비 굴링을 맛볼 수 있다.

📍
가는 방법 빈탕 슈퍼마켓에서 차량으로 5분
주소 Jl. Sunset Road No.554, Seminyak
문의 085 100 452 968
운영 09:00~18:00
예산 바비 굴링 4만 루피아~
※봉사료+세금 10% 추가

나시 아얌 크데와탄
Nasi Ayam Kedewatan

위치 카유 자티 거리
유형 대표 맛집
주메뉴 나시 아얌, 삼발 소스

☺ → 현지인들도 인정하는 정통의 맛
😓 → 다소 더운 야외 공간

오랜 역사와 전통이 있는 인기 맛집으로 닭을 이용한 단품 요리 한 가지만 낸다. 닭고기와 껍질 등의 부위를 볶아 매콤한 특제 삼발 소스와 함께 먹는데 매운 정도가 상당하다. 매운맛에 강한 한국인 입맛에도 아주 맵게 느껴질 정도다. 오랜 시간 이 집만의 맛을 지켜오면서도 여전히 저렴한 가격을 유지해 현지인들에게 절대적인 지지를 받는 곳이다. 배달이나 포장 구매도 많다.

📍 **가는 방법** 스미냑 스퀘어에서 도보 7분
주소 Jl. Kayu Jati No.12, Patitenget, Seminyak
문의 0361 4740 031
운영 08:00~21:00
예산 나시 아얌 스페셜 3만 5000루피아~ ※봉사료+세금 10% 추가

와하하 포크립
Wahaha Pork Ribs

위치 선셋 로드 거리
유형 로컬 맛집
주메뉴 포크립, 사테

☺ → 쾌적하고 넓은 실내 공간
😓 → 현지 물가에 비해 약간 비싼 편

돼지고기를 이용한 발리의 다양한 인기 메뉴를 선보인다. 2009년에 운영을 시작해 현재는 발리에 세 곳의 매장을 운영한다. 숯불에 구워내는 꼬치, 시그너처 족발, 포크립, 삶은 고기, 튀긴 돼지 껍질 등 다양한 부위와 재료에 어울리는 조리법을 사용한다. 대표 메뉴들을 조금씩 맛볼 수 있는 나시 짬뿌르 와하하nasi campur wahaha를 새로운 메뉴로 내놓았다.

📍 **가는 방법** 빈탕 슈퍼마켓에서 차량으로 5분 **주소** Jl. Sunset Road No.1689, Seminyak **문의** 0361 8475 655 **운영** 11:00~22:00 **예산** 포크립(300g) 9만 8000루피아, 나시 짬뿌르 8만 5000루피아 ※봉사료+세금 16% 추가 **홈페이지** www.wahaharibs.com

아나가 레스토랑
Anaga Restaurant

위치 판타이 베라와 거리
유형 신규 맛집
주메뉴 카오 팟, 팟타이

☺ → 가격 대비 퀄리티 높은 음식
😓 → 작은 규모에 협소한 자리

타이 요리를 전문으로 하는 레스토랑으로 규모는 작지만 2층으로 나뉘어 있고 조용한 분위기에서 식사하기 좋다. 인테리어가 트렌디하고 짱구 지역에서 타이 현지 맛에 가까운 요리를 내는 곳으로 평이 좋다. 새콤달콤한 국물 맛이 매력적인 똠얌꿍과 타이식 볶음면 팟타이, 그린 커리, 카오 팟 등이 인기 메뉴다. 해피 아워는 오후 3~7시로 칵테일 1+1 이벤트도 진행한다.

📍 **가는 방법** 아틀라스 비치 클럽에서 차량으로 4분 **주소** Jl. Pantai Berawa No.88, Canggu **문의** 0812 3922 3399 **운영** 11:00~22:00 **예산** 팟타이 8만 루피아~, 똠얌꿍 8만 루피아~ ※봉사료+세금 15% 추가

스미냑 & 짱구 카페

스미냑 & 짱구 지역의 카페는 인도네시아 각지에서 들여오는 원두를 사용하는 곳이 많으며
발리에 장기 체류하는 서양인 서퍼와 여행자가 주로 찾는다. 대부분 인터넷 서비스와 냉방 시설을
갖추고 있어 쾌적하며 잠시 들러 커피를 마시기 좋다. ▶ 지도 P.066~067

BGS 발리 짱구
BGS Bali Canggu

위치   문둑 카투 거리
유형   인기 카페
주메뉴   아몬드 밀크 플랫 화이트

😊 → 심플하면서도 멋스러운 분위기와 커피 맛
😕 → 협소한 공간에 자리가 적은 편

서퍼를 위한 카페를 목표로 하는 곳으로 서퍼가 많은 짱구, 드림랜드,
울루와뚜에 매장이 있으며 최근 우붓에도 매장을 냈다. 서핑 정보 교류
가 이루어지는 공간이자 다양한 서핑용품도 판매해
서퍼들이 서핑하러 오가는 길에 들르곤 한다. 이곳
에서 사용하는 원두는 수마트라 만델링 지역에서 생
산하는 아라비카종으로 산미가 약하고 뒷맛이 달콤
하다. 기본적인 커피 메뉴, 간단한 페이스트리와 함께
자체적으로 만든 텀블러, 티셔츠 등도 판매한다.

가는 방법 라 브리사 발리에서
차량으로 4분
주소 Jl. Munduk Catu No.1, Canggu
문의 087 861 813 103
운영 07:30~22:00
예산 아몬드 밀크 커피 4만 루피아~,
롱블랙 3만 루피아~ ※봉사료+세금
포함 **홈페이지** www.bgsbali.com

리빙스톤
Livingstone

위치	페티텐젯 거리
유형	인기 카페
주메뉴	커피, 빵, 브런치

☺ → 넓은 공간과 맛있는 커피
☹ → 식사 메뉴보다는 커피가 인기

열대 식물이 가득하고 크루아상을 비롯한 빵과 커피, 식사 메뉴까지 있으며 커피 맛이 좋기로 유명하다. 2014년 오픈 이후 다양한 원두와 블렌딩을 선보이며 커피 맛에 대한 진정성을 보여주고 있다. 시그너처 메뉴인 킨타마니 블렌딩 외에도 아체 가요와 수마트라 최상급 원두를 조합한 짱구 블렌딩 원두는 풀 보디의 약한 산미가 특징이며, 카페 라테는 고소하면서도 풍미가 좋다. 냉방 시설을 갖춘 실내에서 노트북 작업을 하거나 쉬어가기도 좋다. 우붓에도 매장이 있다.

📍
가는 방법 포테이토 헤드 비치 클럽에서 차량으로 13분
주소 Jl. Petitenget No.88X Kerobokan
문의 0361 4735 949 **운영** 07:00~22:00
예산 커피 3만 5000루피아~, 프루트 티 3만 8000루피아
※봉사료+세금 16.5% 추가
홈페이지 www.livingstonebakery.com

리볼버 스미냑
Revolver Seminyak

위치	카유 아야 거리
유형	인기 카페
주메뉴	브런치, 커피

☺ → 힙한 분위기의 브런치 카페
☹ → 커피보다는 식사 위주의 분위기

원래는 스페셜티 커피를 전문으로 하는 카페였지만 현재는 아침부터 늦은 밤까지 발리의 모든 다이닝을 책임지는 레스토랑 겸 카페로 변신했다. 인도네시아 전역에서 들어오는 최상의 원두를 바탕으로 커피 맛을 선도하고 있으며 여기에 호주식 브런치 문화를 접목시켜 발리만의 매력을 보여주는 공간으로 주목받고 있다. 브런치, 그래놀라, 아사이 볼 등이 인기 있어 커피보다는 식사를 하러 오는 사람이 많다. 응우라라이 국제공항을 비롯해 발리에 총 5개 매장이 있다.

📍
가는 방법 스미냑 빌리지에서 도보 3분
주소 Jl. Kayu Aya No.Gang 51, Seminyak
문의 081 238 428 343 **운영** 07:00~23:00
예산 빅 브레키 11만 루피아, 커피 3만 루피아~
※봉사료+세금 16% 추가
홈페이지 www.revolverbali.com

엑스포 아트 갤러리 & 커피
Expo Art Gallery & Coffee

위치 카유 아야 거리
유형 로컬 카페
주메뉴 카페 라테, 피콜로 라테

☺ → 아기자기한 카페 분위기와 저렴한 커피값
☹ → 좌석이 적음

아기자기하게 꾸민 카페로 지역 작가들의 다채로운 미술 작품을 전시하고 판매하기도 한다. 빈티지 감성의 인테리어도 눈에 띈다. 규모는 작지만 시원한 실내에서 커피를 마시며 시간을 보내기 좋다. 아라비카와 로브스터로 블렌딩한 자바산 원두를 이용해 호불호 없는 커피 맛이 특징이고, 바리스타의 실력이 좋아 만족도가 높은 편이다. 이른 아침에는 귀여운 미니밴 퀴키Quickie를 몰고 인근 해변으로 이동해 운영하기도 한다.

📍 **가는 방법** 스미냑 플리마켓에서 도보 3분
주소 Jl. Kayu Aya No.7, Seminyak
문의 081 238 500 428
운영 06:30~18:30 **예산** 카페 라테 3만 5000루피아,
피콜로 라테 3만 루피아 ※봉사료+세금 포함

사투 사투 커피 컴퍼니
Satu Satu Coffee Company

위치 판타이 베라와 거리
유형 로컬 카페
주메뉴 루왁 플랫 화이트

☺ → 발리 로컬 원두를 취급하는 카페
☹ → 이른 시간에 운영 종료

발리 북부 지역에 자체 커피 농장을 운영할 만큼 커피에 진심인 카페. 발리에서 생산하는 최상급 원두(루왁, 킨타마니, 순다라 패밀리)를 바탕으로 로스팅한 원두만 사용한다. 다양한 브루잉 방식으로 커피를 추출하며 합리적인 가격에 퀄리티 좋은 커피를 마실 수 있는 곳이다. 샥슈카, 햄버거, 샐러드 등 단품 식사 메뉴도 있다. 아침 시간에는 손님이 많아 기다림을 감수해야 한다. 일부러 찾아갈 정도는 아니지만 카페 주변에 머문다면 들러볼 만하다.

📍 **가는 방법** 핀스 비치 클럽에서 차량으로 7분
주소 Jl. Pantai Berawa No.36, Tibubeneng, Canggu
문의 087 862 077 011 **운영** 07:30~16:00
예산 커피 3만 루피아~ ※봉사료+세금 포함
홈페이지 www.satusatucoffeecompany.com

KYND 커뮤니티 스미냑
KYND Community Seminyak

위치 페티텐젯 거리
유형 신규 카페
주메뉴 스무디 볼, 비건 음식

☺ → 다양한 비건 메뉴
☹ → 여행자들에게만 유명한 곳

건강한 재료를 이용한 스무디 볼을 비롯해 다양한 비건 메뉴와 음료, 커피 등을 낸다. 카페를 넘어 비건을 위한 요리와 문화, 생활 등에 관한 교육과 커뮤니티 활동을 벌이며 각종 굿즈를 판매하기도 한다. 인스타그램에서 특히 핫한 카페로, 핑크 톤으로 인테리어를 꾸며 포토존으로도 인기가 많다. 저녁 식사는 예약해야 한다.

📍**가는 방법** 스미냑 빌리지에서 차량으로 8분
주소 Jl. Petitenget No.12 Kerobokan Kelod, Seminyak
문의 085 931 120 209
운영 07:30~22:00
예산 스무디 볼 9만 루피아~, 음료 4만 루피아~
※봉사료+세금 16% 추가
홈페이지 www.kyndcommunity.com

스타벅스 리저브(데와타점)
Starbucks Reserve(Dewata)

위치 선셋 로드 거리
유형 신규 카페
주메뉴 커피, 디저트

☺ → 발리 분위기가 넘치는 스타벅스
☹ → 교통 체증이 심한 대로변에 위치

발리에서 유일한 스타벅스 리저브 매장으로 커피 맛은 물론 발리 감성이 가득한 인테리어도 이곳을 찾는 이유다. 아시아에서 가장 큰 스타벅스로도 유명할 정도로 규모가 크고 각종 디저트와 굿즈 상품을 판매한다. 라테 아트 클래스, 커피 테이스팅, 커피 투어 등 다양한 체험 활동도 가능하다. 데와타점의 시그너처 메뉴는 라벤더 라테다.

📍**가는 방법** 빈탕 슈퍼마켓에서 차량으로 6분
주소 Jl. Sunset Road No.77, Seminyak, Kuta
문의 0361 9343 482
운영 08:00~22:00
예산 커피 4만 7000루피아~, 프라푸치노 7만 7000루피아~
※봉사료+세금 16% 추가
홈페이지 starbucks.co.id

스미냑 & 짱구 나이트라이프

스미냑의 나이트라이프는 유명 디제이나 로컬 디제이들이 출현해 신나는 음악을 즐길 수 있는
비치 바와 비치 클럽이 대세지만 라이브 밴드 공연과 함께 시원한 맥주를 마시기 좋은
도심의 펍과 바도 여행자들에게 인기 있다. ➡ 지도 P.066~067

라 플란차 발리
La Plancha Bali

위치	더블 식스 비치
유형	빈백 비치 바
기본요금	1인 15만 루피아

☺ → 분위기 깡패, 아름다운 선셋 감상은 필수
☹ → 흐린 날이나 우기에는 비추

지금의 해변 빈백 열풍을 만들어낸 스미냑의 원조 비치 바다. 해 질 무렵이면 해변에 컬러풀한 빈백이 깔리고 중독성 강한 비트의 디제이 음악이 들려오기 시작한다. 해변 쪽 빈백은 기본요금이 있지만 바다를 더 가까이에서 즐길 수 있어 인기다. 본격적인 선셋 타임에는 자리가 없으니 좋은 자리에 앉으려면 조금 일찍 가서 자리를 잡아야 한다. 해변이 아닌 건물 형태의 2층 좌석은 기본요금이 없고 멋진 전망을 감상하기에도 좋다. 간단하게 스낵, 피자 등을 먹으며 술과 음악, 선셋까지 즐겨보자.

📍 **가는 방법** 빈탕 슈퍼마켓에서 차량으로 7분 **주소** Jl. Mesari Beach, Seminyak **문의** 087 861 416 310 **운영** 07:30~24:00 **예산** 빈탕 맥주(스몰) 4만 루피아~, 피자 8만 5000루피아~ ※봉사료+세금 15% 추가 **홈페이지** www.lydbaligroup.com

모텔 멕시콜라
Motel Mexicola

위치	카유 자티 거리
유형	레스토랑 & 클럽
주메뉴	칵테일, 맥주

😊 → 이국적인 남미 분위기
😫 → 취객이 자주 발생해 어수선함

점심과 저녁 시간은 레스토랑에서 멕시코 요리를 즐기는 분위기다. 손님의 대부분은 서양 여행자이며 과카몰리, 타코, 세비체 등 중남미 요리 메뉴가 많은 것도 특징이다. 시간이 늦어질수록 광란의 밤을 보내기 좋은 클럽 분위기로 변신, 신나게 춤과 음악을 즐길 수 있는 완벽한 파티 공간으로 바뀐다. 주말 저녁에는 발 디딜 틈이 없을 정도로 사람들이 모여들어 나이트라이프를 즐기기 좋다.

가는 방법 스미냑 빌리지에서 도보 8분
주소 Jl. Kayu Jati No.9X, Kerobokan Kelod
문의 0361 736 688
운영 11:00~01:00(금·토요일은 01:30까지)
예산 맥주 5만 5000루피아~, 타코 5만 루피아~
※봉사료+세금 17% 추가
홈페이지 motelmexicola.info

고트 스미냑
The Goat Seminyak

위치	카유 아야 거리
유형	스포츠 펍
주메뉴	칵테일, 맥주

😊 → 라이브 밴드 공연
😫 → 실내 흡연 가능

라이브 밴드를 연주하거나 TV 화면에 럭비, 경마, 크리켓 등 호주 스포츠 채널의 각종 경기를 틀어 놓는다. 호주 여행자들이 많이 찾는 펍으로 신나게 노래하며 술 마시는 자유분방한 분위기가 특징이다. 특별함보다는 가볍게 시끌벅적한 분위기에서 맥주 한잔하기 좋다. 아침부터 늦은 밤까지 운영하며 칵테일에 관심 있는 사람들을 대상으로 칵테일 클래스도 진행한다.

가는 방법 스미냑 빌리지에서 도보 10분
주소 Jl. Kayu Aya A Oberoi No.176, Kerobokan Kelod, Seminyak
문의 082 146 180 370 **운영** 09:00~03:00
예산 맥주 4만 루피아~, 칵테일 11만 루피아~
※봉사료+세금 15% 추가
홈페이지 www.thegoatbali.com

스미냑 & 짱구 쇼핑

스미냑 & 짱구 쇼핑의 중심은 라야 스미냑 거리와 카유 아야 거리다. 크고 작은 인테리어 소품, 의류,
기념품 매장이 모여 있다. 스미냑은 걸어다니며 구경할 수 있지만 짱구 지역은 도보로 이동하기엔 무리다.
대형 슈퍼마켓은 식재료와 기념품도 판매해 여행자들이 많이 찾는다. ➡ 지도 P.066~067

빈탕 슈퍼마켓
Bintang Supermarket

위치	라야 스미냑 거리
유형	슈퍼마켓
특징	식재료, 생활용품, 기념품

스미냑을 대표하는 인기 슈퍼마켓으로 새롭게 단장
해 매장이 훨씬 쾌적해졌다. 1층은 식품관, 2층은
생활용품 및 기념품 매장으로 운영한다. 식품관에
서는 열대 과일과 채소, 육류, 해산물, 음료, 유제품,
스낵, 커피 등을 살 수 있다. 30만 루피아 이상 쇼핑
할 경우 3km 이내 거리는 무료 배송도 가능하다.

가는 방법 꾸따 비치워크 쇼핑몰에서 차량으로 12분
주소 Jl. Raya Seminyak No.17, Seminyak
문의 0361 730 552 **운영** 07:30~22:00
홈페이지 www.bintangsupermarket.com

스미냑 빌리지
Seminyak Village

위치	카유 자티 거리
유형	쇼핑몰
특징	다수의 브랜드 입점

스미냑 지역에 새롭게 문을 연 최신식 쇼핑몰. 1층
에는 폴로, 크록스, 닥터마틴, 센사티아 보태니컬
등과 발리의 로컬 브랜드와 각종 기념품을 파는 편
집숍 마켓 플레이스Market Place도 들어서 있다. 2
층에는 글로벌 의류 브랜드 H&M이 단독 입점해
있다. 쇼핑몰 안에 환전소와 ATM 등도 있다.

가는 방법 스미냑 스퀘어에서 도보 1분
주소 Jl. Kayu Jati No.8, Seminyak
문의 0361 738 097 **운영** 10:00~22:00
홈페이지 www.seminyakvillage.com

스미냑 스퀘어
Seminyak Square

위치	카유 아야 거리
유형	아케이드
특징	각종 브랜드 입점

2층으로 이루어진 쇼핑몰로 레스토랑, 서점, 주류 숍 및 각종 서핑 브랜드 매장과 메가 마트가 자리해 있으며 최근 2층은 호텔로 리모델링해 운영한다. 메가 마트는 빼곡하게 진열된 기념품과 간단한 스낵과 음료를 파는데 가격은 다소 비싼 편이다. 스미냑 쇼핑의 중심이었지만 현재는 과거만큼의 분위기는 아니며 쇼핑몰 기능보다는 랜드마크 역할을 하는 정도다. 가볍게 구경하는 것을 목적으로 방문할 만하다.

프레스티브 스미냑
Frestive Seminyak

위치	쿤티 거리
유형	슈퍼마켓
특징	신선한 과일과 소포장 식품

발리에 장기 체류하는 여행자들이 즐겨 찾는 슈퍼마켓이다. 신선한 열대 과일과 치즈, 육가공품, 와인 같은 다양한 수입 제품 등 식재료를 주로 취급하며 소포장한 간편식 식품도 많다. 가격은 일반 마트보다 조금 비싼 편이지만 매장이 깨끗하고 제품의 퀄리티가 높아 찾는 사람이 많다. 쇼핑 봉투를 제공하지 않으니 따로 쇼핑백을 준비하거나 이곳의 인기 있는 에코백을 구입해 사용해도 좋다.

플리마켓
The Flea Market

위치	카유 아야 거리
유형	아트 마켓
특징	잡화, 기념품

카유 아야 거리에 자리한 작은 플리마켓으로 선글라스, 장신구, 우드 카빙 제품, 라탄 가방, 원피스, 모자, 티셔츠, 사롱 등을 판매하는 작은 상점들로 이루어져 있다. 시세를 모를 경우 바가지 쓰기 쉬우니 잘 흥정해 적정가에 구입하도록 한다. 브랜드 상품은 모두 모조품 수준이니 큰 기대는 말 것. 더위를 피해 잠시 구경하면서 쇼핑하기 좋고 근처 식당가에서 식사나 음료를 즐기는 정도면 충분하다.

가는 방법 스미냑 빌리지에서 도보 1분
주소 Jl. Kayu Aya No.1, Seminyak
문의 081 337 212 337
운영 10:00~22:00

가는 방법 빈탕 슈퍼마켓에서 차량으로 6분
주소 Jl. Kunti I No.117X, Seminyak
문의 085 940 748 190
운영 07:00~23:00

가는 방법 스미냑 빌리지에서 도보 4분
주소 Jl. Kayu Aya No.17, Seminyak
문의 082 144 532 810
운영 09:00~19:00

짱구 러브 앵커 스토어
Canggu Love Anchor Store

위치	판타이 바투 볼롱 거리
유형	아트 마켓
특징	잡화, 기념품

플리마켓 분위기로 아기자기한 작은 상점이 여럿 모여 있다. 인기 관광지에서 흔히 볼 수 있는 발리 수공예품과 기념품을 주로 취급하는데 가격은 현지 물가에 비해 무척 비싼 편이다. 더욱이 흥정이 쉽지 않아 상대적으로 비싸게 구입할 수 있으니 유의할 것. 비치 클럽을 오가는 길에 잠시 들러 구경하는 정도가 좋다.

📍 **가는 방법** 라 브리사 발리에서 차량으로 5분 **주소** Jl. Pantai Batu Bolong No.56, Canggu
문의 0361 9091 276
운영 08:00~22:00 ※상점마다 조금씩 다름 **홈페이지**
www.loveanchorcanggu.com

드리프터 서프 숍
Drifter Surf Shop

위치	카유 아야 거리
유형	서핑용품, 의류
특징	멀티 브랜드 판매

스미냑의 중심인 카유 아야 거리에 있는 유명 서프 편집숍으로 다양한 서핑용품을 판매한다. 서핑보드는 물론 의류, 모자, 액세서리, 책, 그림, 오일 등 발리에서 인기 있는 서핑 아이템이 많다. 한국에서 구하기 어려운 신상품 또는 한정판 상품도 있어 서핑 마니아들에게 인기가 높은 곳이다. 서프보드 주문 제작도 가능하며 제작 기간은 2~3주 정도 걸린다. 서퍼들의 아지트 같은 곳으로 서핑과 관련된 각종 이벤트도 열린다.

📍 **가는 방법** 스미냑 빌리지에서 도보 3분
주소 Jl. Kayu Aya No.50, Seminyak
문의 081 75 115 111
운영 09:00~23:00
홈페이지 www.driftersurf.com

데우스 엑스 마키나
Deus Ex Machina

위치	판타이 바투 메잔 거리
유형	바이크용품, 카페
특징	마니아층이 형성될 정도

짱구 지역에 자리한 바이크 전문 브랜드 매장으로 의류, 액세서리, 잡화 등을 판매하는 공간과 간단한 식사나 음료를 즐길 수 있는 카페 공간 그리고 각종 이벤트와 커뮤니티 활동을 위한 공간으로 나뉘어 있다. 규모가 커서 구경하는 재미가 있으며 한국보다 값이 저렴해 인기다. 스미냑, 짱구 외에 우붓, 울루와뚜에도 매장이 있으며 최근 국내에서도 인기가 많아져 마니아층을 형성하고 있다.

📍 **가는 방법** 라 브리사 발리에서 차량으로 4분 **주소** Jl. Pantai Batu Mejan No.8, Canggu
문의 0811 388 150
운영 08:00~24:00(카페는 22:00까지)
홈페이지 id.deuscustoms.com

카반 리빙(오베로이)
Kabann Living(Oberoi)

위치	카유 아야 거리
유형	인테리어 소품
특징	품질 좋은 발리 제품

발리에서 생산한 다양한 인테리어 소품을 판매하며 스미냑점은 멋진 디스플레이로 구경하는 재미와 득템을 누릴 수 있는 곳이다. 나무 가구부터 목공예품, 라탄 소재 소품, 조명, 패브릭, 테이블웨어 등 퀄리티 좋은 홈 데커레이션 제품을 선별해 판매한다. 여행자에게는 부피가 큰 것보다는 거울, 조명 갓, 캔들 홀더 같은 작은 제품이 인기 있다. 퀄리티가 좋은 편이라 가격대는 좀 세다. 쿤티 거리에도 매장이 있는데 오베로이 거리에 있는 매장이 접근성이 더 좋다.

가는 방법 스미냑 빌리지에서 도보 6분
주소 Jl. Laksamana Basangkasa Oberoi No.50B, Seminyak
문의 082 146 000 148
운영 09:00~21:00
홈페이지 www.kabannliving.com

정글 트레이더
The Jungle Trader

위치	판타이 베라와 거리
유형	인테리어 소품
특징	인기 아이템 정찰제 판매

발리 감성이 충만한 라탄을 이용해 제작한 잡화와 우드 소품, 패브릭 등 세련된 인테리어 소품을 판매하는 편집숍이다. 길거리나 시장 제품보다는 비싸지만 흔하지 않은 유니크한 제품을 선별해 판매하며 퀄리티도 좋은 편이라 구경해볼 만하다. 모든 제품은 정찰제로 흥정할 필요가 없어 편하다. 매장이 큰 편은 아니지만 곳곳에 발리풍 홈웨어, 조명, 의자, 액세서리 등 다양한 아이템이 있다. 천천히 둘러보며 나에게 필요한 아이템을 찾아보자.

가는 방법 핀스 비치 클럽에서 차량으로 4분
주소 Jl. Pantai Berawa No.46X, Tibubeneng
문의 082 236 806 522
운영 09:00~17:00
홈페이지 www.thejungletrader.com

발리 젠
Bali Zen

위치	바상카사 거리
유형	인테리어 소품
특징	발리 스타일 소품 판매

100% 천연 소재로 만든 침구류, 패브릭을 비롯해 발리 감성이 녹아 있는 인테리어 소품과 잡화를 판매하는 발리 브랜드. 주요 쇼핑몰과 백화점에도 입점해 있다. 발리 물가에 비해 저렴한 편은 아니지만 퀄리티가 뛰어나고 컬러와 디자인이 예뻐 여행자들에게 인기 있다. 스미냑점 외에 우붓과 누사두아, 꾸따 디스커버리 쇼핑몰 내 소고 백화점 1층에도 입점해 있다. 스미냑점은 오랜 시간 한자리를 지켜온 곳으로 매장 자체가 거대한 쇼룸에 가까울 정도로 잘 꾸며놓았다.

가는 방법 빈탕 슈퍼마켓에서 차량으로 3분
주소 Jl. Raya Basangkasa No.40, Seminyak
문의 0361 738 816
운영 10:00~18:00
홈페이지 balizenhome.com

스미냑 & 짱구 스파 · 마사지

스미냑 & 짱구 지역에는 빌라나 리조트, 호텔에서 운영하는 스파가 많고 투숙객에게 할인
혜택을 주어 인기가 높다. 그 외에 로컬 스파도 곳곳에 있어 마사지와 스파를 즐기기 좋다.
인기 스파를 이용할 경우 사전 예약을 추천한다. ▶ 지도 P.066~067

보디웍스 스파
Bodyworks Spa

위치	페티텐젯 거리
유형	중급 스파

☺ → 스파만큼 포토존도 인기
☹ → 사전 예약 없이 이용 불가

 가는 방법 스미냑 빌리지에서 차량으로 5분
주소 Jl. Lb. Sari Jl. Petitenget No.3,
Seminyak **문의** 0361 733 317
운영 09:00~22:00 ※사전 예약 필수
예산 발리 마사지(70분) 65만 루피아,
블리스 마사지(70분) 115만 루피아
※봉사료+세금 20% 추가
홈페이지 www.bodyworksbali.com

오랜 시간 스미냑을 대표하는 인기 스파였던 곳으로 2020년 페
티텐젯에 새롭게 문을 열었다. 모로코 분위기를 살린 인테리어는
마치 궁전에 머무는 듯한 착각이 들 정도로 우아하고 아름답다는
평이다. 15개의 트리트먼트 룸을 갖춘 2층 건물로 이루어져 있으
며 테라피스트들의 실력이 좋고 시설과 서비스 모두 만족도가 높
다. 보디 트리트먼트, 마사지, 왁싱, 네일 케어 등 다양한 프로그
램을 갖추고 있으며 2명의 테라피스트가 참여하는 블리스 마사
지와 발리 마사지가 대표적이다.

루 아룸 스파
Luh Arum Spa

위치 페멜리산 아궁 거리
유형 중급 스파

☺ → 프라이빗하고 깔끔한 시설
☹ → 트리트먼트 룸이 적은 편

스와르가 스위트 발리 베라와 내에 있는 고급 스파로 오랜 경력을 자랑하는 테파리스트들이 상주하며 발리 천연 스파용품을 사용한다. 트리트먼트 룸은 총 4개가 있으며 기본 마사지, 커플 패키지, 스크럽 등의 프로그램을 운영한다. 바다가 바라보이는 작은 발코니가 딸려 있어 스파 후 힐링 타임을 즐길 수도 있다. 사전 예약자에 한해 투숙객이 아니더라도 스파 이용이 가능하다. 규모가 크지 않고 프라이빗하게 운영하므로 투숙객도 사전 예약을 추천한다.

📍
가는 방법 라 브리사 발리에서 차량으로 10분
주소 Jl. Pemelisan Agung, Banjar Berawa
문의 0361 934 7299
운영 09:00~23:00 ※사전 예약 필수
예산 시그니처 마사지(60분) 33만 루피아, 커플
패키지(90분) 80만 루피아 ※봉사료+세금 21% 추가
홈페이지 www.swargasuitesbali.com/luh-arum-spa

아라나 웰니스 리트리트
Arana Wellness Retreat

위치 푸라 텔라가 와자
유형 중급 스파

☺ → 넓은 트리트먼트 룸
☹ → 접근성이 다소 떨어지는 위치

스미냑의 인기 풀 빌라 카유마스 스미냑 리조트 내에 있는 스파로 깔끔한 시설과 서비스가 특징이다. 마사지는 60분과 90분 코스가 있으며 발리 전통 마사지를 비롯해 딥 티슈, 스웨디시, 스톤 마사지 등이 있다. 또 아이들과 함께할 수 있는 키즈 마사지도 있어 가족여행자들에게 인기다. 일반 스파에 비해 프라이빗한 분위기에서 스파를 즐길 수 있다. 매일 오전 9시부터 오후 3시까지 해피 아워로 스파 이용 시 할인 혜택이 있다.

📍
가는 방법 스미냑 빌리지에서 차량으로 6분
주소 Jl. Pura Telaga Waja No.18A, Kerobokan
문의 0361 934 8348
운영 09:00~21:00 ※사전 예약 필수
예산 시그니처(90분) 50만 루피아, 전통 마사지(90분)
46만 루피아 ※봉사료+세금 21% 추가
홈페이지 www.kayumasresort.com

순다리 데이 스파
Sundari Day Spa

위치 페티텐젯 거리
유형 고급 스파

😊 → 월드 럭셔리 스파 어워드 수상
😩 → 철저한 사전 예약 시스템

스미냑에서 손꼽히는 고급 스파 중 하나로 능숙한 테라피스트들을 보유하고 있다. 발리 전통 테라피를 바탕으로 얼굴, 몸, 다리 등 부분 트리트먼트 프로그램도 마련되어 있다. 내부 공간 역시 고급스러우며 마사지 비용이 비싼 편이지만 그만큼 수준 높은 서비스를 받을 수 있다. 스미냑 내 호텔, 빌라, 리조트까지는 무료 픽업 & 드롭 서비스도 제공한다. 스파를 이용하려면 최소 하루 전에 예약과 결제를 마쳐야 한다.

📍
가는 방법 스미냑 빌리지에서 차량으로 15분
주소 Jl. Petitenget 7 Kerobokan, Seminyak
문의 081 1387 222
운영 09:00~22:00 ※사전 예약 필수
예산 발리 전통 마사지(90분) 50만 루피아, 시그너처 마사지(90분) 60만 루피아 ※봉사료+세금 12.5% 추가
홈페이지 www.sundari-dayspa.com

리 마사지 스튜디오
Re Massage Studio

위치 페티텐젯 거리
유형 중급 스파

😊 → 깔끔한 시설과 뛰어난 접근성
😩 → 동급 스파 대비 가격이 조금 비싼 편

페티텐젯 대로변에 위치해 찾아가기 쉬운 것이 장점이다. 스파 시설은 전체적으로 깨끗한 편이며 테라피스트들의 마사지 실력도 좋다. 아로마테라피 오일을 이용해 몸의 긴장을 풀어주는 리 시그너처 마사지와 발리 전통 마사지, 딥 티슈 마사지의 평이 좋다. 부드러운 지압이 특징인 발 마사지는 여행 중 쌓인 피로를 푸는 데 효과적이다. 다녀온 이들의 서비스 만족도가 높은 스파 중 하나로, 예약은 홈페이지나 왓츠앱을 통해 가능하다.

📍
가는 방법 스미냑 빌리지에서 차량으로 15분
주소 Jl. Petitenget No.88D, Seminyak
문의 0812 3737 5791
운영 10:00~22:00
예산 발 마사지(60분) 23만 루피아, 리 시그너처 마사지(90분) 49만 루피아 ※봉사료+세금 15% 추가
홈페이지 www.redayspabali.com

킴벌리 스파
Kimberly Spa

위치 카유 아야 거리
유형 로컬 스파

😊 → 부담 없는 가격의 로컬 마사지
😩 → 전문성이 떨어짐

꾸따 · 스미냑 · 짱구 지역에 체인 형태로 운영하는 중저가 스파로 비교적 저렴한 가격에 부담 없이 마사지를 받을 수 있다. 여행자들이 많이 모이는 중심가 대로변에 위치해 접근성이 뛰어나다. 테라피스트들이 상주하며 매니큐어, 페디큐어, 마사지 등의 서비스를 제공한다. 전문성은 조금 떨어지지만 가볍게 방문하기 좋다.

📍 **가는 방법** 스미냑 빌리지에서 차량으로 3분
주소 Jl. Kayu Aya, Kerobokan Kelod, Seminyak
문의 082 340 334 111
운영 09:00~23:00
예산 보디 마사지(60분) 16만 루피아
※봉사료+세금 포함

아모 스파
Amo Spa

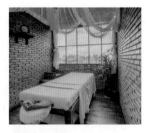

위치 판타이 바투 볼롱 거리
유형 중급 스파

😊 → 원스톱 케어 시스템
😩 → 가격대가 조금 높음

스파는 물론 네일 케어와 페디큐어, 헤어컷, 왁싱, 스크럽 등 전반적인 관리를 받을 수 있는 곳이다. 마사지 서비스 외에도 피트니스 센터, 사우나, 카페 등을 운영하며 시설이 쾌적하고 직원들이 친절해 이용자들의 평이 좋다. 장기 체류 여행자를 위한 멤버십 프로그램도 운영한다. 홈페이지에서 각종 이벤트와 프로모션 요금 확인이 가능하다.

📍 **가는 방법** 라 브리사 발리에서 차량으로 5분 **주소** Jl. Pantai Batu Bolong No.69, Canggu
문의 0361 9071 146
운영 09:00~22:00 ※사전 예약 필수
예산 헤어컷 30만 루피아~
※봉사료+세금 20% 추가
홈페이지 www.amospa.com

에스파스 스파
Espace Spa

위치 바투 메잔 거리
유형 중급 스파

😊 → 유러피언 마사지가 유명
😩 → 테라피스트의 실력 차가 큼

유러피언 스타일의 마사지와 보디 트리트먼트를 받을 수 있는 곳이다. 2002년 오픈 이후 차별화된 콘셉트와 만족도 높은 평가로 짱구 지역 내 인기 스파로 성장, 현재 두 곳의 매장을 운영한다. 운동 치료 요법에 가까운 스웨디시 마사지는 근육의 스트레칭과 유연성에 도움을 준다. 또한 마사지 클래스를 운영해 직접 마사지법을 배워볼 수도 있다.

📍 **가는 방법** 라 브리사 발리에서 차량으로 3분 **주소** Jl. Batu Mejan Canggu, Canggu **문의** 0811 3890 442 **운영** 10:00~21:00
※사전 예약 필수 **예산** 아로마테라피 마사지(90분) 38만 루피아~
※봉사료+세금 15% 추가
홈페이지 www.espacespabali.com

지친 몸과 마음을 치유하는

요가 & 명상 체험

'요가와 명상' 하면 떠오르는 곳은 우붓이지만 서양인이 많이 거주하고 발리에서 장기 체류하는
디지털 노매드가 주로 머무는 짱구 역시 요가와 명상을 할 수 있는 곳이 많다.
우붓까지 가지 않더라도 요가나 명상을 체험하기에 충분하다.

짱구 요가 스쿨 & 센터 예약하기

짱구에는 요가를 가르치는 전문 스쿨이 많다. 요가
스쿨이나 센터는 오전부터 오후까지 운영하며 매달
정해진 스케줄을 미리 공지하니 각자 취향에 맞는
코스를 골라 예약한다. 홈페이지나 왓츠앱을 통한
사전 예약은 필수다.

1회 수강권 VS 정기권

요가 스쿨이나 센터에 따라 다르지만 보통 1회 수강
이나 5회, 10회, 무제한 등으로 등록해 이용한다. 1회
수강은 11만~15만 루피아 정도로 1시간 코스의 그룹
클래스로 진행한다.

기본 영어 실력은 필요

발리의 요가 스쿨은 기본적으로 영어로 진행한다.
요가 강사는 서양인이 많은 비중을 차지하며 현지인
도 많은 편이다. 초보 클래스는 영어를 못해도 무리
가 없지만 전문적인 프로그램에서는 어느 정도 영어
실력이 필요하다.

사마디 요가 & 웰니스 센터
Samadi Yoga & Wellness Center

짱구의 인기 요가 센터로 요가, 명상, 워크숍 등을 매
일 진행한다. 건강한 비건 음식을 제공하는 레스토
랑과 슈퍼마켓도 운영한다. 아쉬탕가, 빈야사, 파워
요가 등 프로그램이 다양하며 나만의 맞춤식 요가도
가능하다.

가는 방법 라 브리사 발리에서 차량으로 6분
주소 Jl. Canggu Padang Linjong No.39, Canggu
문의 0812 3831 2505 **운영** 07:00~20:30 ※요일마다
조금씩 다름 **요금** 요가 1회 체험 클래스 14만 루피아~
홈페이지 www.samadibali.com

SPOT 02

우분투 발리 에코 요가 리트리트
Ubuntu Bali Eco Yoga Retreat

아쉬탕가를 바탕으로 하타, 빈야사 등의 요가 프로그램을 운영하는 전문 요가 스쿨이다. 맞춤식 지도를 하며 요가 외에도 명상, 재활 치료까지 다양한 커리큘럼을 갖추고 있다. 게스트하우스도 운영해 장기간 머물면서 요가를 배우기 좋다.

가는 방법 라 브리사 발리에서 차량으로 15분
주소 Jl. Bantan Kangin, Gg. Mangga VIII, Tibubeneng
문의 0812 3862 0082
운영 07:30~11:15 ※오전에만 운영
요금 요가 1회 체험 클래스 14만 루피아~
홈페이지 www.ubuntubali.com

SPOT 03

프라나바 요가
Pranava Yoga

다소 난도가 높은 반중력 요가를 비롯해 아쉬탕가, 빈야사, 하타 등 다양한 요가를 배울 수 있는 곳이다. 요가 여행자를 위한 게스트하우스와 서핑 캠프, 워크숍 공간 등을 운영해 짱구에 머무는 디지털 노매드에게 인기가 높은 곳이다.

가는 방법 핀스 비치 클럽에서 차량으로 8분
주소 Jl Gangga Pelambingan Gg. Dewi Sri, Tibubeneng
문의 0819 3304 4442 **운영** 08:00~18:30
요금 요가 1회 체험 클래스 11만 루피아~
홈페이지 www.matrabali.com

SPOT 04

짱구 스튜디오
The Canggu Studio

복합 피트니스 센터에 가까운 곳으로 전통적인 요가 스쿨은 물론 댄스, 보디핏, 필라테스, 복싱, 발레 등 조금 더 활동적인 운동 프로그램을 운영한다. 짧은 일정보다는 발리에 좀 오래 체류하는 여행자들에게 인기 있는 프로그램이 많다.

가는 방법 짱구 비치에서 도보 10분
주소 Jl. Nelayan No.32, Canggu **문의** 0823 3977 0272
운영 08:30~18:45(토요일은 16:00까지) **휴무** 일요일
요금 1회권(1시간) 14만 루피아~
홈페이지 www.thecanggustudio.com

꾸따 & 레기안
📍

KUTA & LEGIAN
꾸따 & 레기안

길고 완만한 해안선을 따라 리조트와 레스토랑, 카페 등이 늘어서 있는 발리의
대표적 지역이다. 1년 365일 끊이지 않고 넘나드는 파도와 그 파도를 타기 위해
서프보드를 들고 꾸따 비치를 오가는 서퍼들, 차 한 대 겨우 지나갈 정도로 좁은 골목길에
즐비한 저렴한 숙소와 식당이 넘실거린다. 레기안 거리에서는 매일 밤 들려오는 클럽의
음악 소리까지, 여행자를 유혹하는 세상의 모든 재미를 만나볼 수 있다. 발리의 에너지를
만끽할 수 있는 꾸따 & 레기안을 온몸으로, 그리고 마음으로 느껴보자.

꾸따
비치

비치워크
쇼핑센터

서핑

비치프런트
레스토랑

레기안
거리

오토바이

Kuta & Legian **Best Course**

꾸따 & 레기안 추천 코스

특별한 하루 코스
1

서퍼가 되어 즐기는 꾸따 비치에서의 하루

1년 365일 높은 파도가 넘실거려 전 세계 서퍼들이 열광하는 꾸따 비치에서 서핑에 도전해보자. 해변에 펼쳐진 선베드에 누워 느긋하게 비치 라이프를 즐겨도 좋다. 바다를 무서워하거나 서핑에 자신이 없다면 발리의 인기 워터파크인 워터봄 발리를 추천한다.

F⊙LLOW

이런 사람 팔로우!
☞ 비치를 사랑하는 사람이라면
☞ 꾸따 비치에서 서핑 도전이 목표라면
☞ 해변에서 망중한을 즐기고 싶다면

☞ **소요 시간** 8시간

☞ **예상 경비**
서핑 스쿨 60만 루피아 + 교통비 20만 루피아 + 식비 30만 루피아 + 마사지 30만 루피아
= Total 140만 루피아

☞ **기억할 것** 서핑 스쿨은 보통 오전과 오후에 각각 진행하는데 파도가 좋은 오전 시간을 추천한다. 서핑 후 무더운 낮 시간에는 스파에서 마사지를 받거나 쇼핑몰에서 시간을 보내고 해 질 무렵에는 꾸따 비치나 인근 비치 바에서 아름다운 선셋 감상도 놓치지 말자.

꾸따 비치에서 아침 산책 P.109
도보 이동

서핑 스쿨에서 서핑 배우기 또는 워터봄 발리 즐기기 P.110, 112
도보 이동

꾸따 비치에서 해수욕 또는 선베드에서 휴식 P.109
도보 이동

점심 식사 추천 크럼 & 코스터 P.116
도보 15분

스파 & 마사지 추천 리핫 마사지 앤드 리플렉솔로지 P.128
도보 8분

꾸따 비치에서 선셋 감상 P.109
도보 1분

비치워크 쇼핑센터 P.122
도보 5분

저녁 식사 추천 아줄 비치 클럽 발리 P.117

꾸따 비치 산책

워터봄 발리

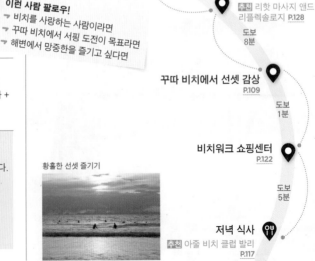

황홀한 선셋 즐기기

102

특별한 하루 코스 2

먹고 마시고 쇼핑하는 하루

꾸따 비치를 따라 다양한 레스토랑과 카페가 포진해 있고 골목골목 현지인들이 즐겨 찾는 저렴한 식당과 기념품을 판매하는 상점도 즐비하다. 해변 앞에 있는 비치워크 쇼핑센터와 디스커버리 쇼핑몰은 편하게 쇼핑과 식사를 한곳에서 해결할 수 있는 곳이다.

FOLLOW

이런 사람 팔로우!
➡ 브런치를 좋아하는 미식가라면
➡ 로컬 맛을 느껴보고 싶다면
➡ 쇼핑을 좋아한다면

➡ **소요 시간** 8~9시간

➡ **예상 경비**
쇼핑 100만 루피아 + 교통비 20만
루피아 + 식비 30만 루피아 +
마사지 30만 루피아
= Total 180만 루피아~

➡ **기억할 것** 꾸따 지역은
일방통행로가 많으니 이를 참고해
차량 호출 장소를 정한다. 가까운
거리는 걸어가는 게 나을 때도
있다. 식사는 가능하면 다양한
곳에서 먹을 수 있도록 적은 양으로
주문하고, 쇼핑하다 짐이 너무
많아지면 중간에 숙소에 들러 두고
다니자.

이른 아침 레기안 비치 산책 P.108

레기안 비치

도보
이동

카페에서 조식

도보
이동

비치워크 쇼핑센터

꾸따 골목 산책

도보
이동

비치워크 쇼핑센터 P.122

차로
15분

점심 식사
추천 나시 템퐁 인드라 P.114

차로
15분

크리스나 올레올레 또는
월드 브랜드 팩토리 쇼핑
P.125

차로
15분

디스커버리 쇼핑몰 &
선셋 감상
P.123

서핑용품 쇼핑

차로
15분

저녁 식사
추천 레기안 푸드 코트 P.116

↑ 스미냑

🍽 나시 템퐁 인드라

🏨 Padma Resort Legian

발리 만디라 비치 리조트 & 스파 🏨
글로 스파 🅼

Jl. Padma Tim.

⭐ 데위 스리 거리

발리 바나나 🆂
아노말리 커피 🅲

젱가라 온 선셋
🆂 그랜드럭키
슈퍼마켓
타만 에어 스파 🅼

🅱 아줄 비치 클럽 발리

Jl. Melasti

🅼 리핫 마사지 앤드
리플렉솔로지

풀만 발리 🏨
레기안 비치
🆁 잭프루트 브런치
& 커피

🅼 예스 스파 발리 꾸따

🅼 자무 트래디셔널 스파

Jl. Benesari

🍽 메부이 베트남 키친

Jln Legian

꾸따 비치
스케이트 파크

Siloam Hospital Denpasar ➕

뽀삐스 라인 2 ⭐
비치워크 쇼핑센터
쉐라톤 발리 꾸따 리조트 🏨

⭐ 레기안 거리
🆁 크럼 & 코스터

🆁 와룽 인도네시아

⭐ 뽀삐스 라인 1

Jl. Poppies Lane I

BIMC(종합병원) ➕

발리 메이드 인 발리 🆂

Jl. Pantai Kuta

Jl. Raya Kuta

Mal Bali Galeria 🆂

꾸따 메인 거리

다운 더 기프트 숍 🆂

Jl. Bakung Sari

🆂 Kuta Art Market

월드 브랜드 팩토리 🆂

스페셜 브랜드 스토어 🆂

• ATM

이마지 커피 🅲
디스커버리 쇼핑몰 🆂

⭐ 워터봄 발리

🅼 바바 스파

크리스나 올레올레

저먼 비치 •
🆂 리포 몰 꾸따
🅼 티트리 스파
🏨 홀리데이 인 리조트 바루나 발리
✈ 응우라라이 국제공항

꾸따

0 ————— 400m

104

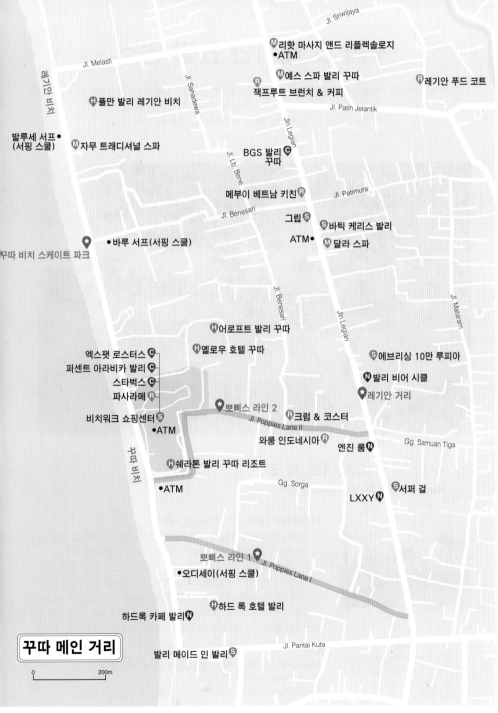

꾸따 메인 거리

0   200m

꾸따 & 레기안 관광 명소

인기 해변인 꾸따 비치나 레기안 비치와 가까운 곳에 숙소를 잡고 골목골목 자리한 로컬 분위기의 식당과 카페, 상점을 구경하며 비치 라이프를 즐기는 게 일반적이다. 일부러 찾아갈 만한 관광 명소가 적은 편이니 해변을 중심으로 휴양에 포커스를 맞춘다.

⑴ 꾸따 비치 스케이트 파크
Kuta Beach Skate Park

TIP
꾸따와 레기안 지역은 일방통행 길이 많으니 차량을 호출할 때는 이를 참고해 장소를 지정한다.

스케이트보더들의 아지트이자 선셋 명소

꾸따 비치에 새롭게 문을 연 비치프런트 스케이트보드 파크로 전문 코스 디자이너가 참여해 설계했다. 야외 볼bowl을 비롯해 램프ramp, 경사로, 레일, 하프파이프 등의 구조물로 이루어진 코스를 갖추고 있으며 발리에 거주하는 서양인들과 스케이트보딩 마니아들이 즐겨 찾는다. 어린아이는 물론 초보자도 사전 예약을 통해, 또는 강습을 하면서 이곳을 이용할 수 있다. 꾸따의 멋진 파도와 선셋을 바라보며 스케이트보딩을 즐기거나 선수, 동호인들의 현란한 기술을 구경하기도 좋다.

지도 P.104 **가는 방법** 비치워크 쇼핑센터에서 도보 10분
주소 Jl. Pantai Kuta No.43, Kuta
문의 kutabeachskatepark@gmail.com **운영** 08:00~22:00

⑫ 뽀삐스 라인 1, 2
Poppies Line 1, 2

⑬ 데위 스리 거리
Jl. Dewi Sri

장기 여행자를 위한 베이스캠프

꾸따에 체류하는 장기 여행자들의 성지 같은 골목. 뽀삐스 라인 1과 2에는 서퍼들과 장기 체류 여행자들을 위한 저가 숙소와 로컬 카페, 비치웨어 상점, 환전소, 기념품점, 편의점, 서프 숍이 모여 있어 구경하기 좋다. 뽀삐스 라인 1과 2가 연결되는 더 작은 길gang에는 아주 저렴한 홈스테이가 많다. 최근에는 비치워크 쇼핑센터와 연결되는 뽀삐스 라인 2 방향으로 유명 브런치 카페와 로컬 맛집, 숙소 등 신규 업소들이 생겨나면서 전과 달리 많은 여행자들의 발길이 이어지고 있다.

> **TIP**
> 뽀삐스 라인 1은 차량이 골목 중간까지만 진입할 수 있고, 뽀삐스 라인 2는 골목 끝까지 차량 통행이 가능하다.

📍 지도 P.104
가는 방법 꾸따 비치워크에서 도보 3분
주소 Jl. Poppies Lane I, II, Kuta

현지인들이 이용하는 저렴한 식당이 모인 곳

꾸따 비치 거리와 레기안 거리 등 관광객이 모여드는 이 지역의 대표 거리는 예전만은 못하지만 겨우 명성을 유지하고 있는 반면, 상대적으로 현지인이 주로 찾는 데위 스리 거리는 여전히 번화하고 여행자의 발걸음이 이어지고 있다. 현지인들이 이용하는 크고 작은 식당과 카페가 모여 있는데 맛이 좋고 가격도 적당해 이곳을 찾는 여행자도 늘고 있다. 이 거리의 맛있는 식당에서 식사를 하고 커피를 마시며 잠시 현지인들의 분위기를 만끽해보는 것도 좋다.

> **TIP**
> 데위 스리 거리에는 발리 입국 후나 출국 전에 반나절 정도 보내기 적당한 가성비 좋은 중저가 호텔들이 있다.

📍 지도 P.104
가는 방법 비치워크 쇼핑센터에서 차량으로 10분
주소 Jl. Dewi Sri, Legian

⑭ 레기안 거리
Jl. Legian

⑮ 레기안 비치 추천
Legian Beach

발리의 원조 격 나이트라이프 존

레기안의 나이트라이프 문화를 이끌었던 나이트클럽과 바들은 과거의 명성에 비하면 초라할 정도지만 그럼에도 밤이 되면 이곳을 찾는 여행자의 발길이 끊이지 않는다. 이곳을 대표했던 스폿들은 코로나19 팬데믹 이후 대부분 리뉴얼 공사 중이라 인기가 예전만은 못하지만 여전히 꾸따 & 레기안 지역에서 술 한잔 즐기고 싶어 하는 이들의 발길이 이어진다. 레기안 거리는 일방통행로로 한 방향으로만 차량이 이동하며 중심 도로를 따라 발리 기념품점과 중급 숙소, 레스토랑, 스파, 편의점 등이 이어져 있다.

━━━━◀ TIP ▶━━━━
2002년 인근 나이트클럽 연쇄 폭탄 테러로 희생된 한국인 2명을 포함한 202명의 희생자를 기리기 위해 발리 폭탄 테러 희생자 추모비Bali Bomb Memorial를 세웠다.
━━━━━━━━━━━━

지도 P.104
가는 방법 비치워크 쇼핑센터에서 도보 11분
주소 Jl. Raya Legian, Kuta

선베드와 태닝족을 위한 여유로운 해변

레기안 비치는 분주한 꾸따 비치보다는 한적한 분위기로 이 일대에 풀만 발리 레기안 비치, 발리 만디라 비치 리조트 & 스파를 비롯한 중급 리조트들이 오랜 시간 한자리를 지키고 있다. 해변과 가까이 리조트가 있어 그곳에 머무는 가족여행객이 주로 찾는다. 선베드와 파라솔, 허름한 비치 바까지 꾸따 비치과 비슷하지만 조금 더 여유로운 분위기가 느껴진다. 해수욕을 하거나 파도를 타는 것도 좋지만 비치 바에서 간단한 현지 음식과 음료를 즐기며 시간을 보내는 것도 레기안 비치에서 할 수 있는 색다른 경험이다.

━━━━◀ TIP ▶━━━━
레기안 비치와 비치 앞 리조트 사이에는 1km가량 차량 통행이 불가능한 보행자 도로가 정비되어 있어 아이를 동반한 가족여행자가 안심하고 다닐 수 있다.
━━━━━━━━━━━━

지도 P.104
가는 방법 꾸따 비치에서 도보 10분
주소 Jl. Melasti, Legian, Kec. Kuta

06

꾸따 비치
Kuta Beach

지도 P.104
가는 방법 응우라라이 국제공항에서
차량으로 16분
주소 Jl. Pantai Kuta

서퍼들의 파라다이스

판타이 꾸따Pantai Kuta 해변 도로를 따라 이어지는 해변을 보통 '꾸따 비치'라 부르는데, 발리의 상징과도 같은 해변으로 야자수와 파라솔, 선베드가 끝없이 이어진다. 파도를 타며 즐기는 서퍼들과 선베드에 누워 일광욕을 즐기는 여행자들로 가득하다. 해변 중간중간에 간단한 식사와 음료를 즐길 수 있는 비치 카페, 바가 들어서 있고 서핑 강습을 하는 강사들까지, 현지인과 여행자가 어우러져 온종일 분주하다. 꾸따 비치 맞은편에는 고급 리조트와 레스토랑, 현대식 쇼핑몰이 자리해 쇼핑과 다이닝을 즐기기에도 그만이다. 꾸따 비치는 수심이 얕고 파도가 세지 않아 초보자도 서핑과 수영을 즐기기에 적당하고 저녁에는 아름다운 해넘이를 구경할 수 있다.

 비치 내 편의 시설 이용법

❶ 해변에서 시간을 보내려면 선베드와 파라솔(1일 10만~15만 루피아)을 빌려주는 곳을 선택해 이용한다.

❷ 꾸따에서는 서핑 스쿨이나 해변 내 서핑 강사를 통해 유료로 강습을 받고 보드를 대여할 수도 있다.
➡ 서핑 정보 P.110

❸ 꾸따 비치에는 서핑이나 물놀이 후 무료로 이용할 수 있는 남·여 샤워 시설과 공용 화장실이 해변 곳곳에 마련되어 있다.

❹ 해변에 음료(2만 루피아~), 맥주(3만 루피아~) 등을 파는 작은 비치 바가 여러 곳 있어 편하게 이용할 수 있다.

서핑의 메카,
꾸따 & 레기안 비치에서 서핑 도전

발리가 이토록 유명해진 가장 큰 이유는 바로 축복받은 파도 덕분이다. 이 파도를 타기 위해
전 세계 서퍼들이 모여들면서 서퍼들의 천국이 되었다. 난생처음 보는 크고 강력한 파도와
사람 키보다 큰 서프보드는 발리에서 흔히 볼 수 있는 풍경이다. 발리에 왔으니 서핑을
배워보는 것은 필수 코스. 꾸따 & 레기안 지역의 바다는 수심이 얕고 조류가 강하지 않아
초보 서퍼에게 안성맞춤이다. 서핑 스쿨을 통해 강습 예약을 해도 되고 해변에 상주하는 서핑
강사들에게 배워도 된다. 강습은 보통 파도 상태에 따라 오전, 오후로 나누어 진행하는데 보통
이론 수업을 포함해 2시간 정도 소요된다.
※서핑 스쿨마다 교육 커리큘럼과 스케줄이 조금씩 다르지만 대부분 대동소이하다.

남자: 일반적으로 보드쇼츠만
입거나 상의로 래시가드를
착용한다.
여자: 원피스나 비키니 형태의
수영복을 착용하거나 수영복
위에 상의는 래시가드, 하의는
보드쇼츠나 레깅스를 착용한다.
아이: 서핑 복장 대신 수영복을
착용한다.

서핑할 때 갖추어야 할 복장

수영복
Bikini

래시가드
Rashguard

보드쇼츠
Boardshort

레깅스
Leggings

로컬 서핑 스쿨의 경우
본인이 직접 복장을
챙겨 입어야 하며 정식
서핑 스쿨은 래시가드를
대여해준다.

✔ 꾸따 & 레기안 해변의 가성비 좋은 서핑 스쿨

	27 서프 발리 **27 Surf Bali**	대디 & 맘 서핑 스쿨 **Daddy & Mom Surfing School**	OMG 서프 스쿨 발리 **OMG Surf School Bali**
대상	개인, 초보	개인, 초보	개인, 초보
강습 요금	60분 20만 루피아~	60분 15만 루피아~	60분 20만 루피아~
예약	www.klook.com		

서핑 강습 순서

초보 서퍼를 대상으로 하는 강습은 주로 꾸따 비치와 레기안 비치에서 이루어진다. 서핑을 배우기 좋은 양질의 파도와 선베드, 비치 카페, 샤워실, 화장실 등도 잘 갖추어져 있다.

TIP

• 꾸따 & 레기안 비치에서의 서핑 체험은 건기(4~10월)를 추천한다.
• 숙소 픽업 & 드롭 서비스는 서핑 스쿨마다 다르니 예약 전 확인한다.
• 수업은 영어로 진행하지만 동작을 배우는 것이라 영어를 못해도 상관없다.
• 수영을 못해도 수심이 얕아서 서핑을 배울 수 있다.

① 09:00~10:30 **숙소 픽업 후 강습 준비** →

강습 당일 서핑 강습 예약자들을 픽업한다. 숙소가 서핑 스쿨과 가까운 곳이라면 직접 찾아가도 된다. 강습은 서핑과 관련된 안전 수칙과 주의 사항을 숙지하는 것으로 시작한다.

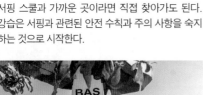

② 10:45~11:15 **기본적인 서핑 동작 연습** →

본격적인 서핑 레슨에 들어가기 전 해변에서 간단한 이론 수업을 진행한다. 스트레칭으로 몸을 풀고 패들링, 푸시업, 테이크오프 같은 서핑의 기본 동작을 반복 연습한다.

③ 11:15~13:30 **바다에서 신나는 서핑** →

기본 동작이 익숙해지면 서핑 강사와 함께 바다에서 본격적인 서핑 레슨을 시작한다. 강사의 구령에 따라 해변에서 연습한 동작을 실전에 응용하며 서핑을 체험한다. 중간중간 휴식 시간도 갖는다.

④ 13:45~15:00 **레슨 종료**

즐거운 서핑 레슨이 끝나면 서핑보드를 반납한 뒤 샤워하고 숙소로 돌아가거나 자유롭게 서핑을 즐길 수도 있다. 서핑업체에 따라 서핑하는 모습을 사진이나 영상으로 촬영해주기도 한다.

⑦ 워터봄 발리
Waterbom Bali

플로 라이딩과 스릴 만점 어트랙션이 가득

가족이나 연인 또는 친구들과 함께, 남녀노소 누구나 즐거운 시간을 보낼 수 있는 발리 대표 워터파크. 규모는 크지 않지만 스릴 만점 워터 어트랙션을 갖추고 있어 반나절 또는 하루 온종일 즐겁게 시간을 보내기 좋다. 아이는 물론 어른이 타도 충분히 스릴 넘치는 슬라이드가 많고 대기가 길지 않아 금방 탈 수 있다. 입장권을 구입하면, 별도로 요금을 내야 하는 유로 번지와 플로 라이더를 제외한 모든 어트랙션을 무료로 즐길 수 있다. 입장과 동시에 손목에 밴드를 채워주는데 밴드에 보증금과 일정 금액을 충전하고 워터파크 내에서 결제하는 시스템이다. 사용 후 남은 비용은 전액 현금으로 환불된다. 오랜 공사 끝에 2024년 6월 대형 야외 풀을 갖춘 트로피컬 가든이 문을 열었다.

📍 **지도** P.104
가는 방법 디스커버리 쇼핑몰에서 도보 3분
주소 Jl. Kartika Plaza, Tuban, Kuta
문의 0361 755 676
운영 09:00~18:00
요금 일반 53만 5000루피아, 어린이 38만 5000루피아, 가족(일반 2인+ 어린이 2인) 169만 루피아
홈페이지 www.waterbom-bali.com

인기 어트랙션 BEST 3

그린 바이퍼스
Green Vipers

개방형과 비개방형 워터 슬라이드 중 선택이 가능한 스릴 만점 어트랙션이다. 빠른 스피드로 울창한 숲 사이를 통과하며 하강한다. 코스는 곡선과 직선 구간으로 이어져 있다.

클라이맥스
Climax

작다고 무시하면 큰코다치는 어트랙션으로 수직 낙하하는 형태로 운행한다. 순간 압력과 스피드가 상당히 강한 편이니 스릴과 짜릿함을 느끼고 싶다면 도전해보길 강추한다.

부메랑
Boomerang

워터붐 발리의 시그너처로 꼽히는 어트랙션이다. 빠르게 하강하는 속도를 이용해 가파른 경사의 워터 슬라이드 끝까지 올라갔다가 역주행하는 순간의 짜릿함이 최고다.

유료 어트랙션

플로 라이더 *Flow Rider*

인공으로 만든 파도에서 신나게 라이딩을 즐길 수 있는 인기 어트랙션으로 보디보드는 키 130cm 이상, 스탠드업 라이드는 140cm 이상이어야 이용 가능하다.
요금 12만 5000루피아

유로 번지 *Euro Bungy*

2개의 로프로 안전하게 즐기는 번지 점프로 주로 어린이에게 인기가 많다. 6세 이상, 몸무게 70kg 이하인 경우 이용 가능하다.
요금 일반 7만 5000루피아, 어린이 6만 5000루피아

 알고 가면 도움 되는 팁

- 사진 촬영을 하려면 아쿠아 카메라 또는 방수 팩을 준비한다.
- 바닥이 뜨거울 수 있어 워터붐 발리 내에서는 아쿠아 슈즈나 슬리퍼를 신고 다니는 것이 좋다.
- 어트랙션을 이용할 때는 신발을 벗어 신발장에 보관한다.
- 무료 이용 가능한 선베드는 선착순이다.
- 티켓은 클룩 같은 온라인 예약 플랫폼에서 구매하면 더 저렴하다.

기타 준비물
- 수영복(필수)
- 개인 타월(유료 대여 가능)
- 모자
- 선글라스
- 물안경
- 자외선 차단제 등

꾸따 & 레기안 맛집

발리에서 가장 유명한 지역인 꾸따 & 레기안 지역에는 해변을 마주하고 있는 비치프런트 레스토랑과
쇼핑몰 내 프랜차이즈 레스토랑 그리고 골목골목 인기 많은 로컬 식당이 널려 있다. 초보 여행자라면
해변과 가까운 맛집부터 차례로 반경을 넓혀보자. ➡ 지도 P.104~105

나시 템퐁 인드라
Nasi Tempong Indra

위치　데위 스리 거리
유형　대표 맛집
주메뉴　구라메, 닭튀김

😊→ 매운맛이 일품인 수제 삼발 소스
😕→ 현지인 맛집이라 소통이 다소 어려움

인도네시아 동부 자바 요리 전문점. 눈물이 날 만큼 매콤한 삼발 소스
가 시그너처로 바삭하게 튀긴 고렝goreng 요리와 함께 먹는다. 소스
만 별도로 구입하기도 할 정도로 현지인들이 이곳의 삼발 소스를 무
척 좋아한다. 중독성 강한 매운맛이 한국인 입맛에도 맵게 느껴질 정
도니 조심스럽게 도전해보자. 인기 메뉴는 고소한 맛이 일품인 구라메
gurame(생선튀김)와 닭튀김, 오징어튀김 등이다. 식사 시간에는 사람
이 많이 몰려 주문과 서빙에 시간이 좀 오래 걸리니 피크타임에는 피하
는 것이 좋다.

🛈
가는 방법 비치워크 쇼핑센터에서
차량으로 15분
주소 Jl. Dewi Sri 788, Kuta
문의 081 234 583 033
운영 09:00~24:00
예산 구라메 7만 5000루피아~
※봉사료+세금 12% 추가

와룽 인도네시아
Warung Indonesia

위치	뽀삐스 거리
유형	로컬 맛집
주메뉴	나시 짬뿌르

☺ → 인도네시아 요리가 메인
☹ → 전체적으로 단맛이 강함

뽀삐스 거리에서 저렴한 가격에 든든한 식사를 할수 있는 와룽. 대나무 테이블과 의자가 놓인 실내가 소박한 분위기로 오랫동안 한자리를 지켜오며 사랑받고 있는 식당이다. 그날그날 정갈하게 준비한 반찬을 짬뿌르 스타일로 먹을 수도 있고 원하는 단품 요리를 주문해 먹을 수도 있다. 나시 짬뿌르는 고른 반찬에 따라 가격이 달라지지만 대부분 3만~5만 루피아 내외이며 밥이 포함된다. 단품 메뉴로는 아얌 고렝, 나시 고렝, 이칸 고렝 등이 인기 있다. 신선한 과일로 만든 주스도 맛이 좋다.

📍 **가는 방법** 비치워크 쇼핑센터에서 도보 12분
주소 Jl. Poppies II, Gg. Ronta, Kuta
문의 085 238 166 463 **운영** 24시간
예산 나시 짬뿌르 5만 루피아~, 음료 1만 루피아~
※봉사료+세금 포함

메부이 베트남 키친
Mevui Vietnam Kitchen

위치	레기안 거리
유형	대표 맛집
주메뉴	쌀국수, 분짜

☺ → 베트남 감성 충만한 레스토랑
☹ → 더운 낮 시간대에는 쌀국수 비추

베트남 요리를 선보이는 인기 레스토랑으로 발리 전역에 매장을 운영할 정도로 성업 중이다. 레기안점은 규모가 크고 시설도 깔끔한 편으로 베트남 북부 하노이 스타일의 쌀국수가 맛이 좋다는 평이다. 베트남 현지 맛에 견주어도 크게 뒤지지 않을 정도의 수준으로 일반 쌀국수 국물에 비해 조금 달게 느껴지지만 곁들여 나오는 라임즙을 더하면 단맛이 중화된다. 취향에 따라 고수나 매운 칠리 등을 추가할 수도 있으며 쌀국수 외에 짜조, 분짜도 맛있다.

📍 **가는 방법** 비치워크 쇼핑센터에서 도보 12분
주소 Jl. Raya Legian, Kuta
문의 0811 347 722 **운영** 09:00~22:00
예산 베트남 쌀국수 5만 8000루피아~, 음료 1만 7000루피아~ ※봉사료+세금 15% 추가

스시 테이 비치워크
Sushi Tei Beachwalk

위치	비치워크 쇼핑센터 2층
유형	신규 맛집
주메뉴	스시 롤

😊 → 쾌적한 냉방 시설
😫 → 주문 안 되는 메뉴가 많음

비치워크 쇼핑센터 2층에 자리한 글로벌 스시 체인점으로 발리는 물론 아시아 전역에 매장이 있다. 비치워크점은 내부가 넓고 쾌적해 가족여행자에게 제격이다. 일부 좌석은 창 너머로 시원한 꾸따 비치를 바라보며 식사할 수 있다. 스시 롤, 사시미, 우동 등 일식 메뉴가 다양하다. 일본 현지 맛에 비교할 수준은 아니지만 가볍게 먹기 좋은 메뉴가 많고 맛과 가격도 무난하다. 전체적으로 간이 짜다는 평이 많다.

📍
가는 방법 꾸따 비치에서 도보 5분
주소 Jl. Raya Kuta No. 4, Kuta
문의 0361 846 4972
운영 10:00~21:30
예산 스시 롤 4만 5000루피아~
※봉사료+세금 15% 추가
홈페이지 www.sushitei.co.id

레기안 푸드 코트
Legian Food Court

위치	스리위자야 거리
유형	로컬 맛집
주메뉴	다국적 요리

😊 → 저렴한 가격
😫 → 메인 거리에서 다소 먼 거리

20개가 넘는 다국적 요리를 내는 식당이 하나둘 모여 푸드 코트를 이루게 되었다. 식당마다 정해진 좌석이 있고 앞쪽에 공용 좌석도 있다. 원하는 식당에서 메뉴를 골라 식사할 수 있으며 여러 가지 요리를 주문해 여럿이서 함께 먹기 좋은 분위기다. 저렴한 가격에 해산물 바비큐 요리가 맛있는 붐부 투반Bumbu Tuban과 발리식 꼬치구이를 선보이는 부 와르니 Bu Warni, 그리고 발리 음식을 내는 식당들의 평이 좋은 편이다.

📍
가는 방법 비치워크 쇼핑센터에서 도보 14분
주소 Jl. Sriwijaya No.818, Legian. Kuta **문의** 081 239 664 611
운영 09:00~23:00 ※식당마다 다름
예산 오징어구이 세트 6만 루피아~
※봉사료+세금 포함

크럼 & 코스터
Crumb & Coaster

위치	베네사리 거리
유형	대표 맛집
주메뉴	브런치, 파스타, 커피

😊 → 퀄리티 좋은 브런치가 시그너처
😫 → 빈자리가 없을 정도로 혼잡

이 일대에서 가장 손님이 많은 브런치 카페로 올데이 다이닝이 가능하다. 아침과 점심 사이에 가볍게 즐길 수 있는 브런치 메뉴부터 샐러드, 파스타, 버거, 샌드위치 등이 있고 저녁에는 해산물을 이용한 인도네시아·아시아 요리까지 선택의 폭이 넓다. 브런치 메뉴는 오후 6시까지 먹을 수 있다. 워낙 인기가 많아 빈자리가 없을 정도로 붐비는데 왓츠앱을 통해 예약도 가능하다. 직원들의 세심함과 친절함도 인기 요인 중 하나다.

📍
가는 방법 비치워크 쇼핑센터 후문에서 도보 4분
주소 Jl. Benesari No. 2E, Kuta
문의 081 999 596 319
운영 07:30~23:00
예산 롱블랙 3만 루피아~, 파스타 9만 5000루피아~ ※봉사료+세금 15% 추가

잭프루트 브런치 & 커피
Jackfruit Brunch & Coffee

위치 레기안 거리
유형 신규 맛집
주메뉴 브런치, 파스타, 커피

☺→ 아늑하고 조용한 분위기
☹→ 다소 협소한 규모

캐주얼한 브런치 메뉴와 파스타, 샌드위치 등 가볍게 먹을 수 있는 메뉴, 그리고 맛좋은 커피를 즐길 수 있는 곳이다. 대로변이 아닌 골목 안에 자리한 만큼 조용한 분위기에서 식사할 수 있다. 냉방 시설을 갖춘 실내 공간과 커피를 마실 수 있는 야외 공간으로 나뉘어 있다. 아침부터 오후까지만 운영한다. 초록의 푸릇한 인테리어와 나무의 조화가 인상적인 곳이며 직원들의 서비스도 좋은 편이다.

가는 방법 풀만 발리 레기안 비치에서 도보 9분 **주소** Jl. Raya Legian No.363, Legian, Kuta
문의 085 979 242 307
운영 07:00~18:00
예산 카푸치노 3만 5000루피아
※봉사료+세금 15% 추가

네무 라사 인도네시안 퀴진
Nemu Rasa Indonesian Cuisine

위치 데위 스리 거리
유형 신규 맛집
주메뉴 가정식

☺→ 정갈한 인도네시아 가정식 요리
☹→ 접근성이 안 좋은 외진 위치

인도네시아 가정식을 내는 감성 식당으로 한적한 데위 스리 2 거리에 있다. 깔끔하면서도 발리 특유의 감성이 묻어나는 공간에 정성껏 차려내는 음식으로 조금씩 찾는 이가 늘고 있다. 초록 고추를 으깨어 만든 수제 반찬이 들어간 엠팔 롬복 이조empal lombok ljo나 옥수수튀김김전perkedel jagung 등 다른 곳에서 보기 어려운 정통 인도네시아 메뉴를 내는 곳이다. 식사 후 인도네시아 전통 디저트도 맛볼 수 있다.

가는 방법 풀만 발리 레기안 비치에서 차량으로 11분
주소 Jl. Dewi Sri Il No.1, Kuta
문의 081 353 812 891
운영 13:00~21:00 **예산** 엠팔 롬복 이조 5만 9000루피아, 라원 5만 5000루피아 ※봉사료+세금 포함

아줄 비치 클럽 발리
Azul Beach Club Bali

위치 판타이 레기안 거리
유형 대표 맛집
주메뉴 파스타, 해산물 요리

☺→ 레기안 비치 조망 뷰가 일품
☹→ 오는 순서대로 뷰 좋은 자리 배정

레기안 거리의 인기 레스토랑 겸 인피니티 풀을 갖춘 비치 클럽. 대나무로 만든 거대한 비치 클럽은 이곳만의 시그너처다. 파스타, 리조토, 타코와 같은 가벼운 단품 요리는 물론 짐바란 해산물이 부럽지 않은 푸짐하고 신선한 해산물 요리가 유명하다. 무엇보다 식사를 즐기면서 인피니티 풀을 이용할 수 있는 런치 바이 더 풀Lunch by the Pool(12:00~17:00)을 이용하면 멋진 아줄 비치 클럽과 즐거운 식사가 동시에 가능하다.

가는 방법 레기안 비치에서 도보 1분
주소 Jl. Padma No.2, Legian
문의 0361 765 759
운영 11:00~23:00
예산 그릴 점보 프라운 25만 루피아~
※봉사료+세금 21% 추가
홈페이지 azulbali.com

꾸따 & 레기안 카페

발리를 대표하는 인기 여행지답게 꾸따 지역에는 크고 작은 카페가 많다. 발리의 카페는 커피만
판매하는 것이 아니라 조식, 브런치, 디너까지 한자리에서 해결할 수 있는 것이 특징이다.
그중에서도 커피에 집중하는 카페들을 만나보자. ▶ 지도 P.104~105

엑스팻 로스터스
Expat.Roasters

위치 비치워크 쇼핑센터 3층
유형 인기 카페
주메뉴 커피, 콜드브루

☺→ 커피에만 집중할 수 있는 분위기와 탁월한 커피 맛
☹→ 카페보다는 원두가 더 유명함

스페셜티 커피 원두를 전문적으로 로스팅하는 업체로 호주 출신 바리
스타가 설립, 운영하며 발리에 두 곳의 카페를 운영한다. 킨타마니, 자
바 등 인도네시아 전역에서 들어오는 원두를 발리 내에 공급하고 바리
스타 교육도 한다. 비치워크 쇼핑센터점은 작은 규모지만 야외 좌석이
비치워크 쇼핑센터 식당가와 연결되어 있어 쇼핑하다 잠시 들러 쉬어
가기도 좋다. 커피 외에 말차, 초콜릿, 티 등도 주문할 수 있으며 텀블
러, 모자, 셔츠 등의 굿즈도 판매한다. 커피는 추출 방식에 따라 콜드브
루, V60 필터 등으로 세분해 주문할 수 있다.

가는 방법 꾸따 비치에서 도보 5분
주소 Jl. Beachwalk Mall, Kuta
문의 081 238 898 406
운영 10:00~23:00
예산 티 4만 5000루피아, 커피 3만
루피아~ ※봉사료+세금 16% 추가
홈페이지 www.expatroasters.com

퍼센트 아라비카 발리
% Arabica Bali

위치 비치워크 쇼핑센터 1층
유형 인기 카페
주메뉴 커피, 아이스크림

☺ → 1층에 위치해 접근성 좋음
☹ → 높은 인기로 자리 부족

꾸따 비치에 있는 비치워크 쇼핑센터에 입점한 일본 커피 프랜차이즈로 언제나 사람들로 붐빈다. 아라비카 블렌딩 외에도 콜롬비아, 인도네시아, 에티오피아 등 스페셜티 원두와 블렌딩한 다양한 커피를 맛볼 수 있고 말차, 아이스크림도 있다. 실내는 쾌적하고 시원하며 야외 좌석도 있다. 비치워크 쇼핑센터와 연결되어 있어 쇼핑하다 잠시 들르기 좋다.

가는 방법 꾸따 비치에서 도보 1분
주소 Jl. Beachwalk Mall, Kuta
문의 0811 1918 0736
운영 08:00~23:00
예산 라테 12온스 5만 9000루피아~, 아이스크림 3만 9000루피아~
※봉사료+세금 포함
홈페이지 www.arabica.coffee

이마지 커피
Imadji Coffee

위치 디스커버리 쇼핑몰
유형 로컬 카페
주메뉴 커피

☺ → 개성 넘치는 로컬 저가 커피
☹ → 자리가 없는 테이크아웃 카페

디스커버리 쇼핑몰 야외 계단 쪽에 새롭게 문을 연 로컬 카페로 발리에 세 곳의 매장을 운영한다. 현지 젊은이들에게 인기 있는 카페 브랜드로 저렴한 가격에 개성 넘치는 커피와 음료를 맛볼 수 있다. 테이크아웃 매장이라 자리는 없지만 바로 앞 계단에 앉아 커피를 즐길 수 있어 인기 만점이다. 선셋 타임에는 많은 사람이 몰리기도 한다.

가는 방법 워터봄 발리에서 도보 5분
주소 Discovery Shopping Mall, Amphitheater, Kuta
문의 085 974 961 725
운영 08:00~21:00
예산 커피 1만 5000루피아~, 시그니처 커피 2만 3000루피아~
※봉사료+세금 10% 포함

아노말리 커피
Anomali Coffee

위치 데위 스리 거리
유형 인기 카페
주메뉴 커피, 페이스트리

☺ → 제대로 된 커피 맛
☹ → 실내가 협소한 편

2007년에 시작한 발리 카페 브랜드로 스페셜티 커피 원두를 공급하고 커피와 관련된 교육도 진행한다. 발리에서는 우붓, 사누르, 꾸따, 짱구 등 네 곳에 매장을 운영한다. 꾸따의 데위 스리점은 규모는 작지만 전문 로스터가 상주해 커피 맛이 좋은 편이라 커피 마니아들이 일부러 찾아오기도 한다. 별도 판매하는 다양한 로스팅 원두를 구매하는 이도 많다.

가는 방법 비치워크 쇼핑센터에서 차량으로 10분 **주소** Jl. Dewi Sri, No.23, Legian, Kuta
문의 0361 767 119
운영 07:00~20:00
예산 커피 3만 2000루피아~, 티 4만 루피아~ ※봉사료+세금 16% 추가
홈페이지 store.anomalicoffee.com

꾸따 & 레기안 나이트라이프

매일 밤 즐거운 시간을 보낼 수 있는 나이트라이프 스폿은 레기안 거리 주변에 모여 있다.
코로나19 팬데믹 이전만큼의 분위기는 아니지만 간단하게 시원한 맥주를 마시며
꾸따의 밤을 즐길 수 있는 곳이다. ▶ 지도 P.104~105

하드록 카페 발리
Hardrock Cafe Bali

위치 꾸따 비치 인근
유형 라이브 바
주메뉴 맥주, 칵테일

☺ → 다양한 주류와 메뉴
☹ → 다소 올드한 팝 선곡

꾸따 비치와 마주하고 있는 인기 레스토랑 겸 펍
& 바로 훌륭한 식사 메뉴는 물론 생맥주, 와인, 칵
테일, 위스키, 럼 등 다양한 주류를 취급한다. 발리
를 찾아온 여행자들을 위해 매일 밤 9시 30분부터
는 발리 로컬 밴드의 라이브
공연을 연다. 직원들의
친절한 서비스와 깔끔
하고 훌륭한 시설이
돋보이는 곳이다.

📍
가는 방법 비치워크 쇼핑센터에서 도보 5분
주소 Jl. Pantai Kuta, Kuta
문의 0361 755 661
운영 11:00~01:00
예산 생맥주 8만 5000루피아~, 칵테일 13만 루피아~
※봉사료+세금 18.25% 추가
홈페이지 www.hardrockcafe.com

발리 비어 시클
Bali Beer Cycle

위치 꾸따 & 레기안 일대
유형 이동식 바
주메뉴 맥주, 칵테일

☺ → 특별한 경험
☹ → 혼자 가면 외로울 수 있음

펍이나 바가 아닌 특수 제작한 차량을 타고 이동
하면서 무제한으로 맥주나 음료를 마시며 신나게
시티 투어를 즐길 수 있는 이동식 바다. 차량에는
10~13명까지 탑승이 가능하며 투어 시간은 2시
간 정도다. 꾸따와 레기안 거리를 정해진 루트를
따라 한 바퀴 도는 형식으로 소형 그룹으로 발리
여행을 온 서양인들에게 인기 있다. 발리 시내 관
광과 음주를 한번에 즐길 수 있는 이색적인 투어
로 홈페이지를 통해 예약할 수 있다.

📍
가는 방법 디스커버리 쇼핑몰에서 도보 4분
주소 Jl. Raya Legian No.210 **문의** 085 738 930 898
운영 09:00~22:00(출발 11:30, 12:00, 13:30,
14:00, 14:30, 16:00, 16:30, 17:00, 18:30, 19:00,
19:30) **요금** 무한 맥주(1인) 60만 루피아~, 무알코올
음료(1인) 25만 루피아~ ※봉사료+세금 포함
홈페이지 www.balibeercycle.com

엔진 룸
Engine Room

위치 레기안 거리
유형 라이브 바, 나이트클럽
주메뉴 맥주, 칵테일

☺→ 저렴한 술값으로 즐기는 밤
☹→ 세련된 분위기는 아님

레기안 중심 거리의 인기 클럽 중 하나로 늦은 시간에 레기안의 나이트라이프를 즐기기 위해 찾는 여행자가 대부분이다. 시끄러운 음악과 자유로운 분위기에서 춤을 추거나 맥주, 칵테일, 위스키 등을 마시며 즐길 수 있다. 시설은 허름한 편이지만 가격이 합리적이고 해피 아워, 1+1 등 다양한 이벤트가 있어 젊은 여행자들이 많이 찾는다.

🛈 **가는 방법** 비치워크 쇼핑센터에서 도보 7분
주소 Jl. Raya Legian No.66, Kuta
문의 0361 755 188
운영 18:00~04:00
예산 맥주 6만 루피아~, 칵테일 12만 5000루피아~
※봉사료+세금 21% 추가
홈페이지 www.engineroombali.com

LXXY

위치 레기안 거리
유형 나이트클럽
주메뉴 맥주, 칵테일

☺→ 평일보다는 주말 밤이 피크
☹→ 실내 흡연 가능

레기안 거리에 있는 클럽으로 시간대에 따라 변신한다. 야외 풀을 갖춘 풀 클럽과 라운지는 낮 시간에는 식사를 제공하고 저녁 10시부터는 핫한 클럽으로 변신한다. 국내외 유명 디제이들을 초청해 파티와 이벤트를 열어 신나는 분위기에 휩싸인다. 밤 12시가 넘어야 본격적인 피크타임이 시작되며 평일보다는 주말에 훨씬 사람이 많다.

🛈 **가는 방법** 비치워크 쇼핑센터에서 도보 9분
주소 Jl. Raya Legian No.71, Kuta
문의 081 310 030 066
운영 19:00~03:00
예산 칵테일 11만 루피아~, 맥주 5만 루피아~
※봉사료+세금 21% 추가
홈페이지 www.lxxybali.com

꾸따 & 레기안 쇼핑

꾸따 & 레기안 지역에서는 발리를 대표하는 복합 쇼핑몰인 디스커버리 쇼핑몰과 꾸따 비치 앞의
비치워크 쇼핑센터가 꾸따 중심에 있어 쇼핑이 편리하다. 그 밖의 거리에는 서핑과 관련된
서프 브랜드 매장이 많아 물놀이에 필요한 의류를 구입하기 좋다. ▶ 지도 P.104~105

비치워크 쇼핑센터
Beachwalk Shopping Center

위치 꾸따 비치 인근
유형 쇼핑몰
특징 식당가, 슈퍼마켓, 브랜드 입점

꾸따는 물론이고 발리를 대표하는 복합 쇼핑센터로 가장 최근에 문을
열었다. 3층으로 이루어진 쇼핑센터 1층에는 퍼센트 아라비카와 스타
벅스를 비롯해 글로벌 스포츠·패션·뷰티 브랜드 매장이 입점해 있고
2층에는 베벡 테피 사와, 스시 테이 등 유명 프랜차이즈 식당과 푸드
코트가 들어섰다. 3층은 테라스 구역으로 식당과 카페, 루프톱 가든 등
이 자리해 있다. 지하에는 슈퍼마켓과 ATM이 있어 한자리에서 쇼핑과
식사를 즐기기에 완벽한 꾸따 대표 쇼핑몰이다.

가는 방법 디스커버리 쇼핑몰에서
차량으로 13분
주소 Jl. Pantai Kuta, Kuta
문의 0361 8464 888 ※푸드마트
고메이 081 237 922 593
운영 10:00~22:00(금·토요일은
24:00까지)
홈페이지 www.beachwalkbali.com

푸드마트 고메이 *Foodmart Gourmet*

비치워크 쇼핑센터 지하에 있는 슈퍼마켓으로 신선한 과일을 비롯해 식료품과 여행 기념품, 선물용 상품을 판매한다. 일반 매장에 비해 가격이 합리적인 편이다.

고메이 슈퍼마켓 시세

견과류	루왁 커피
2만 5000~10만 루피아	5만~10만 루피아
에센스 오일	빈탕 민소매
2만 5000~7만 5000루피아	7만 5000~10만 루피아
말린 코코넛 칩	과일 모양 비누
2만 6000~10만 루피아	3만 8000~6만 5000루피아
망고(100g)	초콜릿, 인스턴트커피
5000루피아~	3만~9만 루피아

파사라메 *Pasarame*

비치워크 쇼핑센터에 자리한 푸드 마켓 콘셉트의 다이닝 공간. 인도네시아 요리부터 아시안·서양식 메뉴까지 선보이는 작은 코너들이 모여 있다. 비교적 저렴하게 한 끼 해결하기에 좋다.

디스커버리 쇼핑몰
Discovery Shopping Mall

위치 까르띠카 거리
유형 쇼핑몰
특징 2개의 백화점, 해변과 연결

비치워크 쇼핑센터가 생기기 전까지는 꾸따를 대표하는 최고의 쇼핑몰로 꼽혔다. 쇼핑몰 내에 2개의 백화점(팍슨 센트로, 소고)과 다양한 카테고리의 브랜드 숍, 전자 제품 상가, 아트 마켓, 슈퍼마켓, 레스토랑, 카페 등이 들어서 있으며 꾸따 비치와 바로 연결된다. 예전과 달리 빈 매장이 많고 관광객을 대상으로 하던 브랜드는 현지인들이 선호하는 브랜드로 바뀌고 있다. 꾸따 비치 쪽에는 현지인들이 주로 커피를 마시거나 여유롭게 시간을 보내는 공간이 있고 농구장도 있어 저녁 시간에는 많은 사람이 몰린다.

가는 방법 응우라라이 국제공항에서 차량으로 13분
주소 Jl. Kartika Plaza, Kuta, Kuta
문의 0361 755 522
운영 10:00~22:00 ※매장마다 조금씩 다름
홈페이지 www.discoveryshoppingmall.com

서퍼 걸
Surfer Girl

위치	레기안 거리
유형	서핑 편집숍
특징	다양한 브랜드 총집합

서퍼 걸이라는 브랜드 매장과 더불어 발리에서 인기 있는 서프 브랜드들을 모아 편집숍 형태로 운영하는 곳으로, 다양한 제품을 갖춰놓아 누구나 쇼핑을 즐기기 좋다. 단독 매장에 비해 세일 상품이나 이월 상품이 좀 더 많고 브랜드마다 구역이 나뉘어 있어 쇼핑하기에 편리하다. 특가 세일하는 상품을 찾는 재미도 있는 곳이다.

대표 브랜드
서퍼 걸, 록시, 빌라봉, 립컬, 볼콤, 퀵실버, 서머시크 외 다수

📍 **가는 방법** 꾸따 비치에서 도보 10분
주소 Jl. Raya Legian No.138, Kuta
문의 0361 757 779
운영 10:00~22:00
홈페이지 www.surfer-girl.com

그랜드럭키 슈퍼마켓
GrandLucky Supermarket

위치	선셋 로드 거리
유형	대형 슈퍼마켓
특징	한국 수입 식품 다량 보유

꾸따 내 슈퍼마켓 중에서 비교적 저렴하게 쇼핑할 수 있는 곳으로 제법 규모도 큰 편이다. 채소, 정육, 과일, 파스타와 와인, 음료 등을 주로 판매하며 간단히 먹을 수 있는 스낵 코너도 있다. 신선식품과 전 세계에서 들어온 수입 식품이 다른 곳에 비해 다양하다. 일반 마켓에서 구하기 어려운 만두, 라면 등 한국 식품도 많이 구비하고 있어 장기 체류 여행자에게 추천한다.

📍 **가는 방법** 비치워크 쇼핑센터에서 차량으로 14분
주소 Jl. Sunset Road No.29, Kuta
문의 0361 762 308
운영 08:00~22:00
인스타그램 @grandlucky

크리스나 올레올레
Krisna Oleh Oleh

위치	선셋 로드 거리
유형	대형 기념품점
특징	정찰제

다채로운 발리 기념품을 판매하는 전문 매장으로 동일한 이름으로 꾸따 인근에 매장이 많이 있다. 규모가 상당히 크며 이국적인 기념품을 비롯해 커피, 쿠키, 초콜릿 등 먹거리도 다양하다. 모든 상품에 가격표가 붙어 있어 바가지 쓸 염려가 없고 제품별 시세를 파악하기도 좋다. 귀국 전에 들러 기념품과 선물용 상품을 구입하기에 안성맞춤인 곳이다.

가는 방법 비치워크 쇼핑센터에서 차로 20분
주소 Jl. Bypass Ngurah Rai, Kuta
문의 0361 4756 333
운영 08:00~23:00
홈페이지 krisnabali.co.id

월드 브랜드 팩토리
World Brand Factory(WBF)

위치	바이패스 거리
유형	아웃렛
특징	높은 할인율

RVCA, 립컬, 빌라봉, 퀵실버, 록시, 데우스 등 발리에서 판매하는 각종 서프 브랜드와 스포츠 브랜드 제품을 최대 90% 할인 가격에 판매하는 아웃렛. 서핑을 배우거나 즐길 계획이라면 여행 초반에 필요한 용품을 구입하기 좋고, 떠나는 날 들러 마지막 쇼핑을 하기에도 좋다. 서핑용품은 물론 수영복, 티셔츠, 가방, 신발 등 다양한 아이템이 구비되어 있다.

가는 방법 비치워크 쇼핑센터에서 차량으로 15분
주소 Jl. Bypass Ngurah Rai No.11H, Kuta
문의 0361 759 540
운영 10:00~22:00

젱가라 온 선셋
Jenggala on Sunset

위치	선셋 로드 거리
유형	세라믹 매장 & 아웃렛
특징	할인 판매 제품도 구비

뉴질랜드 출신 도예가가 1976년부터 운영해온 세라믹 전문 브랜드. '젱가라 스타일'이라는 트렌드가 생길 정도로 발리는 물론 세계적으로 유명하다. 짐바란에 본점이 있고 이곳 매장은 발리풍 디자인과 시그너처 컬러의 볼, 컵, 접시 등 세라믹 제품과 인테리어 소품도 약간 취급한다. 한쪽 코너에는 저렴한 가격으로 판매하는 B급 상품도 있다.

가는 방법 비치워크 쇼핑센터에서 차량으로 13분
주소 Jl. Sunset Road No.1, Kuta
문의 0361 766 466
운영 09:00~19:00
홈페이지 www.jenggala.com

스페셜 브랜드 스토어
Special Brand Store(SBS)

위치	바이패스 거리
유형	서핑 편집숍
특징	신규 & 인기 브랜드

이웃한 월드 브랜드 팩토리에서 취급하지 않는 인터내셔널 · 로컬 서프 브랜드 제품 위주로 판매하는 편집숍이다. 세일 제품은 많지 않지만 신상품과 일부 이월 상품을 세일하기도 한다. 1층은 데우스 · 비슬라 · 반스 등의 글로벌 브랜드, 2층은 루토피아 · 오렛 등의 현지 로컬 브랜드가 입점해 있다. 냉방 시설을 갖추고 있어 쾌적한 환경에서 쇼핑을 즐길 수 있다.

가는 방법 비치워크 쇼핑센터에서 차량으로 15분
주소 Jl. Bypass Ngurah Rai No.11a, Kuta
문의 0361 4726 475
운영 10:00~22:00

발리 메이드 인 발리
Bali Made in Bali

위치	바쿵사리 거리
유형	옷 가게
특징	가성비 좋은 로컬 브랜드

발리와 잘 어울리는 휴양지 룩에 최적화된 의류를 판매하는 로컬 브랜드로 꾸따는 물론 우붓, 스미냑 등 발리 전역에 매장이 있다. 블랙 & 화이트 컬러의 심플함, 시원하고 품질 좋은 소재, 합리적인 가격의 상품이 구비되어 있으며 1+1 또는 할인 이벤트도 자주 한다. 남성용, 여성용, 어린이용은 물론 커플 룩까지 사이즈와 종류도 다양하고 정찰제라 바가지 쓸 염려가 없다.

가는 방법 비치워크 쇼핑센터에서 차량으로 13분
주소 Jl. Bakung Sari, Kuta, Kec. Kuta
운영 09:00~21:00

바틱 케리스 발리
Batik Keris Bali

위치	레기안 거리
유형	전통 바틱 옷 가게
특징	고급스러운 바틱 의류

인도네시아 전통 염색 기법인 바틱을 이용한 다양한 아이템을 판매하는 전문 브랜드. 남녀노소 누구나 입을 수 있는 바틱 의류를 갖추고 있다. 바틱 문양이 들어간 남성 상하의(50만 루피아~), 여성 원피스(70만 루피아~), 사롱, 에코백 등을 구입할 수 있다. 가격도 정찰제로 판매되며 매장 규모도 넓고 쾌적한 편이다. 가격대는 다소 높은 편이지만 믿을 수 있는 바틱 제품을 모아 놓은 곳으로 통한다.

가는 방법 비치워크 쇼핑센터에서 차량으로 10분 **주소** Jl. Raya Legian No.133, Legian
문의 0361 752 164
운영 09:00~22:00
홈페이지 batikkerisonline.co.id

그립
GriPP

위치	레기안 거리
유형	신발 가게
특징	저렴한 플립플롭, 슬리퍼

가성비 좋은 플립플롭을 살 수 있는 매장으로 발리 전역에 매장이 있다. 내구성은 다소 떨어지지만 종류와 컬러가 다양하고 무엇보다 가격이 저렴해 현지에서 구입해 바로 신기도 하고 선물용으로도 많이 구입한다. 물건을 많이 사면 할인해주거나 덤을 주기도 한다. 꾸따 스퀘어점과 디스커버리 쇼핑몰 매장이 인기다.

가는 방법 비치워크 쇼핑센터에서 차량으로 10분
주소 Jl. Raya Legian No.394, Legian
문의 0812 4436 5994
운영 09:00~23:00

다운 더 기프트 숍
Daun the Gift Shop

위치	꾸따 스퀘어
유형	잡화, 기념품
특징	합리적인 가격

꾸따 스퀘어에 위치한 꽤 큰 규모의 기념품 숍으로 1~2층으로 이루어져 있다. 발리 감성이 물씬 풍기는 인테리어 소품, 기념품 등 여행자의 쇼핑 욕구를 자극하는 아이템이 가득하다. 정찰제로 판매하며 가격이 합리적이고 선물하기 좋은 제품이 많다. 2층에는 세일 품목이 많으니 구석구석 살펴보자.

가는 방법 디스커버리 쇼핑몰에서 도보 8분 **주소** Kuta Square Blok E25-27, Jl. Bakung Sari, Kuta
문의 0361 756 253
운영 09:00~21:00 **홈페이지** www.daunthegiftshop.com

발리 바나나
Bali Banana

위치	꾸따 스퀘어
유형	디저트 가게
특징	바나나 케이크

폭신폭신하고 달콤한 발리 스타일의 바나나 케이크를 판매하는 곳으로 현지인들 사이에 꽤 유명해 대량으로 사 가기도 한다. 가격이 저렴하면서 맛이 좋아 인기가 많다. 바나나 케이크는 물론 바나나 파이, 바나나 쿠키 등 소소한 간식도 판매하며, 공항에서 구입하는 것보다 훨씬 저렴해 귀국 전 들르는 여행자가 많다.

가는 방법 디스커버리 쇼핑몰에서 차량으로 10분
주소 Jl. Dewi Sri No.45 B, Legian, Kec. Kuta
문의 0822 1000 1726
운영 07:00~22:00

꾸따 & 레기안 스파 · 마사지

꾸따 지역에는 여행자들이 많이 찾는 거리마다 작은 규모의 스파와 가성비 좋은 마사지 숍이 자리해 있다.
여행 중 쌓인 피로를 풀어주는 발 마사지와 발리 전통 마사지가 인기다. 선셋 로드 거리에 자리한
대형 스파들은 공항 또는 숙소까지 무료 교통편을 제공하기도 한다. ▶ 지도 P.104~105

리핫 마사지 앤드 리플렉솔로지
Rehat Massage and Reflexology

위치 레기안 거리
유형 중급 스파

☺ → 가격 대비 높은 만족도
☹ → 인기에 비해 스파 룸이 적음

그랜드마스 플러스 호텔에서 운영하는 중급 스파. 깔끔한 시설과 만족도 높은 서비스로 여행자, 특히 한국인 여행자 사이에서 인기가 높다. 스파 트리트먼트 룸과 마사지 후 휴식을 취할 수 있는 릴랙스 룸을 갖추고 있으며 발리 전통 마사지를 비롯해 페이셜 · 보디 스크럽, 마스크, 핫 스톤 마사지 등의 서비스를 제공한다. 이용하려면 홈페이지 또는 왓츠앱을 통해 사전 예약해야 한다.

가는 방법 그랜드마스 플러스 호텔에서 도보 1분
주소 Jl. Sriwijaya 368, Legian
문의 0882 1905 8170
운영 12:00~22:00 ※사전 예약 필수
예산 시그너처 패키지(90분) 30만 루피아, 발리 마사지(60분) 25만 루피아 ※봉사료+세금 포함
홈페이지 www.rehatbali.com

바바 스파
Bhava Spa

위치 까르띠카 거리
유형 고급 로컬 스파

☺ → 체계적인 스파 서비스
☹ → 골목 안쪽이라 접근성 떨어짐

꾸따 암나야 리조트 내에 위치한 고급스러운 분위기의 스파로 6개의 트리트먼트 룸을 운영한다. 인도네시아, 타이, 일본, 인도의 대표적인 트리트먼트 방법으로 서비스를 제공한다. 아세안 스파 서비스 어워드와 아시아 스파 어워드 등 다양한 수상 경력이 있으며 만족도가 높다. 스파는 패키지와 마사지, 스크럽 등으로 나뉘며 발리 마사지와 티베티안 싱잉볼, 타이 콤프레스 등이 인기가 좋다.

가는 방법 디스커버리 쇼핑몰에서 도보 3분
주소 Jl. Kartika Plaza Gg. Puspa Ayu No.99, Kuta
문의 0361 755 380
운영 12:00~20:00 ※사전 예약 필수
예산 발리 마사지(60분) 45만 루피아, 티베티안 싱잉볼(75분) 48만 루피아 ※봉사료+세금 15.5% 추가
홈페이지 www.bhavaspa.com

달라 스파
Dala Spa

위치	알라야 드다운 호텔
유형	고급 스파

☺ → 고급스러운 스파 서비스
☹ → 높은 봉사료와 세금

오랜 시간 만족도 높은 서비스를 제공하는 인기 스파. 고급 숙소인 알라야 드다운 호텔에서 운영하는 만큼 일반 스파보다 조금 더 프라이빗하고 세심한 서비스를 제공한다. 규모가 큰 편은 아니지만 소수 정예의 숙련된 테라피스트들의 실력이 뛰어나 평이 좋다. 발리 전통 마사지를 비롯해 샌들우드 · 아로마 마사지, 보디 스크럽 등이 대표적이다. 다소 높은 세금이 추가되는 게 아쉽다.

📍
가는 방법 비치워크 쇼핑센터에서 도보 14분
주소 Jl. Raya Legian 123B, Kuta
문의 0361 756 276
운영 09:00~23:00 ※사전 예약 필수
예산 발리 마사지(60분) 58만 5000루피아~
※봉사료+세금 23.5% 추가
홈페이지 www.alayahotels.com

타만 에어 스파
Taman Air Spa

위치	선셋 로드 거리
유형	중급 로컬 스파

☺ → 고급스러운 시설과 친절한 서비스
☹ → 예약 없이 방문 시 요금이 비쌈

선셋 로드 거리에 있는 중급 스파로 규모가 크고 시설도 좋은 편이라 꾸준히 인기가 많은 곳이다. 트리트먼트 룸을 비롯해 사우나와 저쿠지, 헤어 살롱, 발 마사지 룸을 갖추고 있으며 테라피스트들의 실력도 준수한 편이다. 유명 코스메틱 브랜드인 딸고Thalgo의 스파 & 마사지 어메니티도 판매하며 스파 이용료에 따라 무료 픽업 & 드롭 서비스를 제공한다. 여행 플랫폼 클룩을 이용하면 패키지 스파를 좀 더 저렴하게 예약할 수 있다.

📍
가는 방법 비치워크 쇼핑센터에서 차량으로 13분
주소 Jl. Sunset Road No.88, Kuta
문의 0361 8947 300
운영 10:00~23:00 ※사전 예약 필수
예산 퓨어 밸런스(120분) 78만 루피아~
※봉사료+세금 21% 추가
홈페이지 www.tamanairspa.com

예스 스파 발리 꾸따
Yes Spa Bali Kuta

위치 레기안 거리
유형 로컬 스파

☺ → 가성비 좋은 깔끔한 시설
☹ → 테라피스트에 따른 만족도 차이가 큼

서양인들이 즐겨 찾는 대로변의 중급 스파. 마사지와 매니큐어 & 페디큐어 또는 페이셜 · 보디 스크럽 등이 포함된 패키지가 인기다. 쾌적하고 깔끔한 시설을 갖추고 있으며 조용한 분위기에서 마사지를 받을 수 있다. 무엇보다 가성비가 좋은 것이 인기 요인이다. 꾸따 지역에 두 곳의 매장을 운영하는데 레기안 본점이 평이 좋은 편이다. 여행 중 부담 없이 들러 발 마사지나 보디 마사지를 받기 좋다.

📍 **가는 방법** 풀만 발리 레기안 비치에서 도보 8분
주소 Jl. Raya Legian No.369, Legian
문의 081 139 617 677
운영 10:00~20:00 ※사전 예약 필수
예산 발리 마사지(60분) 12만 루피아, 패키지(120분) 28만 5000루피아~ ※봉사료+세금 포함
홈페이지 www.yesspabali.com

티트리 스파
Tea Tree Spa

위치 홀리데이 인 리조트 바루나 발리
유형 고급 스파

☺ → 깔끔하고 잘 관리된 스파
☹ → 카바나는 일부 메뉴만 가능

홀리데이 인 리조트 바루나 발리 안에 있는 스파로 총 5개의 트리트먼트 룸과 짐바란 비치를 마주하고 있는 야외 카바나 베드를 갖추고 있다. 카바나의 경우 발리 전통 마사지와 발 · 등 마사지를 받는 경우만 이용 가능하다. 호텔에서 운영하는 스파라 서비스나 시설이 만족스럽고 가격은 호텔 스파치고는 높지 않은 편이다. 아이들을 위한 키즈 스파도 운영하며 수영장과 풀 바 등을 갖춘 것도 장점이다.

📍 **가는 방법** 디스커버리 쇼핑몰에서 차량으로 10분
주소 Jl. Wana Segara No.33, Tuban, Kec. Kuta
문의 0361 755 577
운영 09:00~21:00
예산 시그너처(90분) 75만 루피아~, 발리 전통 마사지(60분) 55만 루피아~ ※봉사료+세금 포함
홈페이지 www.barunabali.holidayinnresorts.com

글로 스파
Glow Spa

위치	발리 만디라 비치 리조트
유형	중급 로컬 스파

☺→ 스파 시설과 분위기가 좋음
😣→ 현지 물가에 비해 다소 비싼 편

발리 만디라 비치 리조트 & 스파에서 운영하는 스파로 고급스러운 분위기가 인상적이다. 근육을 이완시키고 혈액순환에 도움을 주는 보디 아로마테라피 트리트먼트를 바탕으로 헤어, 페이셜, 매니큐어, 페디큐어 등 다양한 서비스를 제공한다. 발리 전통 마사지와 스크럽, 족욕이 포함된 시그너처 패키지는 가성비가 좋아 인기 있다. 홈페이지를 통한 할인 이벤트를 상시 진행하니 예약 전 가격을 확인할 것.

가는 방법 풀만 발리 레기안 비치에서 도보 10분
주소 Jl. Padma No.2, Legian, Kuta
문의 081 246 341 738
운영 10:00~19:00 ※사전 예약 필수
예산 시그너처 글로 발리니스 패키지(120분) 79만 5000루피아~ ※봉사료+세금 26.5% 추가
홈페이지 www.balimandira.com

자무 트래디셔널 스파
Jamu Traditional Spa

위치	알람쿨쿨 부티크 리조트
유형	고급 스파

☺→ 신뢰할 수 있는 전통 스파
😣→ 높은 스파 요금

알람쿨쿨 부티크 리조트에서 운영하는 스파로 발리 전통 분위기를 느낄 수 있다. 일반 스파보다 프라이빗하고 고급스러운 환경에서 스파를 받을 수 있다. 인도네시아의 전통적인 마사지 요법을 사용하며 트리트먼트를 제공한다. 대표 스파는 발리니스 센세이션으로 페퍼민트 솔트를 이용한 족욕과 발리 전통 마사지, 스크럽 등이 포함된다. 전문 스파 스쿨을 운영할 정도로 숙련도 높은 테라피스트들이 대기하고 있다.

가는 방법 비치워크 쇼핑센터에서 도보 9분
주소 Jl. Pantai Kuta, Legian, Kec. Kuta
문의 0361 752 520(왓츠앱 0811 3899 930)
운영 10:00~19:00 ※사전 예약 필수
예산 발리 전통 마사지(60분) 50만 루피아~ ※봉사료+세금 21% 추가
홈페이지 www.alamkulkul.com

울루와뚜 & 짐바란

ULUWATU & JIMBARAN

울루와뚜 & 짐바란

발리 남부 울루와뚜 & 짐바란에는 아름다운 오션 뷰를 자랑하는 최고급 리조트들이 자리하고 있다. 그래서 오래전부터 유명 셀럽과 신혼부부의 여행지로 사랑받으며 발리 관광 발전에 큰 역할을 했다. 그뿐 아니라 멜라스티·드림랜드·술루반·파당 파당 비치 등 깎아지른 절벽 아래 숨겨진 보석처럼 빛나는 해변은 월드 클래스급 파도로 유명한 서핑 포인트로 전 세계 서퍼들의 순례지가 되었다. 매혹적인 풍광을 자랑하는 울루와뚜 & 짐바란 비치에서 연인이나 가족과 함께 느긋하고 로맨틱한 시간을 가져보자.

원숭이

술루반
비치

싱글 핀
발리

럭셔리
리조트

드림랜드
비치

울루와뚜
사원

비치
피크닉

울루와뚜 & 짐바란 추천 코스

**특별한
하루 코스
1**

울루와뚜 사원과
해변을 둘러보는 하루

울루와뚜 & 짐바란에는
발리에서도 아름답기로 손꼽히는
해변과 발리를 대표하는 관광
명소인 울루와뚜 사원, GWK 문화
공원이 있다. 인기 있는 해변과
명소를 둘러보며 알찬 발리 남부
관광으로 하루를 보내자.

F❂LLOW

이런 사람 팔로우!
➥ 아름답고 로맨틱한 바닷가를 찾는다면
➥ 분위기 좋은 곳에서 맛있는 식사를
  하고 싶다면

➥ **소요 시간** 8시간

➥ **예상 경비**
관광지 입장료 35만 루피아 +
교통비 75만 루피아 + 식비 40만
루피아
= Total 150만 루피아~

기억할 것 울루와뚜 & 짐바란의
일부 지역은 주요 명소 간 거리가
먼 편이라 차량으로 이동해야 한다.
짧은 시간에 알차게 둘러보려면
가이드나 끌룩 전세 차량을
이용하는 것이 효과적이다. 마지막
코스는 싱글 핀 발리에서 식사를
하거나 울루와뚜 사원에서 선셋을
감상하며 마무리해보자.

🍽 근사한 리조트 조식

차로
이동

📍 GWK 문화 공원
P.141

차로
25분

GWK 문화 공원

퍼센트 아라비카 코코넛 커피

📍 점심 식사 & 커피
추천 앨커미 발리 울루와뚜, 퍼센트 아라비카 P.150

차로
3분

📍 파당 파당 비치
P.140

차로
8분

파당 파당 비치

📍 술루반 비치
P.139

도보
5분

📍 싱글 핀 발리에서
오션 뷰 만끽
P.148

차로
8분

싱글 핀 발리

응게밀 이튼 브루

📍 울루와뚜 사원 구경 및
공연 관람
P.138

차로
25분

🍽 저녁 식사
추천 응게밀 이튼 브루 P.152

비치 클럽에서 신나게 놀고 신선한 해산물 디너로 마무리

오전에는 느긋하게 브런치를 즐기고 오후에는 요즘 발리 남부 지역에서 유명한 멜라스티 비치의 비치 클럽에서 시간을 보낸다. 그리고 저녁에는 짐바란 비치에서 로맨틱한 선셋과 푸짐한 해산물 디너를 즐긴다.

FOLLOW

이런 사람 팔로우!
➡ 바다를 사랑하는 사람이라면
➡ 짐바란 해산물 요리가 궁금하다면
➡ 관광보다는 휴양을 좋아한다면

➡ **소요 시간** 8시간

➡ **예상 경비**
비치 클럽 50만 루피아 + 교통비 50만 루피아 + 식비 50만 루피아 + 마사지 50만 루피아
= Total 200만 루피아~

➡ **기억할 것** 비치 클럽은 좋은 자리를 원한다면 사전 예약을 추천하고, 기본요금이 없는 자리에서 가볍게 이용하려면 현장에서 바로 결제해도 된다. 짐바란 해산물 요리를 먹으려면 선셋 시간을 고려해 최소 5시 전에는 레스토랑에 도착하도록 한다. 짐바란 해산물 레스토랑에서는 해산물 패키지 메뉴를 주문하는 것이 합리적이다.

드리프터 서프 숍 카페 & 갤러리

팔밀라 발리 비치 클럽

짐바란 시푸드

느긋하게 브런치 카페 즐기기
추천 드리프터 서프 숍 카페 & 갤러리
P.158

차로 25분

멜라스티 비치 산책 P.144

도보 3분

비치 클럽 즐기기
추천 팔밀라 발리 비치 클럽
P.146

이동

비치 클럽에서 점심 식사

차로 25분

짐바란 비치에서 산책 & 선셋 감상 P.142

도보 5분

저녁 식사
추천 하티쿠 짐바란 P.153

차로 6분

사이드워크 짐바란에서 쇼핑 P.156

차로 5분

스파 & 마사지 P.160

TIP

울루와뚜 & 짐바란 지역에서는 그랩이나 고젝 이용이 제한적이다. 특히 멜라스티 비치로 갈 때는 괜찮지만 멜라스티 비치에서 나올 때 호출이 되지 않는 경우가 종종 있다. 일반 지역 택시를 이용하거나 업소에 차량 호출을 요청하는 것이 낫다.

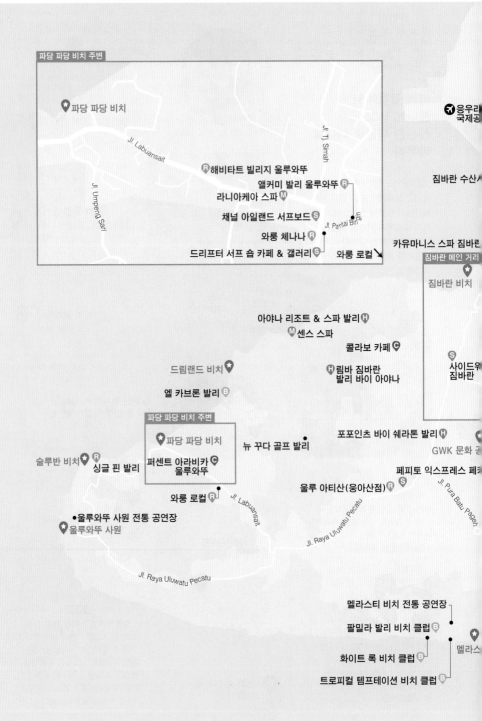

파당 파당 비치 주변

파당 파당 비치

Jl. Tj. Simah

Jl. Labuansait

Jl. Umpeng Sari

해비타트 빌리지 울루와뚜
앨커미 발리 울루와뚜
라니아케아 스파
채널 아일랜드 서프보드
Jl. Pantai Bin
와룽 체나나
드리프터 서프 숍 카페 & 갤러리   와룽 로컬

응우라
국제공

짐바란 수산사

카유마니스 스파 짐바란

짐바란 메인 거리

짐바란 비치

아야나 리조트 & 스파 발리
센스 스파
콜라보 카페
림바 짐바란
발리 바이 아야나

사이드우
짐바란

드림랜드 비치
엘 카브론 발리

파당 파당 비치 주변

파당 파당 비치
퍼센트 아라비카
울루와뚜
뉴 꾸다 골프 발리

포포인츠 바이 쉐라톤 발리
GWK 문화 공

술루반 비치
싱글 핀 발리

페피토 익스프레스 페차
울루 아티산(웅아산점)
Jl. Pura Batu Pageh

와룽 로컬
Jl. Labuansait

울루와뚜 사원 전통 공연장
울루와뚜 사원

Jl. Raya Uluwatu Pecatu

Jl. Raya Uluwatu Pecatu

멜라스티 비치 전통 공연장
팔밀라 발리 비치 클럽
화이트 록 비치 클럽
멜라스
트로피컬 템프테이션 비치 클럽

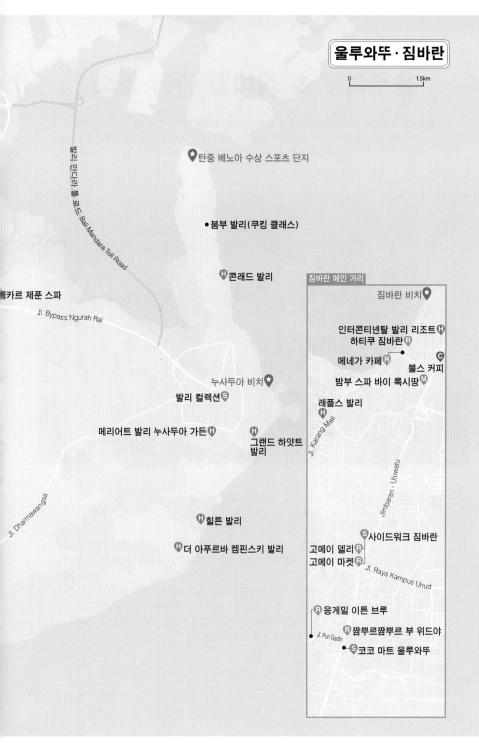

울루와뚜 · 짐바란

0   1.5km

발리 만다라 톨 로드 Bali Mandara Toll Road

★ 탄중 베노아 수상 스포츠 단지

● 붐부 발리(쿠킹 클래스)

ⓗ 콘래드 발리

짐바란 메인 거리

짐바란 비치 ♀

Jl. Bypass Ngurah Rai

베카르 제푼 스파

인터콘티넨탈 발리 리조트 ⓗ
하티쿠 짐바란 ⓡ

메네가 카페 ⓡ   ●   ⓒ
불스 커피

밤부 스파 바이 록시땅 ⓜ

누사두아 비치 ♀

발리 컬렉션 ⓢ

래플스 발리
ⓗ

Jl. Karang Mas

메리어트 발리 누사두아 가든 ⓗ

ⓗ 그랜드 하얏트
발리

Jimbaran - Uluwatu

ⓗ 힐튼 발리

ⓗ 더 아푸르바 켐핀스키 발리

ⓢ 사이드워크 짐바란

고메이 델리 ⓡ
고메이 마켓 ⓡ

Jl. Raya Kampus Unud

Jl. Dharmawangsa

ⓡ 응게밀 이튼 브루

Jl. Puri Gadin   ⓡ 짬뿌르짬뿌르 부 위드야

ⓢ 코코 마트 울루와뚜

울루와뚜 & 짐바란 관광 명소

울루와뚜 & 짐바란 지역은 깎아지른 듯한 절벽에 자리한 술루반 비치와 멜라스티 비치를 비롯해
새로 생긴 비치 클럽과 브런치 카페가 넓게 분포해 있다. 관광 명소 간 거리가 멀기 때문에
차량을 대절해 이동하는 것이 효과적이다.

① 울루와뚜 사원
Pura Luhur Uluwatu

인도양을 마주하고 있는 힌두교 해상 사원

발리 페카투 지역의 깎아지른 듯한, 해발 75m 절벽 위에 자리한 울루
와뚜 사원은 발리를 대표하는 힌두 사원이다. 바다의 신들을 모신 곳
으로, 10세기에 고승 우푸쿠투란이 창건했으며 16세기에 현재의 모습
으로 복원했다. 사원 건립 기념 축제인 오달란이 열릴 때는 순례자들이
찾아온다. 울루와뚜 사원은 바다의 영혼이 담긴 검은 산호석으로 건축
했는데, 어떤 방법으로 돌을 옮겨왔는지 설명되지 않는 불가사의한 면
이 있다. 특히 사원에서 바라보는 인도양이 절경을 이룬다. 사원에 입
장할 때는 사롱을 두르고 예절을 지키는 것이 중요하다. 사롱은 입장권
을 구매하면 무료로 대여해준다.

📍

지도 P.136 **가는 방법** 응우라라이 국제공항에서 차량으로 35분
주소 Pecatu, South Kuta
운영 07:00~19:00 ※전통 공연 18:00~20:00(1일 2회, 매표소 16:30 오픈)
요금 입장료 5만 루피아(어린이 3만 루피아), 전통 공연 15만 루피아(어린이
7만 5000루피아)

TIP

- 울루와뚜의 숲에는 원숭이들이 서
  식하는데 조금 사나운 편이라 소지
  품 등을 주의해야 한다.
- 저녁 6시와 7시에 전통 공연을 시
  작하며 입장권은 전용 카운터에서
  판매한다.

술루반 비치
Suluban Beach

추천

> 이곳은 간조 시간에만
> 해변에 내려갈 수 있어요.
> 물놀이를 하거나 휴식을
> 취하려면 물이 빠지는 시간을
> 잘 맞춰 가야 해요.

울루와뚜의 숨겨진 보석

독특한 풍경을 이루는 아름다운 해변으로 '블루 포인트 비치'라고도 부른다. 서퍼들이 주로 찾는 유명 서핑 포인트로, 싱글 핀 발리 레스토랑 왼쪽 계단을 따라 내려가면 나온다. 해변으로 나가는 입구까지 이어지는 좁은 골목에는 현지식 식당, 카페, 바, 마사지 숍, 서프보드 수리점 등이 자리해 있다. 식사나 음료를 즐기며 서핑을 구경하는 것도 재미있다. 술루반 비치는 물이 빠지는 간조 시간에 휴식을 즐길 수 있는 모래 사장이 드러난다. 푸른 바다에 높은 파도가 몰아치는 아름다운 풍경을 자랑하며, 아름다운 일몰을 보러 찾아오는 이도 많다. 만조 시간에는 해변 진입이 어렵고, 절벽 위쪽에 자리한 레스토랑이나 카페에서 휴식을 취하며 시간을 보내기도 좋다.

지도 P.136
가는 방법 싱글 핀 발리에서 도보 3분
주소 Uluwatu, Pantai Suluban, Jl. Labuansait, Pecatu
운영 07:00~19:00

03 파당 파당 비치 _{추천}
Padang Padang Beach

비치 피크닉 명소

아름답고 고운 백사장과 높고 거친 파도가 매력적인 곳으로, 해변은 작지만 강한 파도가 잦아 서퍼들이 많이 찾으며 국제적인 서핑 대회가 열릴 정도다. 일반 여행자는 인근 다리 위에서 사진을 찍거나 해변을 거닐며 시간을 보낼 수도 있다. 다만 다른 해변과 달리 입장료가 있다. 계단을 따라 내려가면 아름다운 해변 풍광이 나타나며 해변에 작은 와룽, 매점이 있다. 타월, 사롱 등을 챙겨 가서 수영과 태닝을 하며 비치 피크닉을 즐기기 좋다.

> 발리를 무대로 한 영화 〈먹고 기도하고 사랑하라〉의 주요 촬영지로 알려지면서 전 세계 여행자들에게 인기가 높아졌어요.

지도 P.136
가는 방법 울루와뚜 사원에서 차량으로 11분
주소 Padang Padang Beach, Pecatu
운영 07:00~19:00
요금 입장료 1만 5000루피아

04 드림랜드 비치
Dreamland Beach

눈부시도록 아름다운 발리 최고의 해변

발리에서도 풍광이 가장 멋진 해변으로 손꼽히는 곳으로 '뉴 꾸따 비치'라고도 부른다. 서핑 스폿으로도 유명하며 파도가 크고 안정적이다. 평온한 분위기를 자랑하는 이곳은 휴양과 힐링을 원하는 사람들에게도 인기가 있다. 근처에 카페와 레스토랑, 비치 바, 서핑보드 대여점 등이 있다. 비치 주변으로 복합 리조트 개발 사업이 진행되었으나 코로나19로 위기를 겪으면서 현재는 골프 리조트만 정상 운영한다.

> **TIP**
> 드림랜드 비치는 아름다운 풍경과 달리 발리 해변 중에서도 이안류와 조류가 강한 곳이라 물놀이를 즐길 때 항상 주의해야 한다.

지도 P.136
가는 방법 울루와뚜 사원에서 차량으로 21분
주소 Pecatu, South Kuta **운영** 08:00~20:00
요금 입장료 무료 ※오토바이 · 차량 주차 요금 5000~2만 루피아

⑤ GWK 문화 공원 *GWK Cultural Park*

거대한 가루다상과 찬란한 발리의 전통문화

발리 남부에 위치한 문화 공원으로 GWK는 'Garuda Wisnu Kencana' 의 약자다. 인도네시아의 전통과 문화를 기념하는 거대한 조각상들이 있는데 이곳의 하이라이트는 높이 121m에 이르는 대형 조각상인 가루다상이다. 가루다는 고대 인도 신화에 등장하는 독수리로 비슈누 신이 가루다 등에 타고 날아가는 모습을 표현했다. 이곳에서는 발리 전통문화에 관한 이벤트와 공연도 연중 열린다. 외국인 관광객들에게도 인기 있지만 인도네시아 현지 여행자들에게 더욱 인기가 높다. 전통문화 공연은 매 시간 열리며 주차장에서 GWK 문화 공원 입구까지 무료 셔틀버스를 운행한다. 공원 내에서는 버기 서비스도 유료로 제공한다. 발리의 예술과 문화를 감상할 수 있는 특별한 장소다.

이 공원의 하이라이트인 가루다상은 인도네시아의 유명 예술가이자 조각가인 뇨만 누아르타의 작품으로 구상부터 완성까지 무려 25년 넘게 걸린 걸작이에요.

📍
지도 P.136
가는 방법 사이드워크 짐바란에서 차량으로 10분
주소 Jl. Raya Uluwatu, Ungasan
문의 0361 700 808
운영 입장 09:00~21:00, 전통 공연 11:00~18:00
요금 입장료 12만 5000루피아 ※무료 셔틀버스 운행
홈페이지 www.gwkbali.com

⑥

짐바란 비치
Jimbaran Beach

추천

해변도 좋지만 짐바란 해산물이 인기

4km가 넘는 해안을 따라 형성된 길고 좁은 짐바란 비치에는 고급 리조트와 전통 수산 시상, 해산물 레스토랑, 비치 펍, 바 등이 자리하고 있다. 프라이빗한 해변을 갖춘 리조트에 머물며 휴양을 즐기거나 비치프런트에 자리한 해산물 레스토랑에서 짐바란식 해산물 요리를 즐길 수도 있다. 보통은 짐바란 비치라고 부르지만 해안을 따라 구역이 조금 더 세분화되는데 구역에 따라 분위기도 조금씩 다르다. 낮 시간에는 서핑이나 물놀이를 즐기고 해 질 무렵에는 해변에 놓인 테이블에 자리를 잡고 로맨틱한 디너를 만끽할 수 있다.

지도 P.137
가는 방법 사이드워크 짐바란에서 차량으로 8분
주소 Pantai, Jimbaran, Kec. Kuta Sel
운영 24시간

> 짐바란 비치에서는 '짐바란 시푸드'라 불리는 짐바란식 해산물을 맛볼 수 있어요. 레스토랑 분위기와 시설에 따라 가격이 다른데 무아야 비치 쪽 식당이 가성비가 좋아요.

Kedonganan Beach
케동아난 비치 ①

Jimbaran Beach
짐바란 비치 ②

③ Muaya Beach
무아야 비치

짐바란 주요 비치 🌴

① 케동아난 비치 *Kedonganan Beach*
짐바란 수산 시장과 가까우며 고급스러운 분위기의 해산물 레스토랑들이 자리해 있다.

② 짐바란 비치 *Jimbaran Beach*
인터컨티넨탈 발리 리조트 앞의 리조트 전용 해변으로 깨끗하게 관리하는 곳이다.

③ 무아야 비치 *Muaya Beach*
현지인에게 인기 있는 가성비 좋은 해산물 레스토랑, 카페, 서핑 스쿨 등이 모여 있다.

짐바란 비치

무아야 비치

⑦ 탄중 베노아 수상 스포츠 단지
Tanjung Benoa Watersports

짜릿한 수상 스포츠를 한자리에서 해결

발리섬 누사두아 지역에 있는 탄중 베노아에는 다채로운 수상 액티비티를 마음껏 즐길 수 있는 수상 스포츠 단지가 조성되어 있다. 해변을 끼고 자리한 수상 레저업체를 통해 각종 수상 액티비티 프로그램을 체험할 수 있다. 머무는 호텔이나 리조트에 요청하면 업체를 연계해주기도 한다. 개별적으로 예약하는 경우는 왓츠앱이나 홈페이지를 이용한다. 대부분의 업체는 의무적으로 안전 보험에 가입해 있지만 저렴한 가격의 투어업체는 미흡한 경우도 있으니 주의할 것.

지도 P.137 **가는 방법** 사이드워크 짐바란에서 차량으로 30분
주소 Jl. Segara Kidul No.3x, Benoa **운영** 07:00~17:00 ※업체마다 다름
요금 수상 액티비티(1인) 7만~30만 루피아, 패키지(1인) 40만~75만 루피아
※1회 이용 시간은 대략 5~20분 내외

😊 대표 수상 액티비티 요금(1인 기준) ※요금은 업체별, 시기별로 다를 수 있음

바나나 보트	플라이 보드	플라이 피시	제트스키	패러 세일링
7만 루피아~	50만 루피아~	15만 루피아~	20만 루피아~	25만 루피아~
룰렛 도넛	스쿠버 다이빙	시워커	스노클링	웨이크 보드
10만 루피아~	30만 루피아~	35만 루피아~	15만 루피아~	30만 루피아~

☑ 수상 액티비티는 2~3가지를 묶어 패키지 형태로 이용하는 것이 저렴하다.
☑ 단일 액티비티(바나나 보트, 제트스키, 룰렛 도넛 등) 선택도 가능하다.

TIP

현지 업체의 경우 직접 찾아가서 예약하기보다는 신뢰할 수 있는 클룩 플랫폼을 통해 예약하는 것을 추천한다. 수상 스포츠 특성상 2인 이상 예약이 가능하며 호텔 픽업과 드롭 서비스도 포함되어 편리하다. 무료 픽업이 가능한 지역은 사누르, 센트럴꾸따, 레기안, 누사두아, 짐바란 등이며 이 외의 지역은 추가 요금이 부과된다.

08

멜라스티 비치
Melasti Beach

요즘 뜨는 비치 클럽들이 모인 해변

멜라스티 비치는 발리 남쪽 웅가산Ungasan 지역에 위치한 아름다운 해변으로, 발리의 다른 해변과는 차별되는 독특한 분위기가 있다. 화려한 백사장과 푸른 바다가 매력적인 곳이며, 해변 주변의 멜라스티 비치 웅가산Melasti Beach Ungasan에는 경치를 감상할 수 있는 공원과 전망대 등이 마련되어 있다. 또한 해변에 새로운 비치 클럽이 생겨서 보다 느긋하고 편안한 시간을 보낼 수 있다. 낮의 푸른 바다 풍광은 물론 해가 질 때 아름다운 노을도 감상할 수 있다. 멜라스티 비치에는 하루 종일 시간을 보내기 좋은 비치 클럽들이 있다. 입장료와 기본요금이 따로 있으니 비교해보고 원하는 곳을 선택해 이용한다. 최근 멜라스티 공연장이 문을 열어 매일 저녁 전통 공연 관람도 가능해졌다. 예약은 클룩에서 가능하다.

🚩

지도 P.136 **가는 방법** 사이트워크 짐바란에서 차량으로 18분
주소 Melasti Beach, Ungasan **운영** 24시간
요금 멜라스티 비치 입장료 1만 루피아, 전통 공연 15만 루피아
홈페이지 kecakmelasti.com

━━ **TIP** ━━

해변이나 비치 클럽에서 다른 지역으로 이동할 때는 지역 택시를 이용한다. 필요할 경우 비치 클럽에 택시 호출을 요청하면 지역 택시를 불러주기도 한다.

FOLLOW UP

멜라스티 비치와 주변 비치에서
놓치면 안 될 비치 클럽

울루와뚜 & 짐바란의 비치 클럽은 절벽 위에 있거나 해변을 마주하고 있어 경치가
아름답고 선셋을 감상하기도 좋다. 오션 뷰가 매력적인 인피니티 풀 또는 선베드에
자리를 잡고 칵테일이나 맥주를 마시며 평온한 분위기에 빠져보자. ▶ 지도 P.136~137

비치 클럽 이용 팁

☑ 입장료에 음료(1~3가지 중 하나 선택) 또는 타월 대여료 포함
☑ 비치 클럽마다 자리에 따라 기본요금이 다르다.
☑ 기본요금Minium Charge은 식사, 음료로 사용해야 하는 최소한의 금액이다.
☑ 수영이나 물놀이 후 샤워 시설과 타월을 유료 또는 무료로 이용할 수 있다.

① 화이트 록 비치 클럽 White Rock Beach Club

멜라스티 비치

웅장하고 세련된 분위기의 비치 클럽으로 성인만 이용할 수
있는 공간을 별도로 운영한다. 주변의 비치 클럽 중 가장 인기
있고 규모가 큰 편이며 럭셔리한 분위기다. 입장료는 없지만
1인 싱글 베드부터 기본요금이 있으며 풀 사이드 주변의 데이
베드는 기본요금이 가장 비싸다. 주변 레스토랑이나 바에 자
리를 잡고 비치 클럽을 이용해도 된다. 멜라스티 비치와 마주
하고 있어 언제든 바다로 들어갈 수 있는 것도 장점이다.

가는 방법 멜라스티 비치에서 도보 1분
주소 Pantai Melasti, Ungasan
문의 0812 3000 3001
운영 10:00~22:00
예산 싱글 베드(1인) 50만 루피아~, 칵테일
15만 루피아~, 파스타 15만 루피아~
※봉사료+세금 21% 추가
홈페이지 whiterockbali.com

❷ 팔밀라 발리 비치 클럽 Palmilla Bali Beach Club 멜라스티 비치

바로 눈앞에 멜라스티 비치가 펼쳐져 있으며 인피니티 풀을 갖춘 인기 비치 클럽이다. 인스타그램 명소로, 야자수와 내추럴한 우드로 보헤미안 감성으로 꾸며 이국적 분위기를 풍긴다. 석회장 절벽을 배경으로 청록색 바다가 바라보이는 오션 뷰가 절경이다. 인피니티 풀과 중앙에 데이베드가 마련되어 있고 2층은 식사 공간이다. 데이베드가 포함된 자리는 기본요금이 있지만 풀 사이드 바와 2층 구역은 입장권만 구매하면 이용할 수 있다. 입장권에는 음료 또는 타월 교환권이 포함되어 있어 비용 부담 없이 즐기기 좋다. 기본요금 없이 이용할 수 있어 알뜰 여행자에게 추천한다.

가는 방법 멜라스티 비치에서 도보 1분
주소 Pantai Melasti, Ungasan
문의 0812 8809 0919
운영 10:00~20:00(금~일요일은 21:00까지)
예산 입장료(1인) 10만 루피아~, 빈탕 맥주 4만 루피아~, 피자 8만 5000루피아~
※봉사료+세금 18% 추가

❸ 트로피컬 템프테이션 비치 클럽 Tropical Temptation Beach Club 멜라스티 비치

푸른 바다를 마주하고 있는 비치 클럽으로 3개의 풀장이 있다. 소파 라운지, 해먹, 카바나, 데이베드 등 이용할 수 있는 좌석과 공간이 다양해 일행의 인원수와 스타일에 따라 선택할 수 있는 폭이 넓다. 샐러드와 스시 롤, 가볍게 먹기 좋은 나초, 피자, 어린이를 위한 키즈 메뉴 등 식사 종류도 다양하다. 오후 4~5시에는 칵테일 1+1 행사를 한다. 입장료는 없지만 모든 자리에 기본요금이 있다. 매일 오후 4~7시에는 신나는 라이브 디제잉 파티가 열린다.

가는 방법 멜라스티 비치에서 도보 2분
주소 Melasti Beach 88, Ungasan
문의 081 237 763 903
운영 10:00~20:00(토 · 일요일은 21:00까지)
예산 데이베드(4인) 185만 루피아, 칵테일 15만 루피아~, 피자 16만 루피아~ ※봉사료+세금 18% 추가
홈페이지 ttbeach.club

❹ 엘 카브론 발리 El Kabron Bali 채몽각 비치

비치 클럽 겸 레스토랑으로 발리 남부의 멋진 해안 절벽 위에 자리해 있다. 지중해풍의 색다른 분위기로 꾸몄으며 인피니티 풀에서 해안을 바라보며 시간을 보내기 좋다. 파에야, 하몽 등 스페인 메뉴로 다이닝을 즐길 수 있다는 점도 매력적이다. 비치 클럽의 시그너처인 에메랄드빛 인피니티 풀은 아름다운 선셋을 감상하기 좋은 포인트이며 정기적으로 전 세계적으로 유명한 디제이를 초청해 신나는 파티를 연다. 티켓과 좌석은 사전 예약해야 한다. 다만 음식 가격이 다소 비싼 편이다.

가는 방법 사이드워크 짐바란에서 차량으로 22분
주소 Jl. Pantai Cemongkak, Pecatu
문의 081 337 235 750
운영 11:00~24:00
예산 데이베드(1인) 100만 루피아, 파에야 25만 루피아~, 칵테일 17만 루피아~
※봉사료+세금 20% 추가
홈페이지 www.elkabron.com

울루와뚜 & 짐바란 맛집

울루와뚜에서는 고급 리조트나 풀 빌라에서 운영하는 레스토랑과 짐바란 비치 앞에 위치한 신선한 해산물 레스토랑, 해변에 자리한 비치 클럽, 서퍼들이 이용하는 로컬 식당 등에서 맛있는 식사를 할 수 있다. 마음에 드는 곳을 골라 식도락을 즐겨보자. ➡ 지도 P.136~137

싱글 핀 발리
Single Fin Bali

위치 술루반 비치
유형 대표 맛집
주메뉴 타코, 햄버거

☺ → 다양한 서양식 메뉴
☹ → 야외 테라스는 더위에 노출

울루와뚜 절벽 위에 자리한 레스토랑으로, 인도양의 멋진 해안 풍경이 바라다보이는 야외 테라스 공간과, 이웃하고 있는 블루 포인트 베이 리조트 야외 수영장까지 이용할 수 있어 즐길 거리가 더욱 풍부하다. 타코, 햄버거, 피자, 샐러드 등 가볍게 먹기 좋은 서양식 메뉴와 칵테일, 와인, 맥주, 커피 등 음료가 다양하다. 음식 맛도 좋지만 무엇보다 180도 파노라마로 펼쳐지는 오션 뷰가 매력적이며 묘기를 부리듯 파도를 타는 서퍼들을 구경하는 재미가 쏠쏠하다. 해 질 무렵에는 칵테일과 맥주를 마시기도 좋다. 주말에 간다면 사전 예약을 추천한다.

가는 방법 울루와뚜 사원에서 차량으로 10분
주소 Pantai Suluban, Jl. Labuansait, Pecatu, Uluwatu **문의** 085 958 951 520 **운영** 08:00~22:00
(수 · 일요일은 01:00까지) **예산** 타코 8만 루피아, 햄버거 11만 루피아~ ※봉사료+세금 포함
홈페이지 www.singlefinbali.com

와룽 체나나
Warung Cenana

위치 울루와뚜
유형 로컬 맛집
주메뉴 나시 짬뿌르

☺ → 밥 무한 리필
☹ → 약한 냉방 시설

인도네시아 요리를 맛볼 수 있는 로컬 레스토랑으로 정성껏 차려내는 인도네시아식 반찬이 대략 15~20가지이며 매일매일 종류가 조금씩 달라진다. 밥을 무한 제공해 서핑을 하러 가는 서퍼들은 물론 서핑 후 허기진 배를 채우려는 서퍼들이 애용하기도 한다. 간이 세지 않은 점도 인기 요인이며 간단한 음료와 커피도 마실 수 있다. 저렴한 비용에 훌륭한 한 끼 식사가 가능한 곳이다. 외관은 허름해 보이지만 안쪽으로 들어가면 작은 정원도 있다.

가는 방법 드리프터 서프 숍 카페 & 갤러리에서 도보 1분
주소 Jl. Melasti 99, Labuan Sait, Pecatu
문의 085 792 554 340
운영 07:00~21:30
예산 나시 짬뿌르 3만 5000루피아~, 음료 1만 5000루피아~ ※봉사료+세금 포함

와룽 로컬
Warung Local

위치 울루와뚜
유형 로컬 맛집
주메뉴 가도 가도, 나시 짬뿌르

☺ → 시원한 곳에서 즐기는 로컬 음식
☹ → 에어컨이 있는 룸 외에는 다소 더움

인근 지역에 거주하거나 장기 체류하는 여행자, 외국인들이 인정하는 현지식 메뉴를 내는 식당으로 식사와 커피, 디저트까지 즐길 수 있다. 로컬 식당에 비해 깨끗하고 냉방 시설을 갖춘 공간이 별도로 있다. 여러 가지 반찬을 곁들여 먹는 나시 짬뿌르, 단품 메뉴로 인기 있는 발리식 샐러드 가도 가도를 추천하며, 올데이 브런치 메뉴도 있다. 단품 메뉴는 요리 시간이 오래 걸리지만 맛은 좋은 편이다.

가는 방법 드리프터 서프 숍 카페 & 갤러리에서 도보 6분
주소 Jl. Labuansait No.10A, Pecatu
문의 0811 3803 310
운영 08:00~22:00
예산 나시 짬뿌르 4만 루피아~, 가도 가도 3만 루피아~ ※봉사료+세금 포함

울루 아티산(웅아산점)
Ulu Artisan

위치 울루와뚜
유형 신규 맛집
주메뉴 브런치, 샌드위치

☺ → 실내외 모두 시원한 편
☹ → 브런치 메뉴만 다양

울루와뚜에 웅아산점, 울루와뚜점 두 곳의 매장을 운영할 정도로 인기가 좋은 곳이다. 특히 아침 7시 30분부터 오후 3시까지 내는 조식이 인기 메뉴다. 심플한 토스트와 달걀에 샐러드, 치즈, 햄, 베이컨, 아보카도 등을 곁들인 메뉴를 선보인다. 점심에는 사워도 빵을 이용한 샌드위치와 수제 베이글을 이용한 메뉴도 선보인다. 10가지 이상 토핑이 올라간 빅 울루Big Ulu's도 인기가 좋다. 건강하면서도 맛있는 요리를 먹을 수 있는 곳이다.

🅞
가는 방법 사이드워크 짐바란에서 차량으로 10분
주소 Jl. Raya Uluwatu, Ungasan 80361
문의 081 239 819 800 **운영** 07:30~22:30
예산 빅 울루 11만 루피아~, 커피 2만 5000루피아~
※봉사료+세금 15% 추가

앨커미 발리 울루와뚜
Alchemy Bali Uluwatu

위치 울루와뚜
유형 대표 맛집
주메뉴 샐러드, 비건 피자

☺ → 웰빙 건강식과 다양한 비건 푸드
☹ → 비건과 베지테리언 위주의 메뉴

비건을 위한 건강 식사와 커피, 음료, 스무디 등을 내는 식당으로 발리에 우붓과 울루와뚜 두 곳의 매장을 운영한다. 식당뿐 아니라 비건을 대상으로 한 요리 강습, 워크숍, 요가를 진행하며 각종 이벤트도 연다. 단순한 레스토랑을 넘어 발리 오가닉 라이프를 주도하는 역할을 충실히 하고 있다. 음식점 내에 최근 퍼센트 아라비카 울루와뚜점을 열어 함께 운영하고 있다. 개방된 구조로 에어컨 시설이 없어 야외 자리는 다소 더울 수 있다.

🅞
가는 방법 드리프터 서프 숍 카페 & 갤러리에서 도보 2분
주소 Jl. Pantai Bingin No.8, Pecat **문의** 0811 3888 143 **운영** 08:00~22:00 **예산** 조식 8만 루피아~, 메인 요리 9만 루피아~ ※봉사료+세금 16% 추가
홈페이지 www.alchemybali.com

해비타트 빌리지 울루와뚜
Habitat Village Uluwatu

위치 울루와뚜
유형 신규 맛집
주메뉴 피자, 브런치

☺ → 쾌적한 환경
☹ → 음식은 다소 평범한 맛

해비타트 빌리지에서 운영하는 레스토랑으로 투숙객이 아닌 일반 여행자도 이용할 수 있다. 대나무를 이용한 이국적인 발리풍 인테리어에 넓고 깔끔한 시설을 갖추어 식사를 하며 쉬어 가기 좋다. 대표 메뉴는 아보카도 토스트, 빅 브렉퍼스트 등 토스트와 달걀, 과일 등으로 구성된 아침 식사 메뉴와 스무디 볼, 피자, 파스타 등이며 어린이 메뉴도 있다. 레스토랑 외에 여행자 숙소, 피트니스 센터, 키즈 센터, 공유 오피스, 상점도 운영한다.

🛈 **가는 방법** 드리프터 서프 숍 카페 & 갤러리에서 도보 8분 **주소** Jl. Labuansait No.39, Pecatu **문의** 0815 5757 692 **운영** 08:00~23:00 **예산** 아보카도 토스트 4만 5000루피아~ ※봉사료+세금 포함 **홈페이지** www.habitatvillage.online

고메이 델리
Gourmet Deli

위치 사이드워크 짐바란 내
유형 신규 맛집
주메뉴 파스타, 스테이크, 샐러드

☺ → 신선한 식재료와 오픈 주방
☹ → 적은 좌석 수

사이드워크 짐바란 쇼핑몰 내 푸드 코트로 즉석에서 조리해주는 레스토랑과 샐러드 바를 운영한다. 이미 조리된 음식을 소량으로 주문해 먹을 수도 있고 신선한 재료를 고른 후 조리 비용을 추가하면 요리해준다. 스테이크는 마음에 드는 부위와 양을 고르면 취향에 따라 구워준다. 특히 파스타 매장은 원하는 생면 파스타와 소스까지 선택이 가능하다. 조식, 런치, 디너까지 해결하기 좋으며 가격도 비싸지 않고 일반 레스토랑에 비해 세금도 적다.

🛈 **가는 방법** 응우라라이 국제공항에서 차량으로 30분 **주소** Jl. Raya Uluwatu No.138, Jimbaran **문의** 0817 4871 288 **운영** 07:00~23:00 **예산** 파스타 5만 루피아, 샐러드 바 4만 5000루피아~ ※봉사료+세금 5% 추가 **홈페이지** www.gourmetmarket.co.id

짬뿌르짬뿌르 부 위드야
Campur-Campur Bu Widya

위치	울루와뚜
유형	로컬 맛집
주메뉴	나시 짬뿌르

😊 → 가성비 좋은 나시 짬뿌르
😫 → 약한 냉방 시설

발리 현지인들이 가장 즐겨 먹는 백반 같은 나시 짬뿌르집. 밥은 2~3종류 중 선택 가능하며 반찬 종류는 10~15가지 정도로 매일매일 조금씩 달라진다. 보통 밥과 4~5가지 반찬을 골라 먹는데 든든한 한 끼 식사로 충분하며 가격도 저렴해 부담 없다. 나시 고렝, 미 고렝, 나시 아얌 등도 주문 가능하다. 인도네시아의 인기 메뉴를 먹을 수 있는 식당으로 오가며 들르는 단골손님이 많다. 단, 실내가 다소 더운 편이다.

🛈 **가는 방법** 사이드워크 짐바란에서 도보 10분
주소 Jl. Raya Uluwatu No.7, Jimbaran
문의 0361 703 982
운영 09:00~21:00
예산 나시 짬뿌르 3만 루피아~, 음료 1만 5000루피아~
※봉사료+세금 포함

응게밀 이튼 브루
Ngemil Eat'n Brew

위치	울루와뚜
유형	신규 맛집
주메뉴	해산물 요리, 파스타

😊 → 수준 높은 요리를 합리적 가격으로 제공
😫 → 느린 조리 속도

대나무를 이용해 전통 건축양식으로 지은 레스토랑으로 가성비 좋은 식사를 할 수 있다. 해산물 파스타를 비롯해 하와이안 피자, 오션 피자 등 서양식은 물론 강한 불 맛과 웍을 이용한 나시 고렝, 채소볶음, 해산물볶음 등 인도네시아 요리를 선보인다. 인근 짐바란 지역에서 채취한 신선한 해산물을 이용한 요리가 평이 좋다. 크고 신선한 조개에 매콤한 짐바란식 소스를 발라서 구운 발리니스 그릴 조개구이가 인기 있다.

🛈 **가는 방법** 사이드워크 짐바란에서 차량으로 10분
주소 Jl. Puri Gading, Jimbaran
문의 081 237 698 451
운영 07:00~21:30
예산 시푸드 마리나라 5만 5000루피아~, 조개구이 4만 8000루피아~ ※봉사료+세금 16% 추가

하티쿠 짐바란
Hatiku Jimbaran

위치 짐바란
유형 대표 맛집
주메뉴 해산물구이

😊 → 해산물이 정찰제라 바가지요금 걱정이 없음
😟 → 야외 자리는 사전 예약 필요

짐바란의 인기 해산물 레스토랑으로 맛있는 해산물 요리에 멋진 일몰까지 감상할 수 있다. 짐바란 비치 앞에 위치하며 해산물 가격을 투명하게 공개한다. g 또는 kg 단위로 주문하고 원하는 풍미의 조리법을 선택하면 된다. 그릴 짐바란 스타일과 갈릭 버터가 한국인 입맛에 잘 맞는 편이다. 조개, 타이거 프론, 생선 등 단품으로 주문해도 되고 여러 해산물을 조금씩 맛볼 수 있는 2인 세트 메뉴도 인기다. 해변 쪽 자리와 실내 자리로 나뉘어 있다.

📍
가는 방법 사이드워크 짐바란에서 차량으로 10분
주소 Jl. Bukit Permai, Jimbaran
문의 087 786 112 121 **운영** 11:00~22:00
예산 하티쿠 세트 21만 루피아~, 타이거 프론(100g)
5만 2000루피아~ ※봉사료+세금 15% 추가
홈페이지 www.hatikujimbaran.com

메네가 카페
Menega Cafe

위치 짐바란
유형 대표 맛집
주메뉴 해산물구이

😊 → 비교적 저렴한 해산물 가격과 만족스러운 맛
😟 → 조리 시간이 다소 긴 편

짐바란의 시푸드 레스토랑 중에서 오랫동안 인기를 끌고 있는 곳이다. 가성비 좋은 세트 메뉴가 인기이며, 코코넛 껍질을 이용해 구워 은은한 그릴 맛이 특징이다. 랍스터, 새우, 조개, 생선 등의 해산물은 g당 가격으로 원하는 만큼 고르고 다양한 소스와 조리 방법을 입맛에 맞게 선택하면 요리해 준다. 단품 메뉴(한 접시)도 주문 가능하다. 주변의 다른 시푸드 레스토랑과 비교해 전체적으로 가격이 저렴한 편이다.

📍
가는 방법 사이드워크 짐바란에서 차량으로 10분
주소 Jl. Four Seasons Muaya Beach, Jimbaran
문의 0361 705 888 **운영** 11:00~21:30
예산 해산물 세트 1인(랍스터 포함) 40만 루피아~,
타이거 프론(100g) 3만 루피아~ ※봉사료+세금 10%
추가 **홈페이지** www.menega.com

---⟪ ☕ ⟫---

울루와뚜 & 짐바란 카페

울루와뚜 지역에는 서퍼들과 장기 여행자들이 자주 찾는 카페가 곳곳에 있다. 커피 외에 간단한 식사까지
제공해 브런치 카페와 구분이 애매한데 커피 맛이 좋아 찾는 사람이 많다. ▶▶ 지도 P.136~137

드리프터 서프 숍 카페
Drifter Surf Shop Cafe

위치 울루와뚜
유형 인기 카페
주메뉴 브런치, 비건 푸드

☺ → 선택의 폭이 넓은 다양한 메뉴
☹ → 단골이 많아 자리가 없는 경우가 많음

📍 **가는 방법** 사이드워크 짐바란에서 차량으로
10분 **주소** Jl. Labuansait No.52, Pecatu
문의 081 755 7111 **운영** 07:00~22:00
예산 부리토 9만 5000루피아, 포케 볼 9만
5000루피아 ※봉사료+세금 18.8% 추가

서프 숍에서 운영하는 카페이자 브런치
식당이다. 체력 소모가 많은 서퍼들이 자주
찾으며 요가 수업 전후에 오는 손님도 많다.
음료는 물론 아침과 점심·저녁으로 세분화된
다양한 메뉴가 준비되어 있다. 발리 현지에서 생산한
신선한 식재료를 이용한 일반 메뉴부터 식물성 재료만 사용하는
비건 푸드까지 선택의 폭이 넓다. 솜씨 좋은 바리스타도 있어 맛
있는 커피와 달콤한 디저트를 즐기기에도 좋다.

> 이곳은 숨겨진 공간이 많아요. 밖에서 보는
> 모습이 전부가 아니라 매장 안쪽으로 들어가면
> 또 다른 카페로 연결되는 입구가 나온답니다.

불스 커피
Bulls Coffee

위치 짐바란
유형 로컬 카페
주메뉴 커피, 크로플

😊 → 실력 좋은 바리스타 상주
😞 → 협소한 실내 공간

허름한 외관에도 불구하고 커피에 대한 진정성이 느껴지는 카페로 최상급 스페셜티 원두로 내린 커피를 맛볼 수 있다. 짐바란 외에 울루와뚜, 짱구에도 매장이 있다. 짐바란점은 고급 리조트와 가까운 대로변에 위치해 접근성이 뛰어나다. 크로플, 베이글 등 커피와 함께 먹기 좋은 메뉴도 있다. 커피 맛과 퀄리티에 비해 가격이 비싸지 않아 현지인도 많이 찾는다. 냉방 시설이 잘 갖춰져 있고 무선 와이파이를 무료로 제공한다. 커피는 산미가 없어 한국인 입맛에도 잘 맞는다.

📍 **가는 방법** 인터컨티넨탈 발리 리조트에서 도보 3분
주소 Jl. Uluwatu I No.105, Jimbaran
문의 0895 1883 8588 **운영** 08:00~22:00
예산 커피 3만 루피아~, 크로플 3만 루피아~
※봉사료+세금 포함
홈페이지 www.bullscoffee.id

콜라보 카페
Colabo Cafe

위치 짐바란
유형 신규 카페
주메뉴 샐러드, 스무디 볼

😊 → 전문 레스토랑 못지않은 다양한 메뉴
😞 → 다소 낯선 용어와 어려운 영어 메뉴

커피, 팬케이크와 토스트, 스무디 볼 등을 세트로 내는 로컬 카페. 비건 샐러드와 수프 등도 가능하며 조식으로 제공하는 커피와 토스트 세트의 가성비가 좋다. 아침에는 과일 등 신선한 재료를 이용한 메뉴를, 점심과 저녁에는 사테, 미 고렝 등 인도네시아 요리와 피자, 파스타, 햄버거, 샌드위치 등을 낸다. 발리풍 인테리어가 눈길을 끌며 간단한 노트북 작업이 가능하다. 저녁 시간에는 맥주나 칵테일을 곁들인 식사를 하기도 좋다. 이른 아침부터 늦은 저녁까지 식사를 제공하는 전천후 카페다.

📍 **가는 방법** 사이드워크 짐바란에서 차량으로 10분
주소 Jimbaran Hub, Jl. Karang Mas, Jimbaran
문의 0361 620 0500
운영 07:00~22:00(일요일은 18:00까지)
예산 토스트 세트 5만 루피아~, 스무디 볼 4만 5000루피아 ※봉사료+세금 포함

울루와뚜 & 짐바란 쇼핑

울루와뚜 & 짐바란은 서핑과 고급 호텔, 리조트, 빌라로 유명하고 상점은 많지 않다.
서핑 관련 용품을 판매하는 대형 브랜드 매장과 가볍게 장을 볼 수 있는 슈퍼마켓,
사이드워크 짐바란, 편의점, 현지인들이 이용하는 작은 가게가 있다. ➡ 지도 P.136~137

사이드워크 짐바란
Sidewalk Jimbaran

위치	울루와뚜 거리
유형	쇼핑센터
특징	짐바란 & 울루와뚜를 대표하는 쇼핑센터

짐바란 인근에서 가장 이용자가 많은 복합 쇼핑몰. 페피토에서
운영하는 고급 슈퍼마켓인 고메이 마켓과 식당가, 스파, 상점, 드
러그스토어, 영화관 등 규모는 그리 크지 않지만 알차게 운영되
고 있다. 인근 리조트나 빌라 등에 머무는 경우 식사나 먹거리 쇼
핑에 이용하기 좋다. 마켓에서는 여행자들에게 인기 있는 발리
기념품도 쇼핑할 수 있다. 1층에는 슈퍼마켓, 카페, 베이커리와
싱가포르 · 튀르키예 · 인도네시아 요리를 내는 야외 식당이 있
고 2층에는 스파, 의류 매장, 드러그스토어 가디언Guardian, 발리
천연 화장품 브랜드 센사티아 보태니컬 매장 등이 입점해 있다.

📍
가는 방법 응우라라이 국제공항에서 차량으로 25분
주소 Jl. Raya Uluwatu No.138A, Ungasan
문의 0361 4469 999 **운영** 10:00~23:00 ※매장마다 조금씩 다름
홈페이지 www.sidewalk.id

▶TIP◀

사이드워크 짐바란은 울루와뚜와 짐바란 지역 중간에 위치해 랜드마크
역할도 한다. 이 일대에서 유일한 쇼핑몰로 울루와뚜 사원, 짐바란 비치
등을 오가는 길에 들러 쇼핑과 식사를 하기 좋은 곳이다.

FOLLOW UP

사이드워크 짐바란
알차게 즐기는 법

사이드워크 짐바란 층별 안내

층	대표 매장
3	영화관 시네막스Cinemaxx
2	가디언, 센사티아 보태니컬, 스시 테이
1	고메이 마켓, 브레드토크Breadtalk, 코피 케낭안Kopi Kenangan

스시 테이   브레드토크

---

① 고메이 마켓 *Gourmet Market*

1층에 위치한 고메이 마켓은 이 일대 레스토랑의 셰프들도 장을 보러 오는 곳으로 유명하다. 신선 식품과 식재료, 수입 소스, 주류 등이 다양하며 먹기 좋게 손질한 해산물, 육류, 치즈도 있어 슈퍼마켓이라기보다는 식재료를 판매하는 곳이라 할 수 있다.

② 고메이 델리 *Gourmet Deli*

고메이 마켓 내에 있는 델리에서는 먹음직스럽게 조리된 식품이 다양해 포장해 가도 좋고, 약간의 조리 비용을 내면 즉석에서 스테이크나 각종 요리를 바로 만들어준다. 합리적인 비용으로 식사할 수 있는 샐러드 바와 파스타 코너도 운영한다. 매장 안팎에 마련된 좌석에서 식사할 수 있다. 일반 레스토랑과 달리 세금도 적은 편이라 쇼핑 전후에 부담 없이 식사를 즐길 수 있다.

---

③ 홈메이드 파스타 코너

생면 파스타로 즉석에서 요리해주는 파스타 코너도 인기다. 스파게티, 뇨키, 푸질리, 링귀니 등 파스타 생면 종류만도 10가지가 넘는다. 원하는 파스타와 소스를 선택하면 즉석에서 조리해주며, 먹고 갈 수도 있고 포장도 가능하다. 기본 토마토소스와 바질 소스, 카르보나라 소스, 알프레도 소스 등 다양한 소스 중에서 입맛에 따라 선택해 나만의 파스타를 맛볼 수 있다. 생면으로 만든 파스타라 신선한 맛을 느낄 수 있으며 가격은 저렴한데 맛이 좋아 인기 있다.

드리프터 서프 숍 카페 & 갤러리
Drifter Surf Shop Cafe & Gallery

위치 판타이 빙인 거리
유형 서핑용품, 갤러리
특징 쇼핑과 식사를 한번에

━━━ TIP ━━━
매장 안쪽에 자리한 카페에서는 간단한 커피와 디저트는 물론 식사까지 가능하다. 메뉴 구성이 다양하고 노트북 작업을 하기에도 좋아 디지털 노매드와 단골손님이 많이 찾는다.

RVCA, 인사이트Insight, 오베이Obey, 리듬Rhythm 등 서핑용품 브랜드를 취급하는 매장으로 울루와뚜점은 사진작가나 화가의 작품을 전시하는 공간과 식사, 커피 등을 제공하는 카페를 함께 운영한다. 서핑 의류, 장비, 액세서리 외에도 책, DVD, 주얼리, 각종 소모품까지 서핑의 모든 것을 한자리에서 만나볼 수 있다. 가격은 약간 비싼 편이며, 앤티크한 소품을 이용해 발리풍으로 실내를 꾸며 구경하는 즐거움도 쏠쏠하다. 정기적으로 아트 마켓, 플리마켓과 전시, 라이브 공연, 콘서트 등도 열린다.

가는 방법 사이드워크 짐바란에서 차량으로 30분
주소 Jl. Labuansait No.52, Pecatu **문의** 0817 557 111
운영 07:00~22:00 **홈페이지** www.driftersurf.com

채널 아일랜드 서프보드
Channel Islands Surfboards

위치	울루와뚜 거리
유형	서핑용품, 의류
특징	커스텀 메이드 보드 제작 가능

글로벌 인기 서핑 브랜드 제품을 모아놓은 서프용품 편집숍으로 서핑과 관련된 각종 아이템이 가득하다. 특히 서프보드를 판매하고 소프트 폼 보드와 보디보드도 있다. 서프보드는 모두 새 제품이며 자신만의 특별한 커스텀 보드 주문 제작도 가능하다. 할인 아이템도 다수 있으며 베이커리 숍과 카페도 운영한다. 신상 서프보드 가격은 700~1000만 루피아 수준이며, 스미냑에도 매장이 있다.

가는 방법 드리프터 서프 숍 카페 & 갤러리에서 도보 1분
주소 Jl. Labuansait, Padang Padang **문의** 087 735 558 886
운영 08:00~20:00
홈페이지 onboardstore.id

페피토 익스프레스 페카투
Pepito Express Pecatu

위치	울루와뚜 거리
유형	슈퍼마켓
특징	현대적 슈퍼마켓

깔끔한 슈퍼마켓으로 이 일대에 거주하는 장기 여행자들이 주 고객이다. 발리 전역에서 생산한 열대 과일과 수입 식재료를 주로 판매한다. 특히 와인, 맥주 등 다양한 주류를 할인 가격에 구입할 수 있다. 울루와뚜를 오가며 잠시 들러 필요한 상품을 구입하기 좋으며 주차 공간이 넓다. 식재료 외에 기타 생필품의 종류는 적은 편이다. 현지 마트에 비해 깔끔한 편이며 카드 결제도 가능하다.

가는 방법 사이드워크 짐바란에서 차량으로 10분 **주소** Jl. Raya Uluwatu No.80, Ungasan
문의 087 884 838 784
운영 06:00~23:00 **홈페이지** www.pepitosupermarket.com

코코 마트 울루와뚜
Coco Mart Uluwatu

위치	울루와뚜 거리
유형	슈퍼마켓
특징	24시간 운영

울루와뚜와 짐바란 인근에서 늦은 시간까지 운영하는 몇 안 되는 슈퍼마켓 중 한 곳이다. 매장이 깔끔하고 전용 주차 공간도 있어 이용하기 편리하다. 현지 여행 중 필요한 식품이나 간단한 생활용품을 구입할 수 있다. 수박, 망고, 파인애플 등 열대 과일을 소량으로 판매하고 라면, 스낵, 맥주, 한국 김치도 있다. 24시간 운영이라고 하지만 새벽 시간에는 문을 닫는 경우도 있다.

가는 방법 사이드워크 짐바란에서 차량으로 2분
주소 Ungasan, Kec. Kuta Sel., Kabupaten Badung
운영 24시간
홈페이지 cocogroupbali.com

울루와뚜 & 짐바란 스파 · 마사지

울루와뚜 & 짐바란을 포함한 발리 남부 지역은 리조트와 호텔, 풀 빌라에서 자체적으로 운영하는 고급 스파가 많다. 일부 스파는 공항과 가깝다는 지리적 조건 때문에 픽업과 드롭 서비스를 제공하기도 한다. ▶ 지도 P.136~137

카유마니스 스파 짐바란
Kayumanis Spa Jimbaran

위치 짐바란 카유마니스 리조트 내
유형 고급 리조트 스파

☺→ 전문가다운 탁월한 실력과 시설
☹→ 일반 스파 대비 비싼 요금

짐바란 지역의 인기 리조트인 짐바란 카유마니스에서 운영하는 스파로 발리 감성이 가득하다. 발리 전통 마사지부터 보디 스크럽, 페이셜 등의 트리트먼트를 제공한다. 전문 테라피스트들의 실력이 좋은 편이다. 천연 허브 성분으로 만든 스파용품을 사용하며 어른은 물론 아이를 위한 키즈 마사지도 있다. 홈페이지를 통해 예약할 경우 할인 혜택이 있고 리조트 투숙객(3박 이상 예약 시)에게는 무료 스파 서비스를 제공한다.

📍 **가는 방법** 사이드워크 짐바란에서 차량으로 10분
주소 Jl. Yoga Perkanthi Lingkungan, Pesalakan, Jimbaran
문의 0361 705 777 **운영** 09:00~19:00 ※사전 예약
필수 **예산** 카유마니스 마사지(90분) 110만 5000루피아~,
발리 마사지(60분) 85만 루피아~ ※봉사료+세금 26.5%
추가 **홈페이지** www.kayumanisjimbaran.com

밤부 스파 바이 록시땅
Bamboo Spa by L'Occitane

위치 짐바란 거리
유형 고급 스파

☺→ 발리에서 유일한 록시땅 스파
☹→ 브랜드에 걸맞게 비싼 스파 비용

꾸뿌 꾸뿌 짐바란 빌라 내에 위치한 고급 스파로 대나무를 이용한 인테리어가 특징이다. 록시땅에서 운영하는 발리 내 두 번째(첫 번째 우붓) 스파로 버베나Verbena 컬렉션을 포함한 다양한 록시땅 라인 제품을 트리트먼트에 사용하며 대나무를 이용한 마사지도 있다. 스파 비용이 비싼 편이지만 홈페이지를 통해 예약할 경우 할인 혜택이 있다.

📍 **가는 방법** 사이드워크 짐바란에서 차량으로 5분
주소 Jl. Bukit Permai, Jimbaran **문의** 0361 704 551
운영 10:00~20:00 ※사전 예약 필수 **예산** 버베나
밤부 테라피(60분) 135만 루피아, 발리 마사지(60분)
125만 5000루피아 ※봉사료+세금 21% 추가
홈페이지 www.spabyloccitanebali.com

센스 스파
Sense Spa

위치 짐바란 거리
유형 고급 리조트 스파

☺→ 오션 뷰 스파
☹→ 접근성이 다소 떨어지는 위치

절벽 위에 자리해 전망이 좋은 라조야 비우비우 리조트 내에 있는 고급 스파로 투숙객은 물론 외부에서 찾아올 만큼 유명하다. 커플 패키지와 시그니처 선셋 스파 패키지, 발리 마사지, 키즈 스파 등 스파 종류가 다양하다. 센스 스파 시그니처 마사지는 바다가 바라보이는 전망 좋은 베드에서 진행한다. 멋진 오션 뷰를 마주하며 호사를 누릴 수 있는 야외 욕조 (유료)도 있다.

가는 방법 사이드워크 짐바란에서 차량으로 20분
주소 Jl. Pantai Balangan, Jimbaran
문의 0811 3832 090
운영 09:00~20:00 ※사전 예약 필수 **예산** 시그니처 마사지(80분) 69만 루피아~, 커플 패키지(120분) 159만 루피아~ ※봉사료+21% 세금 포함 **홈페이지** lajoyaresorts.com

세카르 제푼 스파
Sekar Jepun Spa

위치 바이 패스 응우라라이 거리
유형 중급 로컬 스파

☺→ 픽업과 드롭 서비스 제공
☹→ 서비스 대비 높은 비용

골목 안에 있는 중급 스파로, 특별한 마사지를 기대하기보다는 픽업과 드롭 서비스를 제공하기 때문에 귀국 전 여행을 마무리하며 방문하는 경우가 많다. 기본적으로 2~3시간 코스로 길게 마사지해주는 패키지가 인기다. 혈액순환과 긴장 완화에 도움이 되는 발리 마사지와 족욕, 스크럽, 마사지 등이 포함된 커플 마사지 패키지를 많이 이용한다. 대체적으로 만족도가 높다.

가는 방법 응우라라이 국제공항에서 차량으로 20분
주소 Jl. Mertasari No.2, Jimbaran
문의 0811 3924 779
운영 09:00~23:00 ※사전 예약 필수 **예산** 발리 마사지(120분) 85만 루피아~, 보디 스크럽(30분) 29만 루피아~ ※봉사료+세금 포함 **홈페이지** www.sekarjepunspa.com

라니아케아 스파
Laniakea Spa

위치 울루와뚜 거리
유형 로컬 스파

☺→ 합리적인 스파 요금
☹→ 규모가 작아 예약 필수

울루와뚜 대로변에 있는 로컬 스파로 서핑이나 요가 후 마사지를 받으러 오는 손님이 많다. 샤워 시설을 갖춘 트리트먼트 룸을 운영하며 모든 보디 마사지 트리트먼트 메뉴에는 족욕과 스크럽이 포함되어 있다. 스파용품은 센사티아 보태니컬 제품을 사용한다. 발리 전통 마사지를 비롯해 핫 스톤, 밤부 마사지, 보디 스크럽 등의 서비스를 제공하는데 일부러 찾아갈 정도의 실력은 아니다.

가는 방법 드리프터 서프 숍 카페 & 갤러리에서 도보 3분
주소 Jl. Labuansait, Pecatu
문의 087 861 492 008
운영 12:00~22:00 ※사전 예약 필수 **예산** 발리 전통 마사지(60분) 22만 루피아~, 발 마사지(60분) 20만 루피아~ ※봉사료+세금 포함 **홈페이지** www.laniakeaspabali.com

INDEX

☑ 가고 싶은 여행지와 관광 명소, 비치 클럽을 미리 체크해보세요.

162